化工製程強化

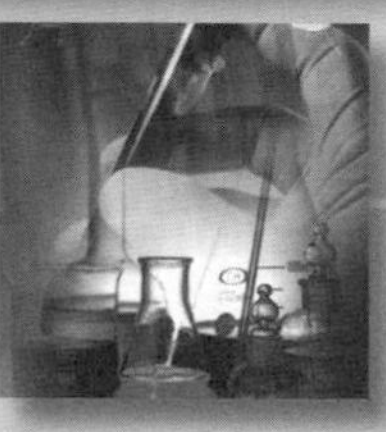

張一岑◎著

Process Intensification in Chemical Engineering

序

化學工業是技術與資金密集的傳統工業，由於任何創新的技術都可能存有潛在的風險，因此業者對於創新的態度不僅保守，而且非常敏感。然而，自從二十世紀末期以來，全球化與環保意識抬頭，迫使化工業者不得不改變保守的心態，開始尋求解決之道。

由於製程的強化是以逐步、順序漸進的方式進行改善，而且無論由商業、法規或環境衝擊的角度而言，製程強化對於能源、空間、成本、廢棄物、操作彈性等項目皆有正面的功效，因此，製程強化的研究與應用成為化學工程的顯學。它已經徹底轉變了化學製程設計與開發的策略，不僅大幅提高生產力、降低環境汙染與風險，並且將傳統化學工廠的規模朝向「輕薄短小」的目標前進。

製程強化的概念早在1960年代即開始萌芽，但是一直到1970年代末期，英國卜內門化學公司研究團隊將超重力技術應用到蒸餾與吸收程序後，才開始受到化學工業界的重視。斯坦凱維茲（Andrzej I. Stankiewicz）與穆林（Jacob A. Moulijn）綜合各家說法，提出下列的廣義定義：

「製程強化包括所有大幅改善現有生產製程、降低設備體積或數量與生產量的比例、提升能源效率及汙染排放與生產成本的創新裝置與技術發展」。換句話說，就是「任何能導致更輕薄短小、更潔淨與低能源消費的工程技術」。

我國化學工業雖然有輝煌的歷史，但是，近年來由於原料、土地取得不易與民眾抗爭的結果，發展已經面臨瓶頸。與其擴大生產，不如強化製程，將先進的觸媒、袖珍型熱交換器與反應器、製程整合等技術應用於既有的生產程序中，不僅可以大幅提高生產力，並且可以降低環境汙染與風險。然而，我國產官學界對於製程強化的發展認識不足，相關技術尚未普遍應用於工業製程上。

有鑒於此，筆者乃蒐集歐、美、日本等先進國家著作與期刊中相關資訊，撰寫本書，除了介紹基本理念外，並強調案例的應用，期以協助化工業者認識製程強化的發展、應用範圍與績效等。

本書分為基本理念、停留時間強化、空間結構強化、能量強化、功能強化與工業應用等六個主要部分，彙總於十個章節之中。第一章概述製程強化的發展歷史、基本理念、效益與推廣障礙，期以提供讀者一個完整的概念。「停留時間強化」在第二章中介紹，以改善質量傳輸的方式，強化反應物質間的接觸與混和，並縮短反應時間與反應器體積。第三章為「空間結構強化」，以改變微觀世界中化學分子間空間與結構的參數，如觸媒孔徑與內部通道、單位體積的表面積與活性等為手段，以提升反應效率、降低設備體積與風險。「能量強化」依所應用的能量形式分別列入第四（電、磁、微波、超音波等）、五（光）、六（超重力）章中。功能整合係將幾個不同估能的設備與技術經整合後，產生協同效應，達到「一加一大於二」的功效。相關內容列入第七、八、九章中，分別介紹觸媒／多能源整合、反應／混和與熱交換、反應與分離整合等。工業應用方法與案例則在第十章中介紹。

本書平鋪直陳，多輔以實例，盡量避免理論的探討，凡大學化學、化工相關科系畢業生皆可理解，除了可供從業工程師參考外，並可作為研究所教科書。「製程強化」範圍很廣，其技術仍不斷地發展中。筆者雖廣泛蒐集資訊與參閱近年來發表的期刊論文，但由於獨自編寫，限於人力與物力，難以周全。未盡善美之處，恐不勝枚舉，尚祈專家學者不吝指正。

本書承揚智文化事業股份有限公司葉忠賢先生鼎力支持，閻富萍小姐協助編輯與出版事宜，得以順利出版，謹在此向他們表示最大的謝意。

張一岑 謹識

目 錄

1

基本理念

1.1 定義

依據《牛津字典》，強化（Intensification）是加強一件事物或影響的力量與強度，例如農業的強化（The Intensification of Agriculture）是增加農業的生產量。然而，這個名詞應用於工業製程上，積極的意義是提高單位生產量，而消極的意義為降低危害物質的儲存量與使用量。

製程強化（Process Intensification, PI）雖早在1960年代，就被東歐國家的冶金工程師所使用，並且出現於東歐國家的冶金期刊中，但是它只是「製程改善」的代名詞而已，並不具備現在化工界所通用的涵義。到了1970年代，這個名詞開始出現於東歐化學工程期刊中[1]，其定義仍未改變，與近代化學工業界所界定的意義完全不同。一直到1983年，英國工程師蘭姆蕭氏（Colin Ramshaw）才提出與現代所公認的定義類似的說法。目前，製程強化的定義有下列幾種：

1.任何降低化工製程的體積或大小的策略或方法[2,3]。
2.任何大幅度縮小設備體積、提高潔淨生產與能源效率的技術[4]。
3.是一種導致更安全、更潔淨與成本更低廉的革命性製程與工廠設計的策略或方法。

德國德固薩化學公司（P. I. Degussa）更將製程強化的定義擴大為「一種由經濟瓶頸分析開始一直到製程技術的選擇或開發的整體策略」，它的目標為「製程績效的大幅度改善」[4]。

以上幾個定義雖然不完全相同，但是皆強調大幅度的設備體積的降低與生產績效、能源效率與潔淨程度的提升。由於「製程強化」改善了製程、提升製程的績效與降低設備成本，雖然屬於「製程改善」的一種，但幾個或幾十個百分數的製程上的改善或革新並非化工界所公認製程強化的範圍。製程強化中所謂的強化幅度雖然不必如當年蘭姆蕭氏所強調的

一、兩百倍，但是至少要一、兩倍以上才夠資格。

斯坦凱維茲（Andrzej I. Stankiewicz）與穆林傑（Jacob A. Moulijn）綜合各家說法，提出下列的廣義定義[6]：

「製程強化包括所有大幅改善現有生產製程、降低設備體積或數量與生產量的比例、提升能源效率及汙染排放與生產成本的創新裝置與技術發展」。換句話說，就是「任何能導致更輕薄短小、更潔淨、與低能源消費的工程技術」。

1.2 歷史沿革

人類生產化學品雖有一千年以上的歷史，但是一直到1736年，英國藥劑師華德氏（Joshua Ward）應用德國化學家葛勞勃氏（Johann Rudolf Glauber）所開發的硫與硝酸鉀混和加熱的方法大規模生產硫酸後，化學工業才算真正的開始。過去四百年來，化學工業的規模與複雜性遠非當年化學工程師所能想像；然而，在某些單元操作的設計方面，吾人仍未能脫離前人思考的窠臼。令人汗顏的是，早在十六世紀時，人類即已應用輪軸帶動攪拌器，從礦砂中提煉黃金；然而，由**圖1-1**可知，當時所使用的攪拌裝置除了材質與動力外，其形狀與設計與現代化設備相差不多[7]。換句話說，在許多製程開發與設計上，吾人不斷地重複傳統的思考模式與設計方法。

1.2.1 萌芽期

英國是工業化國家中，最早推動製程強化的國家。英國卜內門化學公司（Imperial Chemicals, Inc., ICI）新科學研究小組的蘭姆蕭（C. Ramshaw）與毛靈遜（R. H. Mallinson）等人是早期的拓荒者。他們早

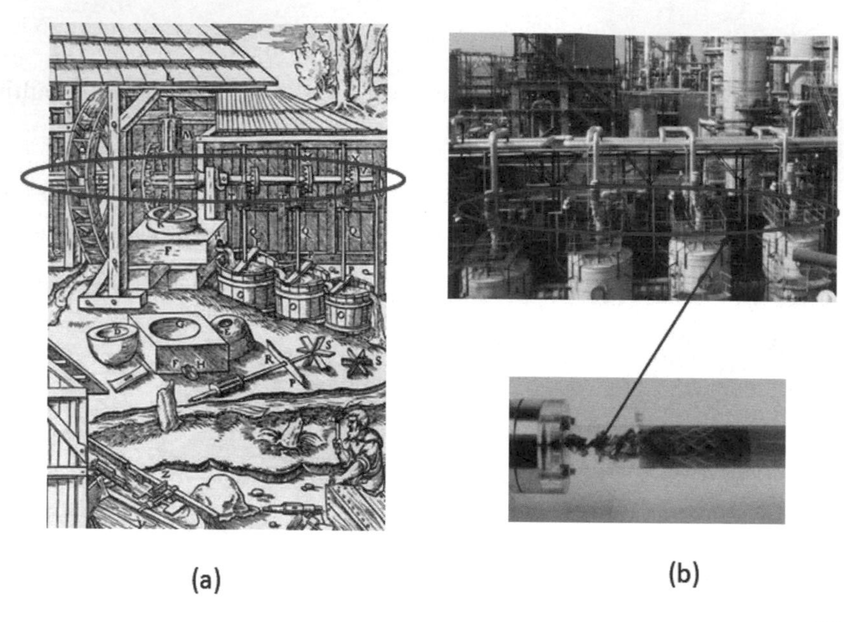

圖1-1　(a)十六世紀提煉黃金技術；(b)2012年某化工廠內攪拌裝置[10]

在1980年代初期，即已發現蒸餾、吸收和氣提等程序在微重力場下的績效遠不如在超重力場下；因此，如欲縮小傳統設備的體積與加強質量傳輸，就必須突破重力的限制。由於地球重力場無法增加，只能藉由高速旋轉以產生超重力場。超重力（HIGEE）技術從此而生，並成功的應用於蒸餾和吸收程序[8]。1983年，英國化學工程師學會曾經在曼徹斯特科技大學（UMIST）舉辦製程強化研討會。巧合的是當時就有一位南非礦物局的勞埃德博士（P. Lloyd）就發表一篇名為以強化方法處理地下金礦的論文[9]。以後十餘年間，製程強化的研究與應用成為英國化工界的顯學，但是主要研究方向僅侷限於下列四個：

1.超重力應用。
2.袖珍型熱交換器。
3.強化混和。
4.整合技術。

1.2.2 成長期

1995年12月，由BHR事業群主辦的第一屆化學工業的國際製程強化的研討會在比利時安特衛普召開，發表十七篇與超重力、質傳、混和、熱交換器及薄膜反應器相關的論文。1999年，英國大學與化工業共同成立製程強化網路（PIN-UK），以作為產學溝通的橋樑，主要宗旨為技術移轉、教育訓練與宣導。目前此網路共有包括公司行號、大學、民間團體與個人等350位來自英國與歐洲大陸的會員，其中產學各占一半。

1990年代末期，製程強化的理念逐漸普及至歐、美與亞洲等角落。化學公司如美國伊斯曼化學公司（Eastman）及陶氏（Dow）、荷蘭蒂斯曼（DSM）、瑞士蘇爾壽（Sulzer Chemtech）等也開始重視它的功效，紛紛進入這個領域。美國伊斯曼化學公司的反應蒸餾方式生產醋酸甲酯，可將28個設備縮減為3個，被公認為典型製程強化的範例。美國麻省理工學院與賓州大學、荷蘭台夫特科技大學（TU Delft）等開始成立研究中心。

1.2.3 普及期

2000年後，製程強化已成為化學工程的新興研究領域之一，不僅相關課程在大學研究所中開設，而且每年舉辦多次國際性研討會。製程強化期刊*Chemical Engineering and Processing: Process Intensification*的影響指數不斷上升，五年平均已高達2.328，可見受歡迎的程度。「製程強化」的理念已經徹底轉變了化學製程設計與開發的策略，目前已被公認為永續發展與綠色化學技術之一。

1.3 範圍

製程強化與工程界所熟悉的製程系統工程（Process Systems Engineering）不同。製程強化的目標是開發創新的製程步驟或設備單元，以提升生產績效、降低風險或能源消耗。製程系統工程是應用基礎知識、數學方法與實驗數據，開發電腦程式，以模擬化學製程系統，如煉油廠、石化工廠、能源系統等。由於任何一個零件或設備失誤，皆可能造成整個系統的失敗，因此製程系統工程必須將一個複雜的化學反應與分配系統視為一個不可分割的整體。

製程強化雖然提升產率或能源績效，卻不屬於製程最適化的範圍，因為製程最適化並不包含開發創新設備或方法，而是在既有製程設計的基礎上，在不影響既有操作條件範圍內，調整操作參數，以達到最適化的目的。**表1-1**列出三者的比較。

製程強化領域（**圖1-2**）可以區分為：

1.設備：創新反應器與強化的熱傳、混和與質傳裝置。
2.方法：新型或混和分離方式、整合反應、分離、熱交換與相態傳輸的多功能反應器、超音波、光等替代能源的應用技術與新型程序控制方法。

表1-1　製程強化與系統工程或最適化的比較

項目	製程最適化	製程系統工程	製程強化
目標	既有設計的績效改善與最適化	大規模既有與創新設計與概念的整合	創新製程步驟與設備的開發
焦點	數學模式與電腦程式		實驗、物理、化學現象、介面
跨領域	弱，僅與數學和電腦軟體有關	適度，與數學模式、化學有密切關係	強，與化學、物理、機械、材料、電子工程等相關

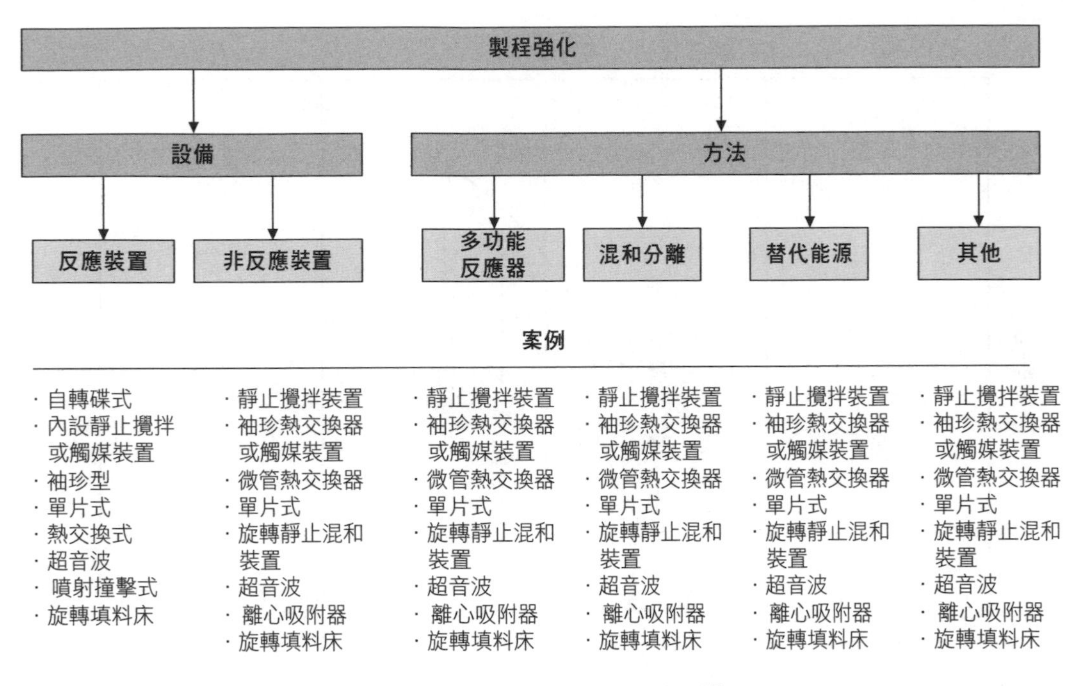

圖1-2　製程強化技術分類[6]

各種不同的製程強化技術在S型成熟曲線上的位置則如**圖1-3**所顯示。

1.4 基本原理

原、分子是能單獨存在且保持純物質的化學性質的最小粒子，因此化學反應係以原、分子為單位進行。從微觀的角度來看，化學反應的速率與產率僅受限於其固有的動力學；然而，在化學反應器中，由於反應物質必須克服質傳與熱傳的障礙，因此反應速率與產率難以達到固有動力學或化學平衡的極限。由於傳統化工製程是以宏觀角度所觀測的熱力學、動力學與產品的分配數據為基礎而設計的，如欲大幅提高反應速率，必須提升

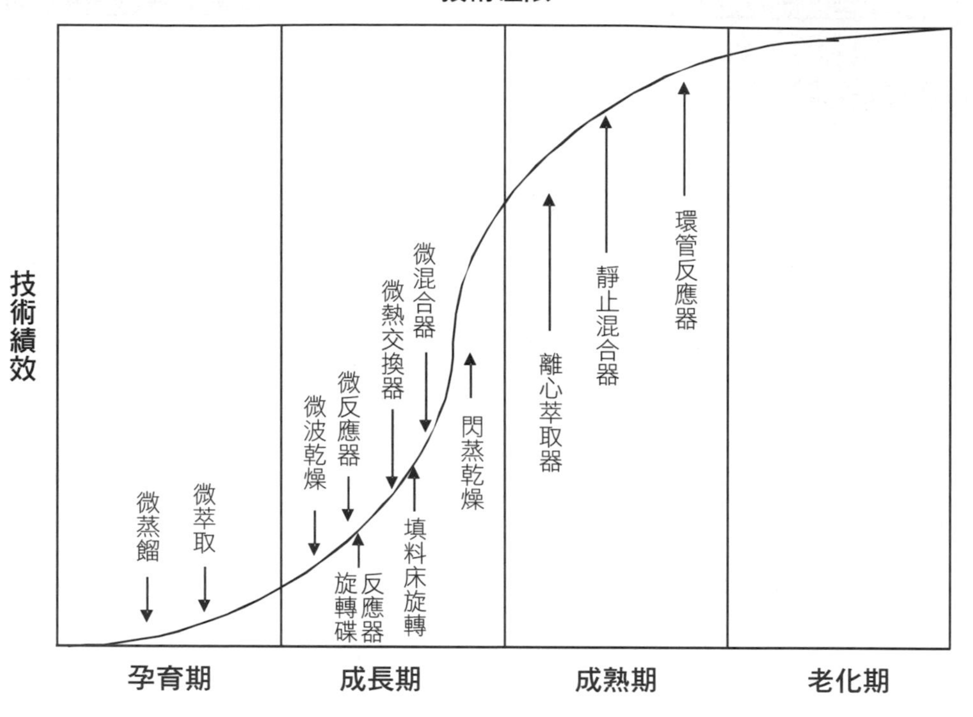

圖1-3　不同製程強化技術在S型成熟曲線上的位置[10]

質傳與熱傳的速率，將目標由宏觀世界移轉至微觀世界，聚焦於原、分子的規模。

傳統化學工廠係以每個物理或化學處理程序為單元而設計。這種方法的優點很多，可以將複雜的化學處理程序分解為不同的單元，只要取得每個處理單元的基本數據，即可依照工程規範迅速將處理單元設計出來。它的缺點是各個製程單元獨立作業，缺乏整合，難免會產生一些不必要或重複的程序。如欲整合部分或所有的製程單元，必須擺脫傳統化學工程、輸送現象或單元操作所建立的典範與限制。

依據上列的思考模式，荷蘭台夫特科技大學製程與能源工程系樊葛文與斯坦凱維茲教授提出下列四個基本原理[11]：

1.最大化：擴大分子內或分子與分子間相互作用的效能。

2.平均化：將處理程序平均分配於每個分子。

3.最適化：擴大促進物理或化學變化的驅動力量與接觸面積。

4.協同化：擴大協同效應。

茲將這四個基本原理簡述於後。

1.4.1 最大化

最大化的對象是原分子內部或外部交互作用的效應。如**圖1-4**所顯示，參與化學反應的分子有如球檯上五顏六色的撞球，當紅白兩色相互碰撞時，就會發生化學反應，產生所需要的產品。白色與其他碰撞時，產生不值錢的副產品。

控制化學反應有如打撞球一樣，如何以適當的能量，將白球以適當的角度撞擊到所欲撞擊的色球上。如欲提高產品生產率，就必須有效控制紅白球的移動軌跡、碰撞方式與能量的傳輸。由於傳統化學反應器的設計是依據宏觀視野下所觀測的數據而設計的，自然難以控制在微觀世界中分子的運動模式，分子就像彈球機中的鋼球一樣，到處亂竄，產生下列三種後果：

圖1-4　撞球與彈球機

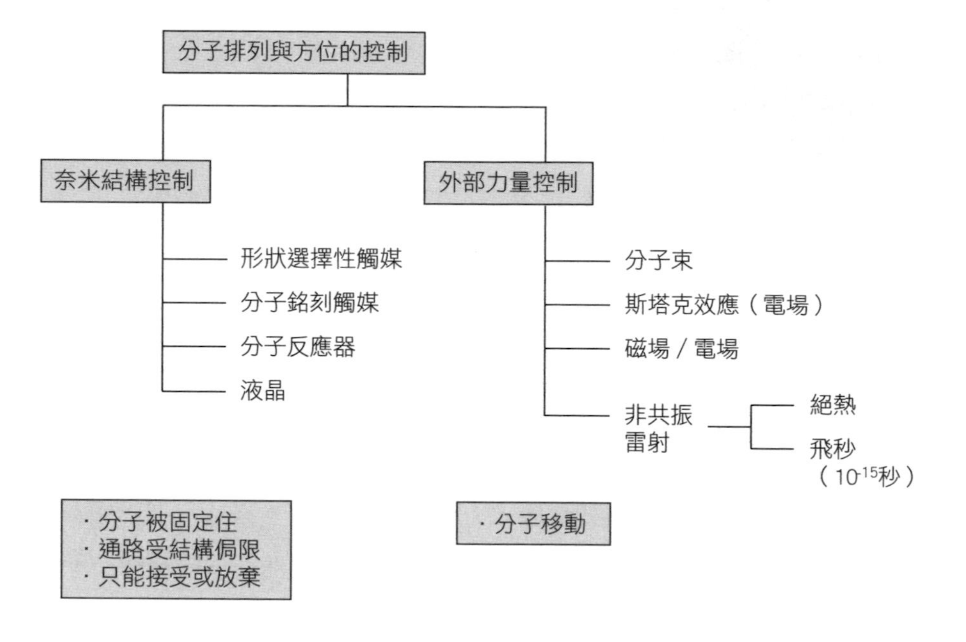

圖1-5　控制分子排列與方位的方法

1.降低紅白兩球撞擊機率，產率降低。

2.增加隨機碰撞機率，白球與其他色球的碰撞機率增加，副產品隨之增加。

3.反應器內溫度分布不均勻。

因此，必須應用形狀選擇性或銘刻式觸媒、分子反應器、液晶或分子束、電／磁場、非共振雷射等外界力量，以控制微觀世界中分子間的相互作用的能量、接觸模式與方位，才能大幅提升反應速率（**圖1-5**）。

1.4.2 平均化

在一個傳統批式、外部加熱的桶槽狀反應器中（**圖1-6(a)**），反應器內不同位置的分子所接受的混和與加熱程度皆不相同，因此難以達到理想

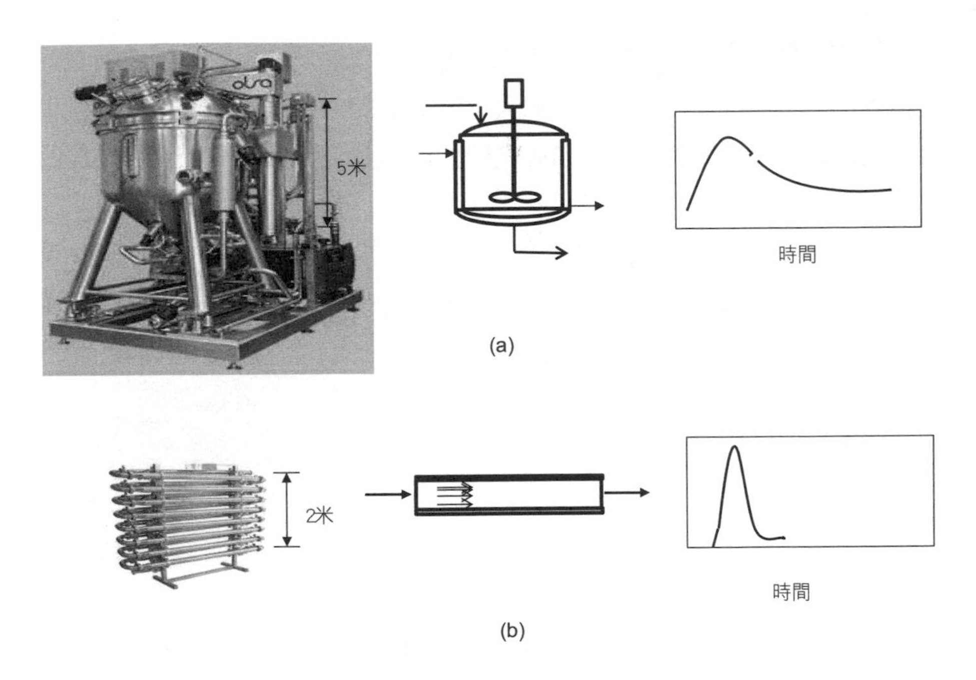

圖1-6　(a)批式桶槽狀內部攪拌、外部加熱反應器；(b)注入式管狀反應器

的產率。換句話說，如欲反應進行順利，產品分布均勻，所產生的副產品與廢棄物的比率低時，必須讓每一個參與反應的分子皆能接受相同的處理。如果將桶槽以一個注入式管狀反應器取代（**圖1-6(b)**），並且以微波方式加熱，由於單位體積的分子間的接觸面積與熱傳速率大幅增加，反應速率自然提升。

1.4.3 最適化

由於系統中所發生的任何變化皆起源自一個或數個發起的原因與起始的驅動力量，因此首先必須擴大起始的驅動力，然後增加驅動力與接觸物質間的面積。以水加熱為例，溫度上升與加熱爐的熱能供應及接觸面積成正比；因此增加加熱爐的熱能供應與接觸面積，水溫上升速率自然增快。接觸面積不僅與熱量傳導成正比，對質量傳輸更為重要。由於物質的體積愈小，表面積與體積的比例愈大。一個球體的表面積與體積的比例與直徑成反比，而正方形的表面積與體積比與邊長成反比。降低物質顆粒的大小，就能增加接觸面積。

其實吾人早已應用這個原理於日常生活中的廚藝與飲料的配製。例如，想要沖泡出香醇的咖啡，首先必須先將咖啡豆磨成細粉，然後以熱水或水蒸氣將豆粉中的化學物質萃取出來。

1.4.4 協同化

將觸媒反應與分離兩個程序結合在一起時，可以產生較佳的協同力量。

以下列甲醇與氨反應會產生甲胺、二甲胺與三甲胺等三種反應物為例：

$$CH_3OH+NH_3 \rightarrow CH_3NH_2+(CH_3)_2NH+(CH_3)_3N$$

應用一般矽鋁觸媒，甲胺與二甲胺的總和僅占總產品的67%。如果在觸媒外包覆一層碳分子篩後，甲醇與氨分子可以通過碳分子篩的孔徑（～0.5nm），與觸媒接觸產生反應。甲胺與二甲胺分子體積較小，可以通過觸媒外層碳分子篩的孔徑而排放出來，但是三甲胺的分子太大，無法通過；因此三甲胺的濃度在觸媒內達到飽和狀態，有利於甲胺與二甲胺的產生，兩者所占的比例可提升至83.4%（**圖1-7**）。換句話說，若能將主要產品在產生後與反應物迅速分離，可以突破化學平衡的限制，大幅提升主要產品的產率。

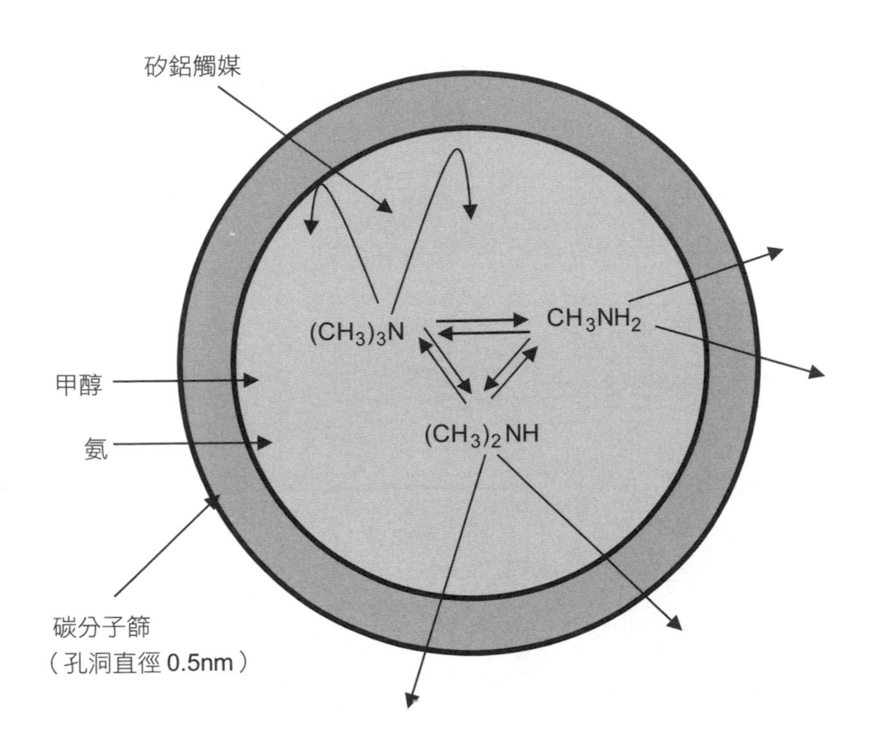

圖1-7　碳分子篩與矽鋁觸媒的協同效應

1.5 領域

製程強化的原理依其規模或刻度差異，可應用至空間、能量、功能與暫存時間四個領域上。**圖1-8**列出製程強化的原理、領域與刻度的關係。

1.5.1 空間

空間領域的焦點為微觀世界的分子結構與環境因素，例如改變觸媒的孔徑與內部的微細通道、單位體積或質量的表面積、粗糙度與活性

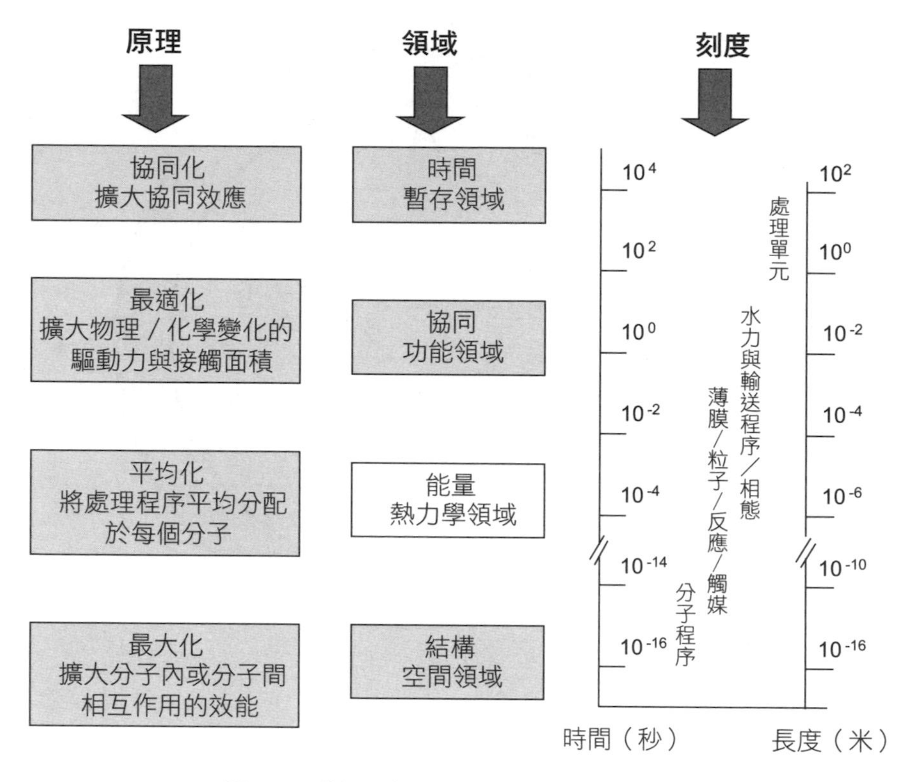

圖1-8　製程強化的原理、領域與刻度

（**圖1-9**）。改善與強化動機為：

1.明確界定的物質結構。

2.以最小的能量產生最大的表面積。

3.產生高質量與熱能傳輸。

4.精確的數學模擬。

5.易於瞭解與規模放大。

長度範圍介於微奈米至奈米之間，時間介於微奈秒與毫奈秒之間。

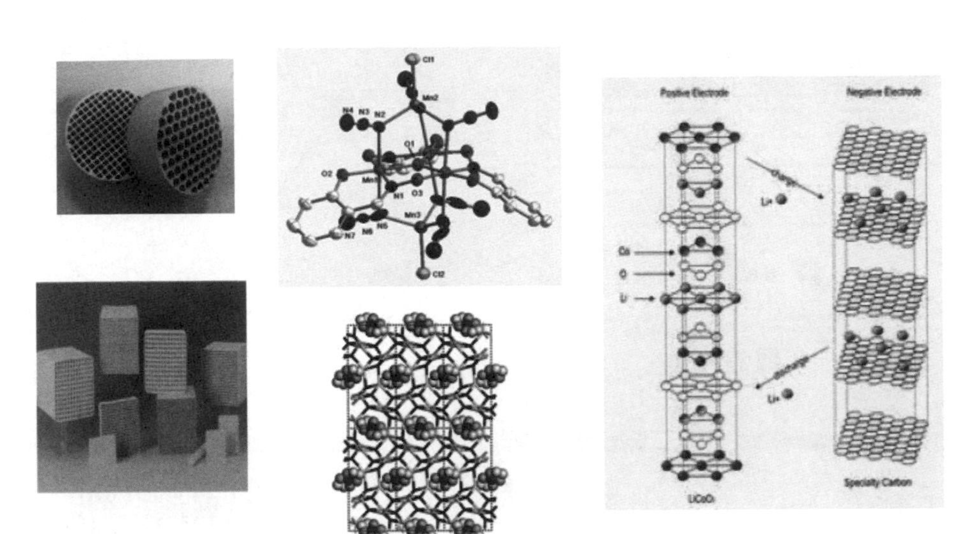

圖1-9　空間領域：分子結構與環境因素的操控與改善

1.5.2 能量

能量領域的焦點為能量來源、形式、熱能的傳輸的機制與方式的操控等，例如電場、電磁場、微波、分子束、超音波與超重力的應用等，改善與強化動機（**圖1-10**）為：

1.分子方位的操控。

2.標的分子的活化。

3.局部能量供應、選擇與變化。

長度範圍介於微米至100微米之間，時間介於0.01秒與0.0001秒之間。**圖1-11**所顯示的超重力旋轉填料床僅需傳統蒸餾塔的體積的四十分之一，即可達到同樣的分餾功能，是製程強化原理應用於能量領域的典型範例之一。

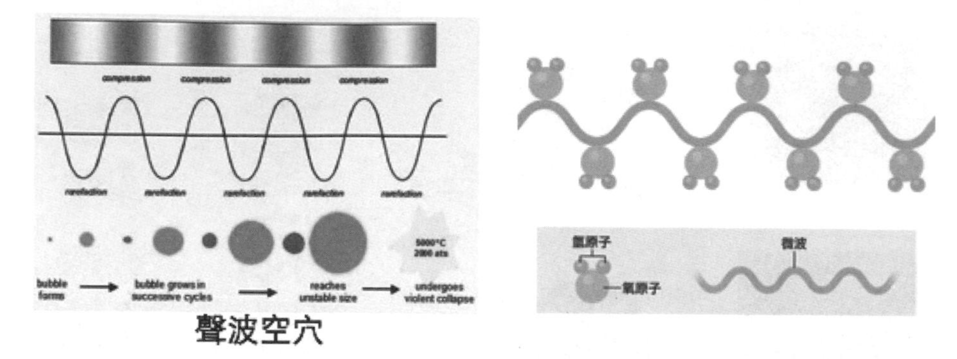

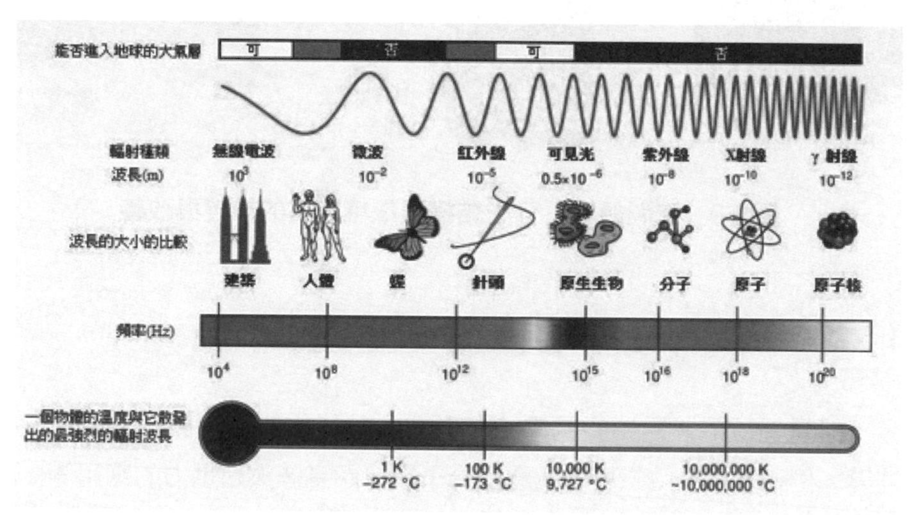

圖1-10　能量領域：能源形式、傳輸的機制與操控等

1.5.3 功能

功能領域的焦點為處理單元功能與步驟的整合，例如電場、磁場或雷射等替代能源形式的結合、觸媒與能源供應或能量吸收物質的整合等。改善誘因為協同效應的產生、熱能管理的最適化與設備效率提升與容量的縮減。長度範圍介於0.1釐米至1米之間，時間介於0.1秒與100秒之間。美國伊斯曼公司所開發的醋酸甲酯製程，將化學反應與蒸餾兩個單元

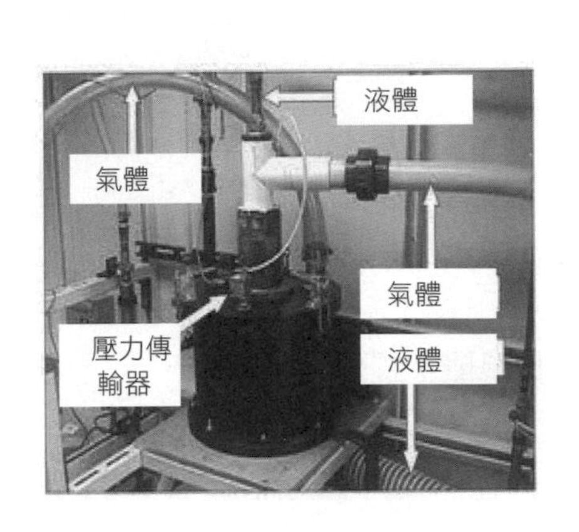

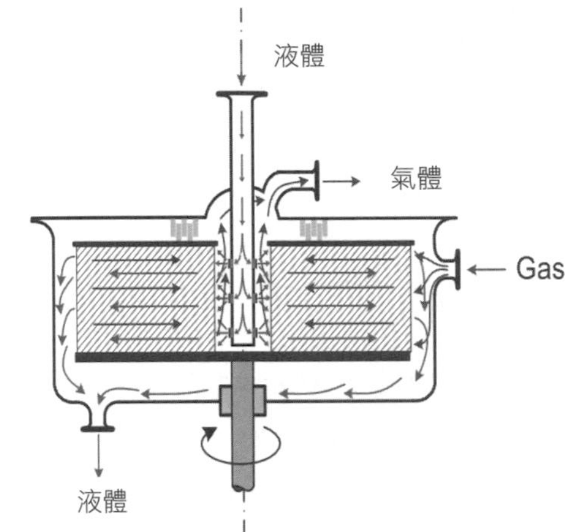

圖1-11　能量領域案例：超重力旋轉填料床

結合為一個反應蒸餾塔，可以使用3個設備數目取代傳統製程所需的28個設備，是一個製程強化應用於能量領域的典型範例。

1.5.4 暫存時間

暫存時間領域的焦點為參與反應物質之間的接觸、混和與停留時間與動力學，例如能量供應的頻率與強度、停留時間等。改善誘因為：

1.能量供應的控制。

2.共振效應。

3.能量效率。

4.降低副作用。

長度範圍介於1米至1,000米之間，時間介於100秒至10小時之間。**圖1-6**顯示暫存時間領域的案例，以管式反應器取代傳統反應器，體積、停留時間與成本可縮小20倍以上。

1.6 益處與推廣障礙

1.6.1 益處

製程強化的益處如**圖1-12**所顯示[13]：

1.由於危害性物質庫存量降低，可降低風險，提升本質安全。
2.較佳熱傳與質傳，導致高能源效率。
3.較佳的反應選擇性導致產品品質提升。
4.極低的反應停留時間，及時生產制度得以推行。
5.小型模組式工廠與分散式生產方式的經濟可行性增加。
6.產品雜質低可降低下游純化成本。
7.低汙染排放減低生態與環境負擔，符合永續經營與綠色生產的理念。

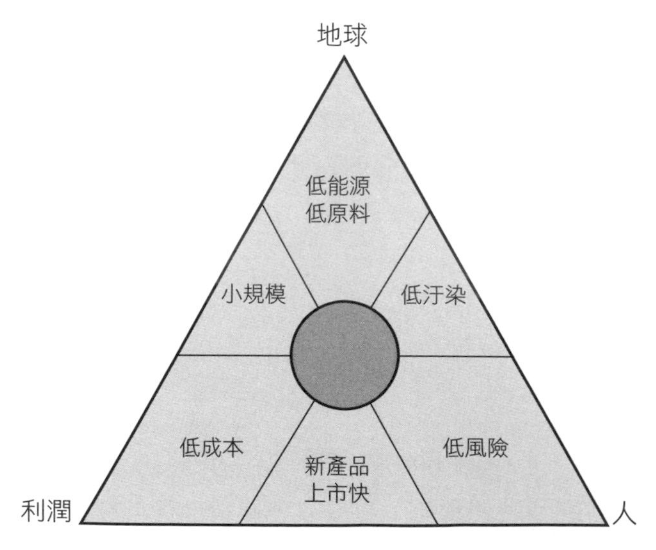

圖1-12　製程強化的益處

8.較佳的製程控制，降低不可抗拒因素的發生機率。

依據荷蘭能源與環境署（SenterNovem）的報告，製程強化的益處[12]為：

1.由於反應器體積與危害性物質儲存量減少10～1,000倍與反應控制的改善，風險程度大幅降低。

2.能源節約介於20～80%之間。

3.投資與操作成本20～80%之間。

4.化學反應選擇性與產率高達10倍以上。

依據歐洲製程強化藍圖，製程強化對於石化、製藥、食品等工業的益處[13]為（**表1-2**）：

表1-2　製程強化的益處[13]

	大宗化學品	精密化學品	食品
多功能設備如反應分餾等	15%普及率可節省50～80%能源，2.4～4.8億公秉油當量	10%普及率可節省50%能源消費，約0.26億公秉油當量	乾燥與結晶設備10%能源消費，約0.8～13億公秉油當量
微型／袖珍型反應器	熱交換器與反應器整合設備可節省5.3億油當量，微型反應器可再增1.3億公秉	20%普及率可節省20%能源，約0.27億公秉油當量	約0.27億公秉油當量
微波		5%普及率降低原料20～40%，0.5～0.8億公秉油當量	10%乾燥式場即可降低20～50%能源，0.25～0.4億公秉油當量；降低10%食品生產所需能源，0.25～0.4億公秉油當量
超重力場（旋轉碟式反應器）		適用於5%製程，可節省50%原料與0.3～0.8億公秉油當量	節省10～20%電力，0.15億公秉油當量

1.提高能源效率：

(1)石化工業：5%（10～20年）、20%（30～40年）。

(2)食品工業：10～15%（10年）、30～40%（40年）。

2.成本降低：

(1)製藥工業：20%（10～20年）、50%（30～40年）。

(2)食品工業：由於產量增加，四十年後，成本降低60%、以連續式取代批式生產，成本可降低30%。

1.6.2 推廣障礙

製程強化的益處雖然很多；然而，由於石油煉製與化學工業的規模龐大，牽一髮而動全身。在環保、工安法規日益嚴苛的情況下，任何一個經營者、廠長有如**圖1-13**中的指揮官一樣，每日戰戰兢兢，對於任何創新皆採取保守的態度，生怕任何一個環節出錯。因此，任何革命性的思考方

圖1-13　企業主管對創新方法與設備態度保守

式、設計方法皆必須經過一段觀察期與試用期，才會被工業界接受。推廣的主要障礙為：

1.以強化設備或方法改造既有製程的成本高。

2.突破性創新技術的商業化風險高。

3.製程強化設備規模放大的困難度高。

4.近十年來，大學才提供相關課程，絕大多數從業工程師缺乏認知。

5.開發的路徑與時間漫長。

1.7 結語

現代化學工程界所界定的「製程強化」的歷史不過三十年，然而，它已經澈底轉變了化學製程設計與開發的策略，不僅大幅提高生產力、降低環境汙染與風險，並且將傳統化學工廠的規模朝向「輕薄短小」的目標前進。

參考文獻

1.Kleemann, G., Hartmann, K., Wiss. Z. (1978). Tech. Hochschule Carl Schorlemmer. *Leuna Merseburg, 20*, 417.

2.Ramshaw, C. (1983). HIGEE distillation-An example of process intensification. *Chem. Eng.* (London), *389*, 13.

3.Cross, W. T., Ramshaw, C. (1986). Process intensification-laminar-flow heat-transfer. *Chem. Eng. Res. Des., 64*, 293.

4.BHR Group: www.bhrgroup.com/pi/aboutpi.htm.

5.Huther, A., Geiselmann, A., Hahn, H. (2005). *Chem. Ing. Tech., 77*, 1829.

6.Stankiewicz, A. I., Moulijn, J. A. (2000). Process intensification: Transforming chemical engineering. *Chem. Eng. Progress, 96*, 22-33.

7.Agricola, G. (1556). *De Re Metallica Libri XII*. Froben & Episopius, Basel, Switz.

8.Ramshaw, C., Mallinson, R. H. (1981). Mass transfer process. U.S. Patent, 4, 255-283.

9.Lloyd, P. (1983). Underground processing of gold ore by intensive methods. Research Symposium on Process Intensification, April 18-19, UMIST, Manchester, UK.

10.Stefanidis, G. (2014). Process intensification, course notes, chapter 1, philosophy and basic principles, Delft University of Technology, Delft The Netherlands.

11.Van Gerven, T., Stankiewicz, A. (2009). Structure, energy, synergy, time-The fundamentals of process intensification. *Ind. Eng. Chem. Res., 48*, 2465-2474.

12.Anon (2006). Building a business case on process intensification-Results presented to Platform for Chain Efficiency (PKE). Arthur D. Little report for SenterNovem, Agency for Energy and Environment, The Netherlands.

13.EFCE (2012). Report on the European Roadmap for Process Intensification, European Federation of Chemical Engineering, DECHEMA e.V.,Frankfurt am Main, Germany.

Chapter 2

停留時間強化

2.1 前言

任何一個系統中，危害性物質的處理量、儲存量與使用量愈多時，風險愈大，意外發生時，所可能產生的後果愈大。如欲降低風險，必須盡量降低危害性物質的使用量、處理量與儲存量。換句話說，就是將「輕、薄、短、小」視為設計的最高指導原則。由於化學反應器不僅是化學工廠最核心，也是儲存危害性物質數量最多的設備，因此，強化反應器的設計，可以大幅降低危害性物質的使用量與儲存量。

反應器係依據在宏觀視野下所觀察的化學實驗數據所推導化學與化工動力學的模式所設計的，無法真正反應微觀下的狀況，因此反應速率受限於宏觀視野下的操控條件。換句話說，吾人應用第一章中所提的強化的最大化、平均化、最適化與協同化等四個基本原理，將焦點專注於微觀世界中分子與分子間的作用方式，改善傳統宏觀世界的質傳、熱傳方式，即可加速反應的進行。由於反應器的體積與產品儲存量與化學反應速率的快慢有直接的關係。反應速率愈快，不僅反應物在反應器的停留時間愈小，產品的儲存量亦愈低。停留時間愈低，反應器體積需求與產品儲存量亦愈低。

本章的重點為降低停留時間與產生強制性動態作業。

2.2 縮短停留時間

反應物在反應器中的停留時間與反應速率有關，如欲在不影響反應速率或單位時間產出下，降低停留時間，則必須操縱反應器中質傳與熱傳方式。

2.2.1 改善質傳方式

分子與分子間必須先經由複雜的質量傳輸過程、接觸與碰撞後，才會發生化學反應；因此，改善質傳方式，可以直接加速反應的發生與進行。高速離心式旋轉微流體碟所產生的超重力場，可以加速物質間的混和速率100倍以上[1]。**圖2-1**顯示旋轉微流體碟的構造。

2.2.2 整合裂解與氧化反應

碳氫化合物的裂解與氧化是石化工廠最普遍的製程，前者將碳氫化合物加熱將碳鍵分子打斷、分解，以產生不飽和烯類或低碳碳氫化合物，後者則可將反應物經燃燒產生水蒸氣、二氧化碳與熱能。如果以縮短氧化反應時間，則可產生含氧的醛類等中間產物。前者受制於熱能的有效供應，而後者受限於如何能將所產生的熱能迅速移轉。如果能有效地將這兩種反應結合，不僅反應可快速進行，而且還可避免加熱與冷卻的步驟。茲介紹兩種具發展潛力的製程，以供參考。

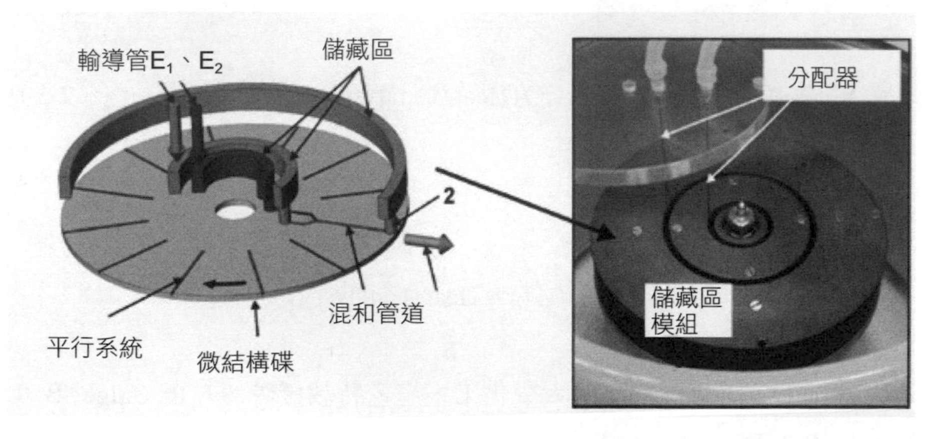

圖2-1　旋轉微流體碟的結構

一、生質物氣化

含高碳量的碳氫化合物如重油，或碳水化合物如生質物的利用皆需經過熱裂解、水蒸氣重組、偏氧化與燃燒等四個步驟；首先必須提供熱能將生質物分解，以產生70%揮發性有機物（VOCs）、10%碳渣與15%氣體：

熱裂解：

$$\text{Biomass+Heat}\rightarrow\text{0.70VOCs+0.10Char+0.15Gases} \quad (2\text{-}1)$$

然後將揮發性有機物與高熱水蒸氣經觸媒重組後，產生氫與一氧化碳：

觸媒水蒸氣重組：

$$\text{VOCs}+H_2O+\text{Heat+Catalyst}\rightarrow H_2+\text{CO+Catalyst} \quad (2\text{-}2)$$

為了提供熱裂解與水蒸氣重組所需的熱能，則將部分生質物與氧進行偏氧化或燃燒反應，產生二氧化碳與水蒸氣：

觸媒偏氧化：

$$\text{VOCs}+O_2+\text{Catalyst}\rightarrow H_2+\text{CO+Heat+Catalyst} \quad (2\text{-}3)$$

觸媒燃燒：

$$\text{VOCs}+O_2+\text{Catalyst}\rightarrow CO_2+H_2O+\text{Heat+Catalyst} \quad (2\text{-}4)$$

2006年，美國明尼蘇達大學化工系施密特教授等（J. R. Salge, B. J. Dreyer, P. J. Dauenhauer, L. D. Schmidt）發現如果在氧氣充足的環境中，

將大豆油或生質柴油噴灑在攝氏700～800度的銠鈰（Rhodium-Cerium）觸媒表面形成微細的液滴時，油性物質會快速揮發，然後與氧氣反應，可將反應物中70%的氫原子與60%的碳原子分別轉化成氫氣與一氧化碳。在不同的操作條件下，也可產生乙烯與丙烯等不飽和的碳氫化合物。由於高速液滴與觸媒接觸的反應產生1,000kW/m^2（420cal/s・cm^2）左右的熱量，可以將觸媒表面溫度維持於攝氏800度之上；因此，不需由外界提供任何熱源。另外一個優點是無論是閃蒸或觸媒氧化反應，速率都極為快速，反應物在反應器中停留時間低於50毫秒，因此來不及產生碳渣，觸媒表面活性不易老化。此製程將熱裂解與觸媒氧化結合，可以快速將非揮發性固體與液體轉化為揮發性氣體，因此稱為反應性閃蒸揮發（Reactive Flash Volatilization, RFV）：

$$\text{Biomass}+O_2+\text{Catalyst}\rightarrow\text{Ethylene}+\text{Propylene}+CO+H_2+\text{Catalyst} \quad (2\text{-}5)$$

圖2-2與**圖2-3**顯示明大生質物氣化反應器與反應機制圖[2,3]。

此技術的優點為：

1.反應速率非常快速，較傳統生質物氣化技術快了10～100倍。
2.轉化率高達99%。
3.不會產生碳渣，觸媒壽命長。

實驗結果顯示，一個體積僅6立方釐米的反應管，每天可氣化1公斤的生質物。目前最大的挑戰是如何將此製程順利放大。

二、烷類的觸媒偏氧化反應

乙烯、丙烯等輕質不飽和碳氫化合物是高分子與石化中間產品的基本原料，2013年，世界乙烯、丙烯年需求量分別為134與86百萬噸，每年成長率高達4～5%。過去半個世紀以來，一直是以高溫水蒸氣裂解碳氫化

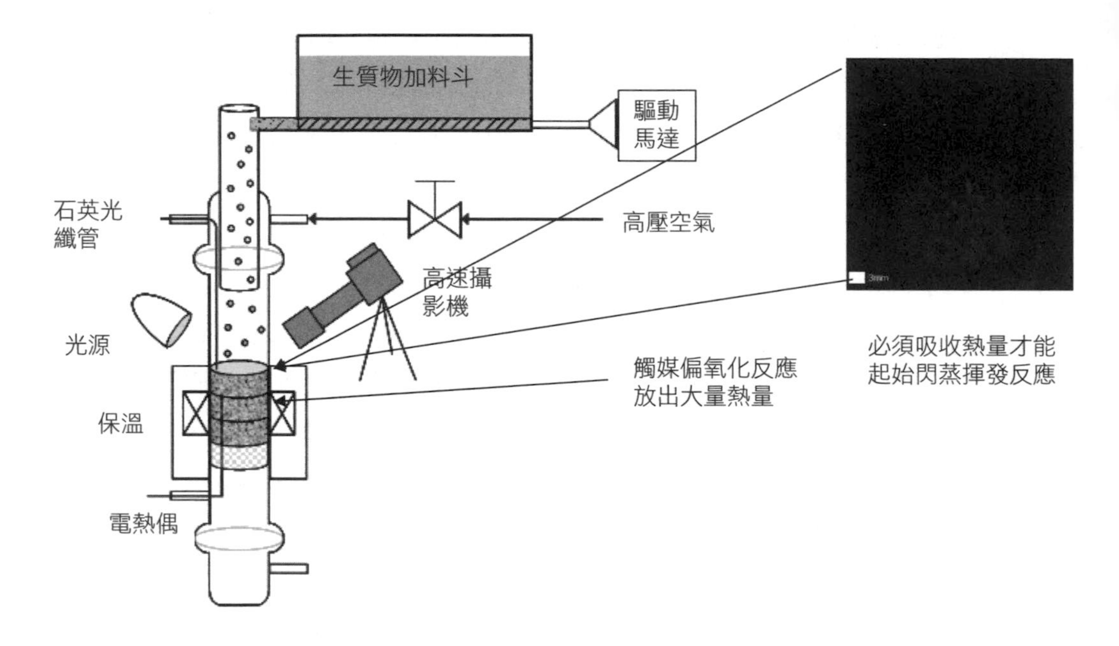

圖2-2　明尼蘇達大學生質物氣化反應器剖面圖[2]

合物方式生產，雖然技術不斷的演進，但是由於製程複雜，設備單元眾多，而且操作溫度範圍太廣，由-100～800度，能源消費與風險皆高。自1985年至今，全球大型乙烯工廠意外事件至少發生過四次，總財務損失高達8億美金。

在觸媒的催化作用下，碳氫化合物不僅可被裂解產生乙烯、丙烯，而且與氧氣進行偏氧化反應，產生乙醛、丙醛。以觸媒催化的碳氫化合物偏氧化與裂解反應速率快速，反應物與觸媒時間極短，反應器規模小，投資成本低。偏氧化反應為放熱反應，會產生熱能，可作為碳氫化合物裂解的能源；因此能源需求低。因此，過去數十年來，結合碳氫化合物的裂解與觸媒偏氧化作用以取代既有的乙烯、丙烯製程，一直是化學工程師的夢想。

1996年，美國明尼蘇達大學研究人員應用由單層鉑與10%銠（Rh）所編織的金屬薄網，可以在常壓下進行選擇性偏氧化作用，快速地將乙

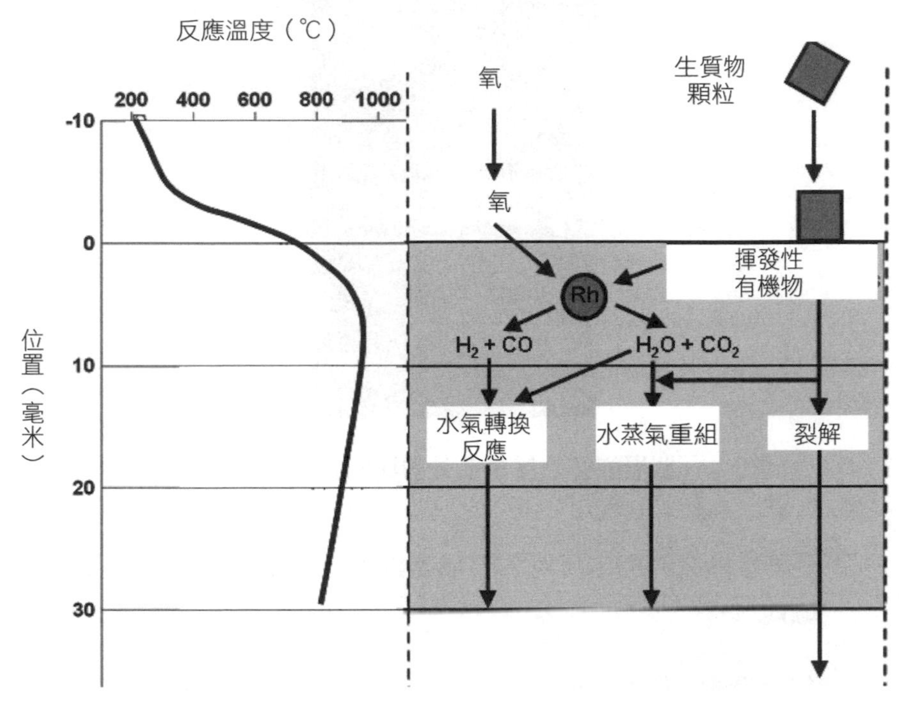

圖2-3　明尼蘇達大學生質物氣化反應機制圖[4]

烷、丙烷、正丁烷與一丁烷等轉化為烯類[5]。**圖2-4**顯示一個直徑1.8釐米的單層觸媒金屬網的外觀、掃描電子顯微鏡圖。反應氣體輸入溫度為25度，經觸媒催化後，與氧氣作用，可將觸媒表面溫度提升至800度以上。觸媒未使用前，表面非常光滑（**圖2-4(b)**、**(c)**），將丁烷通過50小時後，表面變得粗糙（**圖2-4(d)**），而且出現許多促進質量傳輸的小刻面（**圖2-4(e)**）。

反應步驟如下：

1.將反應氣體加熱至800℃以上。

2.將氣體快速地通過單層觸媒網，接觸時間限制於8～500微秒間。

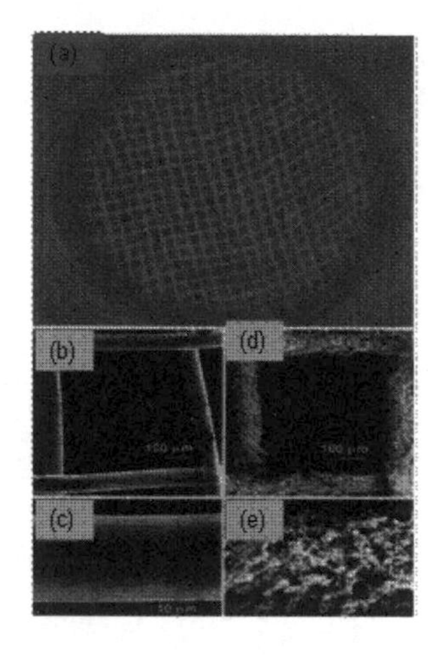

圖2-4　單層觸媒金屬網的外觀與掃描電子顯微鏡圖[5]

3.迅速地將氣體與未反應的冷氣體混和，在200微秒間將溫度降至400℃。

此技術的優點為：

1.氧轉化率高達90%以上。
2.接觸時間短，僅10微秒。
3.產品選擇度高：變更金屬網上鉑觸媒的層數，即可產生烯、甲醛、乙醛等產品。
4.快速冷卻可以避免烯或醛類等不穩定物質裂解反應，但仍能維持產生此類產品的反應繼續進行。

表2-1顯示在1.4大氣壓的壓力與25℃進料溫度、碳／氧為7與每秒25釐米的氣體速率的反應條件下，產品隨碳鍵的長度變化的關係。此反應器每天可將丁烷轉化成20公斤的醛類與丁烯。一個直徑30公分的反應器每天將可生產1,000噸。在更高的壓力與氣體流速下，如果可以加速反應物的供應與產品的移出時，還可增加產量[6]。

表2-1　碳鍵的長度對於碳氫化合物觸媒偏氧化反應的產品影響

烷類	乙烷	丙烷	正丁烷	異丁烷
轉化率（%）				
碳氫化合物	34	16	10	3
氧氣	100	99	90	70
碳選擇性（%）				
烯類	62	58	36	<1
醛類	7	9	40	<0.2
烷類	13	10	<1	微量
一氧化碳／二氧化碳	18	23	24	99
觸媒表面溫度	900	850	800	800
氣體溫度	580	504	400	395

依據義大利石油公司研究團隊的實驗結果，以乙烷為原料，每小時1,000公升的流量通過以鉑（錫）／錳酸鑭（Pt(-Sn)/$LaMnO_3$）為觸媒的小型實驗裝置中，烯類產率可達55%以上，選擇性超過75%[6]。

2.3 強制性動態與瞬間激發

穩態反應器中的自然週期隨反應物及觸媒的物理、化學特性及反應動力學有關，分子活性的週期自幾奈秒至微秒之間，液滴、氣泡約0.001～0.1秒，單層觸媒與滴濾床介於0.1～1秒間，流體化床約幾秒至幾分鐘間，移動床由幾分鐘至幾小時不等，生化反應器可能由數小時至數天之久。強制性的動態激發不僅可以造成反應器中物質與能量傳輸路徑與速率，還可促進分子間的接觸機率；例如：

1.改變滴濾床或氣泡塔的脈動作業。

2.反向流動反應器或再生式製程，以移動平衡限制。

3.將熱能交換整合於化學反應之中。

4.再生式製程，以改善能源利用效率。

5.以濃度變化、壓力、溫度、電、電磁場為手段，可以影響觸媒表面吸附、反應與脫附程序。

6.調整連續攪拌式或振盪流式反應器的體積可以加強系統的混和特徵。

2.3.1 改變脈動作業

滴濾床的氣／液／固體，或氣泡塔中氣／液體的混和、接觸與相互作用，與所注入的流體流動的速率與方向有直接的關係。改變流體注入的機制、脈動頻率與壓力可以增加物質間質量傳輸與化學反應速率。如**圖2-5**所示，改變滴濾床或氣泡塔中氣體注入分布器的方向與脈動機制，可以擾動氣泡的流動模式與路徑，增加30%氣液接觸機率與反應效率[8]。

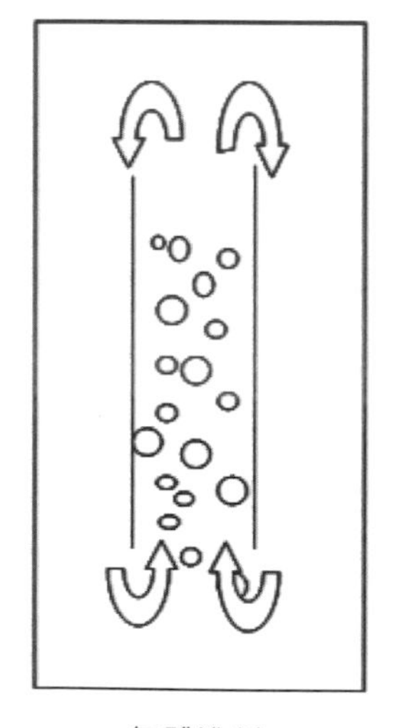

氣體進料

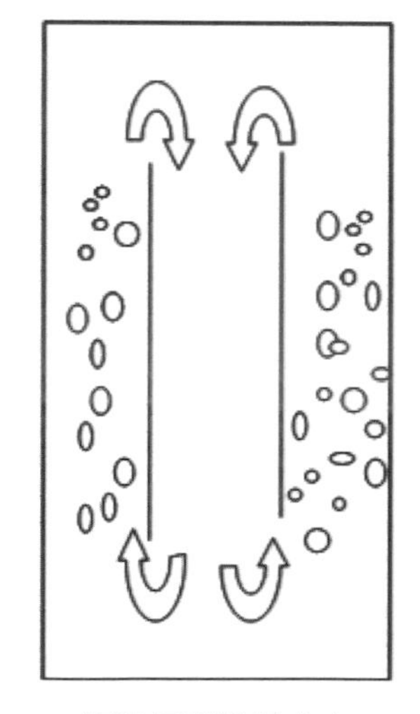

調整氣體進料方向

圖2-5　在氣泡床或滴濾床中，週期性調整氣體分布器進料方向[7]

2.3.2 反向流動反應器

反向流動反應器（Reverse Flow Reactor）是烏克蘭科學家瑪特羅斯博士（Yurii Sh. Matros）所發明的一種新型的觸媒反應裝置，又稱Matros反應器；其特點是反應物的流動方向在一定的週期內以正反兩種方向進入盛裝觸媒填料的反應器中[8,9]。操作步驟如下：

1.首先，將**圖2-6(a)**中的閥V1與V4打開，將閥V2與V3關閉。

2.常溫反應氣體由閥V1進入反應器中，與高溫觸媒接觸後加熱；當氣體溫度達到一定溫度後，放熱反應開始發生。

3.當氣體通過觸媒床下半部，將熱能傳至較冷的觸媒床後，由閥V4離開。

4.等到觸媒上半部的溫度冷卻到一定溫度時，先將**圖2-6(b)**中的閥V2與V3打開，並將閥V1與V4關閉後，將反應氣體經閥V2進入反應器的底部。

5.由於觸媒床的下半部溫度較高，氣體溫度開始上升；等到氣體溫度達到一定溫度後，放熱反應開始發生。

6.當氣體通過觸媒床上半部，將熱能傳至較冷的上半部觸媒床後，由閥V3離開。

只要化學反應能釋放出足夠的熱量，這種週期性反向氣體流動可以維持觸媒床的溫度在設計的範圍內。觸媒床的溫度變化如**圖2-6(c)**所顯示，觸媒床的中心的溫度最高，氣體進入與逸出部分最低。熱流週期性地隨著氣體流動的方向移動，在兩個對稱的端點振盪。

反向流動反應器已廣泛應用於化工與空氣汙染防治製程上，例如：

1.二氧化硫的氧化。

2.汙染空氣淨化。

3.甲醇合成。

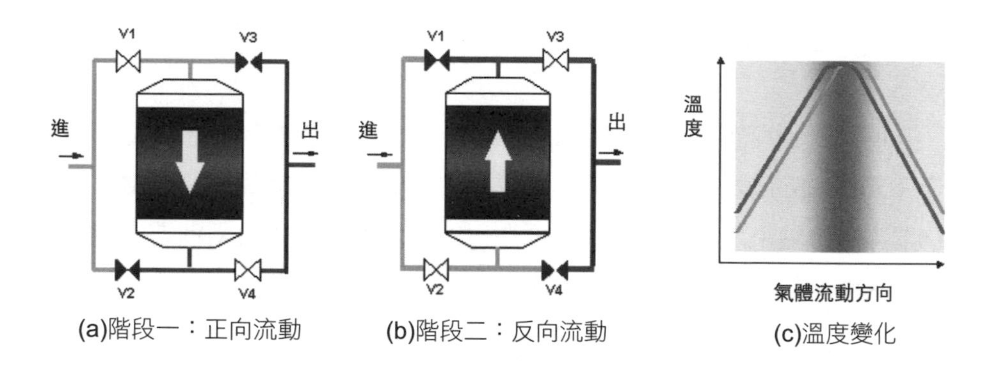

(a)階段一：正向流動　(b)階段二：反向流動　(c)溫度變化

圖2-6　反向流動反應器

4.鄰二甲苯氧化，產生鄰苯二甲酐。

其優點為：

1.能源使用效率高。
2.反應器中無熱傳導介面。
3.反應器體積小。
4.比一般穩態操作的處理量大。
5.可在較稀薄的燃料濃度下操作。

缺點為：

1.不易控制反應器中的溫度。
2.需要能激發放熱與吸熱反應的多功能觸媒。
3.不適用於氣體與氣體間的反應與微反應器。

1993年，瑪特羅斯博士創立瑪特羅斯科技公司（Matros Technologies），以開發與推廣反向流動反應器相關技術。2008年，該公司所開發的技術獲得下列獎章：

1.半導體揮發性氣體防制觸媒獲得美國環保署清潔空氣卓越獎（Clean Air Excellence Award）。

2.與德州儀器公司合作，降低揮發性有機物、氮氧化物排放與燃料使用。德州環保局創新清潔空氣卓越夥伴獎。

2.3.3 再生式製程

再生式製程是物質在不同時間時相反方向的流動，以回收再生熱能或系統中被吸收或吸附的物質。再生式變壓吸附系統與再生式熱交換器是最常見的再生式製程。

一、變壓吸附系統

變壓吸附（Pressure Swing Adsorption, PSA），是一種新型氣體吸附分離技術，創於1960年代初，並於70年代開始應用於空氣中氮氧氣分離與煉油廠混合氣體的氫氣純化。80年代以來，由於CaX和LiX等高吸附分離性能的沸石分子篩的相繼開發，與製程的改進，使得變壓吸附技術得以迅速發展，普遍應用於中小規模（小於100噸／天或3,000Nm^3/h）氧氣供應，如電爐煉鋼、金屬冶煉、玻璃加工、甲醇生產、炭黑生產、肥料、化學氧化過程、紙漿漂白、汙水處理、生物發酵、水產養殖、醫療、軍事等領域，或煉油廠或乙烯工場中的氫氣分離。此系統不僅遠比傳統低溫分餾方式的成本、能源消費低，操作簡單，而且不易發生意外事故。

變壓吸附具有以下優點：

1.產品純度高。

2.可在室溫和不高的壓力下工作，床層再生時不用加熱，能源消費低。

3.設備簡單，操作、維護簡便。

4.連續循環操作，可完全達到自動化。

以空氣中的氮氧分離設備所使用的碳分子篩可以吸附空氣中的氧氣、二氧化碳、水分等，但無法吸附氮氣。在吸附平衡情況下，氣體壓力越高，則吸附劑的吸附量越大。反之，壓力越低，則吸附量越小。如**圖2-7(a)**所示：當空氣壓力升高時，碳分子篩將大量吸附氧氣、二氧化碳和水分。當壓力降到常壓時，碳分子篩對氧氣、二氧化碳和水分的吸附量非常小。當高壓空氣通過分子篩床時，由於碳分子篩無法吸收氮氣，卻可將氧氣、二氧化碳與水分吸附，可以得到99%以上純度的氮氣。當第一個吸附塔操作一定時間後，塔中碳分子篩的吸附已近飽和，則可移至第二個塔繼續生產氮氣。第一個吸附塔的壓力降低後，即可進行再生作業，將分子篩中所吸附的氣體釋放出來。

圖2-8美國UOP公司多床式氫氣純化系統（Polybed PSA System）可將乙烯工場所排放的氣體中的氫氣分離出來。此系統已在世界上裝置了900套以上，每小時氣體流量自1,000～120,000立方米（Nm^3）不等。

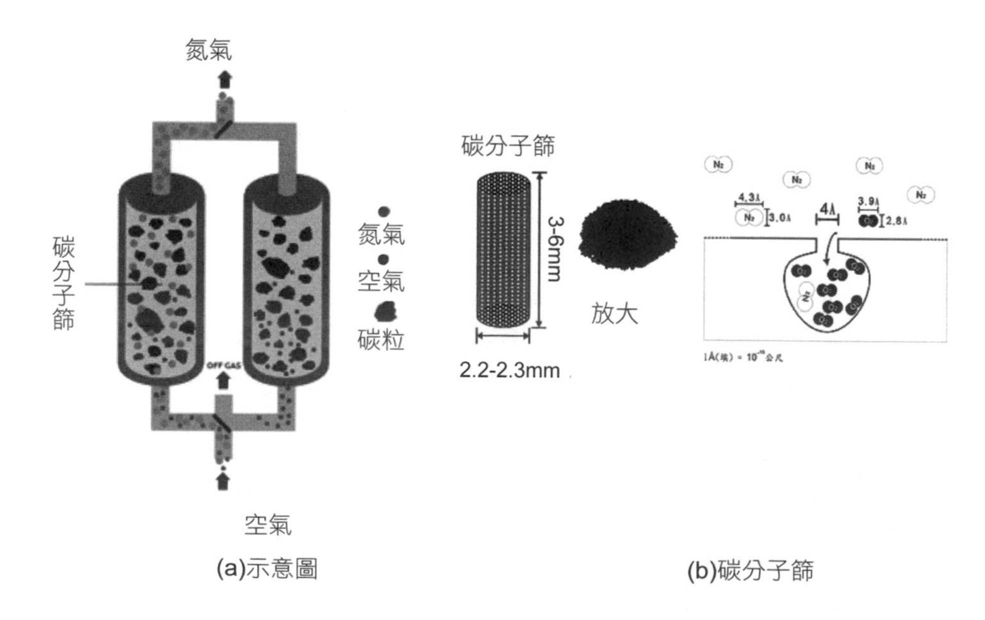

(a)示意圖　　(b)碳分子篩

圖2-7　氮氧氣分離的變壓吸附系統

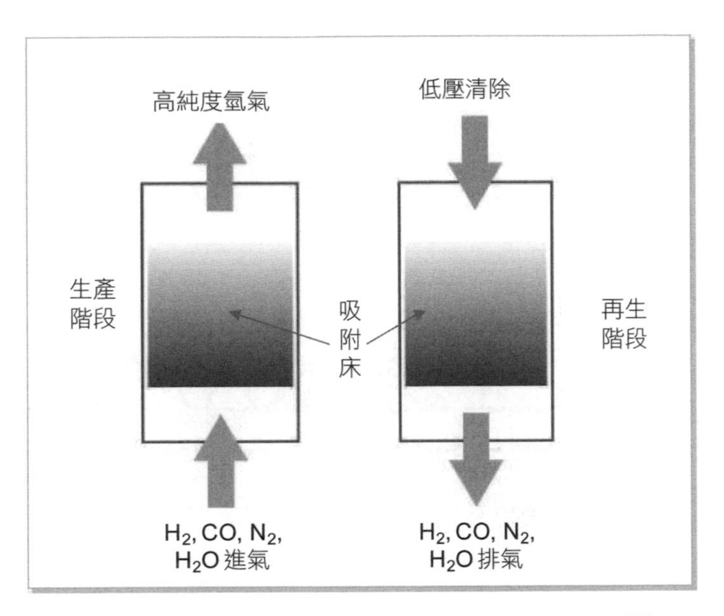

圖2-8　美國UOP公司氫氣分離變壓吸附系統[10]

二、脫附冷卻

脫附冷卻（Desorptive Cooling）是在一個以觸媒催化的反應器中，以一個惰性物質的脫附作用將化學反應所釋放熱量吸收，因此，反應可在絕熱狀態下進行，而且不需要任何額外的熱交換器。主要設備如**圖2-9**所顯示，是一個吸附劑與觸媒所組成的反應器，兩者的混和比例隨反應器中位置不同而異[11]。

脫附冷卻作業可分為吸附與反應／脫附等兩個交互進行的階段。首先，將一個不受觸媒影響的被吸附物質通過。吸附所釋放的熱能可以在外部回收迴路中，應用熱交換器或將被吸附物蒸發方式所去除。在沒有化學反應的狀況下，最高溫度只要不超過觸媒的容忍範圍，溫度的上升不致於造成任何危害。等到反應器的溫度均勻時，吸附作業完成，就開始第二個反應／脫附的階段。

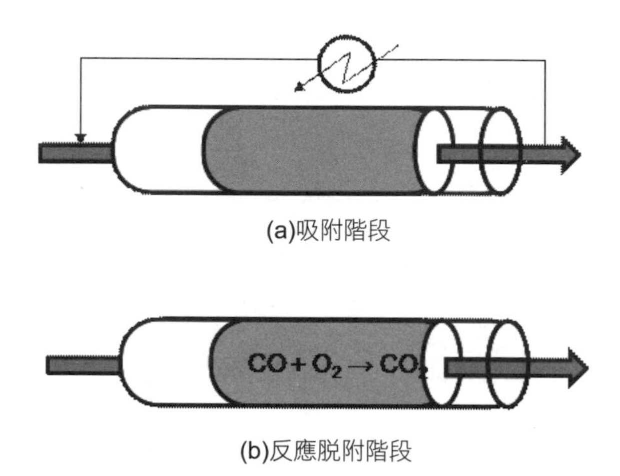

(a)吸附階段

(b)反應脫附階段

圖2-9　脫附冷卻再生製程[11]

在第二個階段中，參與反應的物質會進入反應器中，與觸媒作用後，產生產品並釋放出熱能。觸媒表面上由放熱反能快速地被周圍吸附劑所吸收，將所吸附的惰性物質脫附出來。由於觸媒與吸附劑混和均勻，因此熱傳效率高，反應器中溫度變化低。等到大部分被吸附的物質被脫附後，脫附所造成的冷卻效應無法維持反應溫度時，就必須重新開始吸附作業，將被吸附物質輸入。反應器在絕熱狀態下作業，反應器中沒有熱交換介面存在。

吸附劑與被吸附物質的選擇效標在於它們是否會受到觸媒催化與反應系統的影響。被吸附物質的流量愈大，所脫附的熱能愈大。

這種非穩態作業的優點為：

1.冷卻效果佳。

2.反應器中無熱傳介面（加熱或冷卻裝置）。

3.熱能攝取可自主調節。

4.可經由吸附劑的分配與裝載方式決定熱能的去除速率。

缺點為：

1.非穩態作業方式：吸附與反應／脫附兩作業方式交替進行。
2.單位反應器體積產率低：由於反應器必須裝載足夠的脫附劑，而且脫附與反應交替進行，因此不僅反應器體積大，總反應時間亦長。
3.不與觸媒作用的惰性脫附劑難以尋求。

2.3.4 連續振盪

一、振盪式流動化學反應器

振盪式流動化學反應器（Oscillatory Flow Chemical Reactors）是一種新型連續性管式化學反應器。如**圖2-10**所示，反應管前端有一個活塞，可以定期間管中振盪。由於管中裝置等距排列的孔盤，活塞的振盪會迫使管中流體經過孔盤時，產生環狀的旋渦與擾流現象，可以加強混和效果，熱能與質量的傳輸（**圖2-10(b)**）。

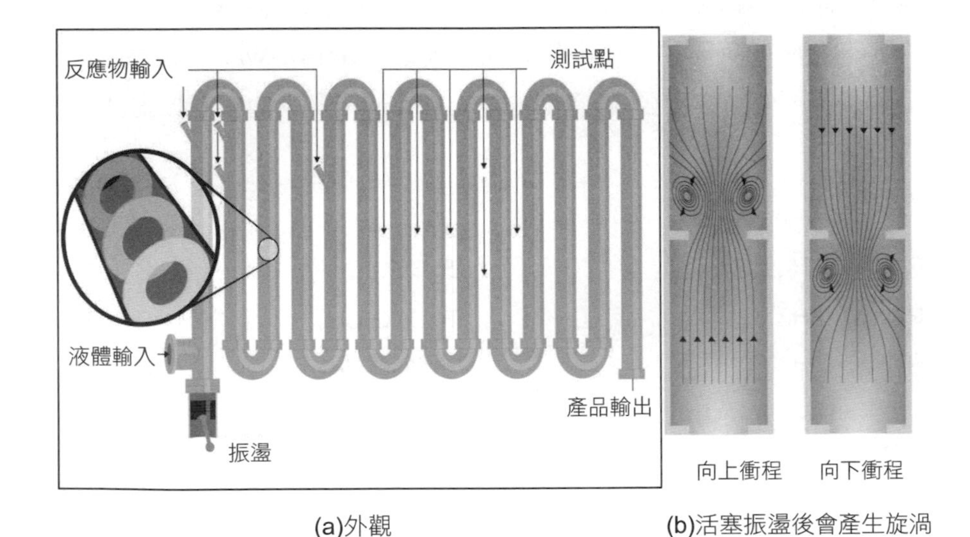

(a)外觀　　(b)活塞振盪後會產生旋渦

圖2-10　振盪式流動管式化學反應器

這種管式反應器與傳統管式反應器不同，管中反應物質的混和或熱量傳輸主要是受活塞的振盪，而與反應物質在管中的流動速率無關，反應管中流體的速率僅須維持最低的雷諾數所許可的範圍之上，所占的空間遠較批式攪拌反應器小；因此，適用於速率較慢與多相態的化學反應。

植物油與甲醇在觸媒的催化作用下，可經轉酯化產生脂肪酸甲酯（生質柴油）與甘油（**圖2-11**）。觸媒可分為酸性與鹼姓兩類，酸性觸媒為硫酸、磷酸、鹽酸等，價格較為低廉，但反應速率遠較鹼性觸媒如氫氧化鈉、甲醇鈉、氫氧化鉀、甲醇鉀等慢幾十至幾百倍；因此一般皆使用鹼性觸媒。如果，以氫氧化鈉為觸媒，在65℃反應溫度下，應用傳統內附攪拌裝置的批式桶槽型反應器，約需1.5～2小時的反應時間，才可將脂肪酸轉變成脂肪酸甲酯。

英國劍橋大學的哈威等（A. P. Harvey, M. R. Mackley, T. Seliger）應用一個直徑0.25米、長1.5米、內體積1.56公升的振盪管，在常壓、50～60℃溫度間與4：1的油醇比條件下，可將菜籽油在10～30分鐘內成功地轉化為生質柴油，轉化率高達99.5%以上[13]。由於管式反應器的體積遠低於批式反應器，而且停留時間也短，投資成本與風險自然大幅降低。

2004年，由英國愛丁堡市赫瑞瓦特大學（Heriot-Watt University）所分出的英國倪氏技術公司（NiTech Solutions）是少數生產振盪式流動

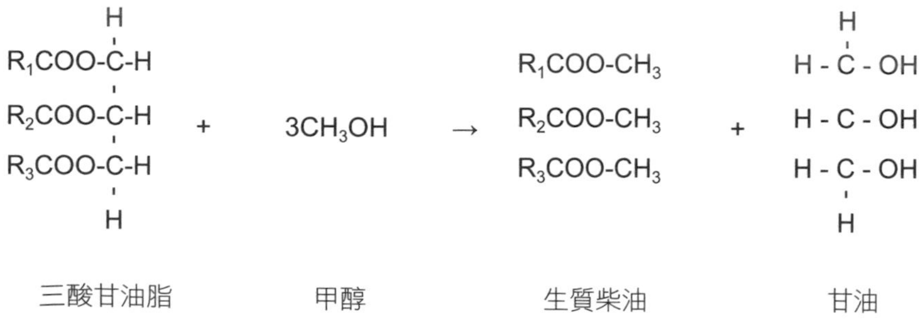

$$
\begin{array}{c}
\text{H} \\
| \\
R_1COO\text{-}C\text{-}H \\
| \\
R_2COO\text{-}C\text{-}H \\
| \\
R_3COO\text{-}C\text{-}H \\
| \\
\text{H}
\end{array}
\; + \; 3CH_3OH \; \rightarrow \;
\begin{array}{c}
R_1COO\text{-}CH_3 \\
R_2COO\text{-}CH_3 \\
R_3COO\text{-}CH_3
\end{array}
\; + \;
\begin{array}{c}
\text{H} \\
| \\
H\text{-}C\text{-}OH \\
H\text{-}C\text{-}OH \\
H\text{-}C\text{-}OH \\
| \\
\text{H}
\end{array}
$$

三酸甘油脂　　甲醇　　生質柴油　　甘油

圖2-11　轉酯化反應方程式

管反應器的廠商之一[13]。2007年，英國一家生產染料與特用化學品的公司——詹姆斯羅賓遜公司（James Robinson, Ltd.），以NiTech Solutions公司所開發的連續振盪擋板式反應器（Continuous Oscillatory Baffled Reactor）取代既有的批式桶槽式反應器（**圖2-12**），可大幅降低反應器的體積、廠房面積與反應時間（**表2-2**）。

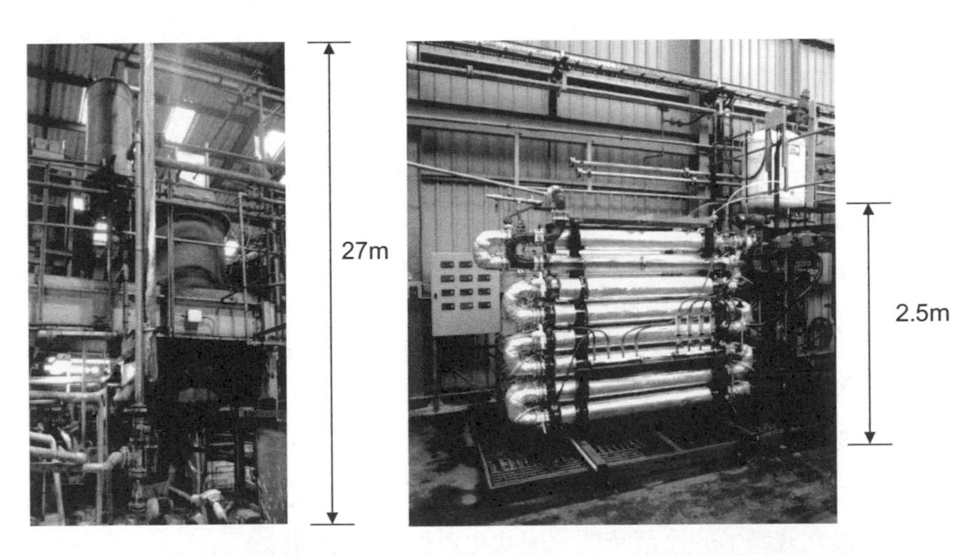

圖2-12　詹姆斯羅賓遜公司以NiTech Solutions公司開發的振盪式流動管反應器取代傳統桶槽式反應器[14]

表2-2　詹姆斯羅賓遜公司實驗數據比較[14]

參數	批式	振盪管式
反應器體積（公升）	16,000	270
廠房面積（平方米）	1,200	45
總反應時間（時）	12	<0.1
重氮化反應（Diazotization）時間（時）	2	<0.1
環化反應（Cyclization）時間（時）	0.3	<0.1
產率（%）	83	89
純度（%）	99	99
日產量（公斤）	180	180～205

表2-3 振盪式流動管與批式反應器的停留時間比較[2] 單位：分

製程	批式	振盪管式
精細化學品	360	30
高分子	480	45
特用化學品	720	40
活性藥物成分	600	20
糖類產品	30	15
凝結	60	0.17

由**表2-3**可知，連續振盪擋板式反應器已被應用於精細、高分子及特用化學品、原料藥、糖類與凝結製程，反應停留時間可由數小時縮減到15～45分鐘，縮減幅度介於2～30倍之間。優點為[15]：

1.大幅促進反應管中以層流方式流動的流體間的混和程度，降低反應停留時間。

2.熱傳係數提升10～30倍。

3.促進氣液接觸表面積與混和程度、影響氣泡大小分配範圍與增加氣體在液體中的停留時間，因此可以促進質量傳輸。

4.副反應、副產品與汙染物的產生低：由於消除反應管中不同位置質量與熱能傳輸的落差，反應易於控制在最佳條件下。

5.體積平均剪切速率低，約10～20／秒，僅為批式反應器（100／秒以上）的10～20%，適於對剪切力敏感的生化、生醫或生藥製程。

任何一個創新技術都有缺點與應用的極限，振盪式流動反應器自然也不例外。依據過去的應用經驗，它有下列的缺點[15]：

1.不適用於乙烯、丙烯或乙二醇等原料或產品為氣體的製程，因為振盪所造成的氣體混和最大效果僅為15%左右。以液體為原料的反應則不受此限制，因為液體原料可以經回流以增加混和效果。

2.固體含量不能太多，視固體顆粒大小分配比例與密度等物理特性而異，以不超過25%為原則，因為固體會影響振盪波動的進行與混和效果。

3.液體的黏度不能太高，理論上以低於500cP為原則。然而，由於絕大多數化學與製藥工業所使用的液體原料或產品為牛頓液體，其黏度會隨溫度增加而減少。因此，如果製程在升溫的情況下操作時，此黏度限制可酌略提高。

二、懸浮結晶

懸浮結晶（Suspension Crystallization）是一種連續式、高選擇性、低能源消費與不需溶劑的創新分離程序，已成功地取代傳統由降膜（Falling Film）與靜態熔融結晶組合的結晶程序。它是由結晶與分離等兩個迴路所組成（**圖2-13**），其設備與功能[16]為：

1.結晶迴路：包括一個長晶塔與結晶塔，可連續地將液體進料經冷卻、產品結晶與晶體成長等過程。

2.分離迴路：由洗滌塔、幫浦與加熱器所組成，可先將由結晶迴路輸入的固／液混合物在洗滌塔中壓縮後，將液體由塔頂排出，然後將下層的結晶產品則由塔底排出，經加熱器加熱、熔融成所要的液體產品。

洗滌塔的操作模式如**圖2-14**所顯示：

1.進料：首先將洗滌塔中活塞向上移動，讓結晶迴路輸出的固／液體進入塔中，同時將活塞上面的液體雜質由塔頂排出。

2.壓縮：等到活塞升至塔頂，即將進料口與塔頂排放口關閉，然後將活塞向下移動。由於塔中的結晶無法通過活塞的濾網，只能被活塞向下壓縮，形成結晶床。

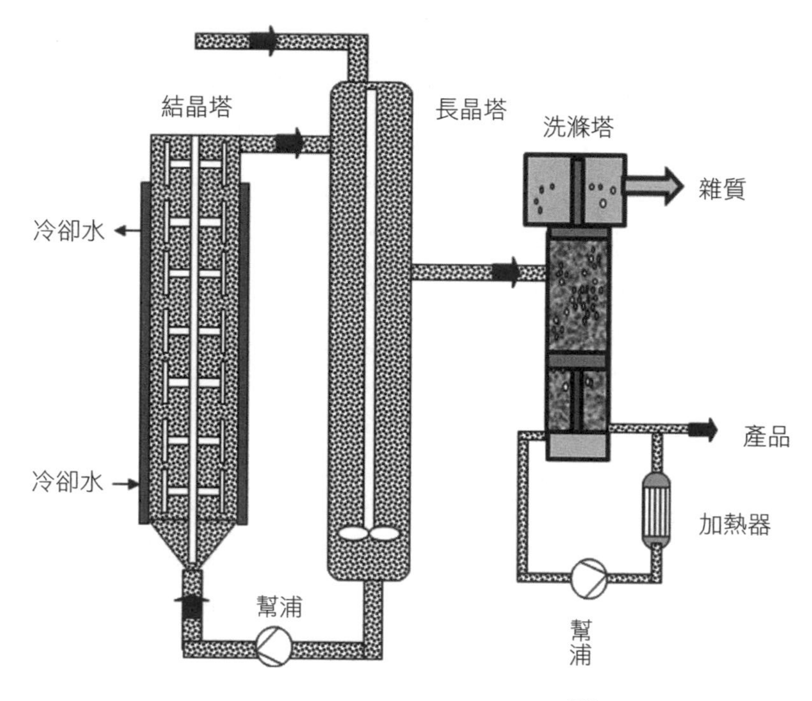

圖2-13　懸浮結晶流程圖[16]

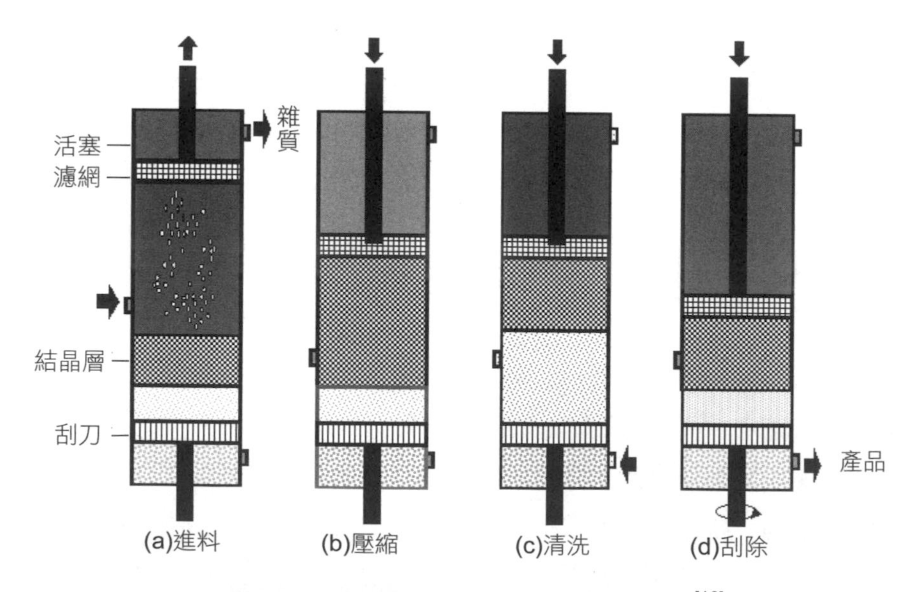

圖2-14　分離迴路中洗滌塔的操作模式[16]

3.清洗：當活塞下降至塔進料口上端後，即開始清洗階段，將清洗液體由塔底輸入，與結晶床接觸後，通過活塞濾網流至塔的上部。

4.刮除：將活塞向下移動，同時開啟塔底的旋轉刮刀盤與塔底排放口，將結晶床的晶體刮成微細顆粒後排放。

由**表2-4**可知，懸浮結晶除維修費用比降膜結晶高外，比傳統蒸餾或降膜結晶等分離製程具有低投資成本、低能源消費、高產品純度等優勢，適用於醋酸、乙腈、己二酸、苯、己內醯胺、均四甲苯（Durene）、乳酸乙酯、己二胺、離子液體、乳酸、二苯基甲烷二異氰酸酯（MDI）、甲基丙烯酸、聯苯酚、對二異丙基苯、對二氯苯、對氯甲苯、對硝基氯苯、二甲苯、酚、三聚甲醛等化學品純化。

表2-4　蒸餾、動態降膜結晶與懸浮結晶的比較

	蒸餾	動態降膜結晶	懸浮結晶
操作模式	連續式	批式	連續式
能源消費	高	中	低
投資成本	高	高	低
維修費用	高	低	高
規模經濟	佳	差	佳
選擇性	差	普通	佳
產品純度	90%	99%	99.99%

二苯基甲烷二異氰酸酯（Methylene Diphenyl Diisocyanate, MDI）是4,4-、2,2-、2,4-等同份異構物或與高分子二異氰酸酯的統稱，其中以4,4-MDI的用途最廣，是生產聚氨酯最重要的原料。由於它具有橡膠的彈性、塑膠的強度、優越的加工性能、隔熱、隔音、耐磨、耐油等優點，已廣泛應用於國防、航太、化工、石油、紡織、交通、汽車、醫療等領域，成為經濟發展和人民生活不可或缺的材料。MDI生產製程中最後一個步驟是將4,4’-MDI與2,4’-MDI的同分異構物分離，但是由於兩者物理特性類似，

難以有效純化。傳統分離方法為蒸餾與融化結晶。由於其在常溫下為固體，必須加熱至38～40度以上，才開始融化，如欲以蒸餾方式分離，必須在高溫與低壓下進行。

4,4'-MDI與2,4'-MDI在17度左右會形成共晶混合物（Eutectic Mixture），無論以傳統動態或靜態融化結晶技術都難以達到99%以上的純度。如果應用懸浮結晶技術，不僅可連續地執行結晶與分離過程，而且可以大幅降低投資成本與能源消費。由**圖2-15**與**表2-5**可知，以懸浮結晶設備純化4,4-MDI遠比動態結晶設備所需場地與體積小得多。

圖2-15　Freeze Tec的懸浮結晶與Sulzer動態結晶設備比較[17]

表2-5　懸浮結晶與動態結晶比較[17]

項目	單位	動態結晶	懸浮結晶
場地面積	平方米	300	100
高度	米	19	6
處理量	噸／時	3	2

參考文獻

1.Ducreé, J., Haeberle, S., Brenner, T., Glatzel, T., Zengerle, R. (2006). Patterning of flow and mixing in rotating radial microchannels. *Microfluid Nanofluid, 2*, 97-105.

2.Stefanidis, G. (2014). Process intensification, course notes, Chapter 2, Time, Delft University of Technology, Delft The Netherlands.

3.J. R. Salge, B. J. Dreyer, P. J. Dauenhauer, L. D. Schmidt (2006). Renewable hydrogen from nonvolatilefuels by reactive flash volatilization. *Science, 314*, 801-804.

4.Dauenhauer, P. J., Dreyer, B. J., Degenstein, N. J., Schmidt, L. D. (2007). Millisecond reforming of solid biomass for sustainable fuels. *Angewandte Chemie International Edition, 46*, 5864.

5.Goetsch, D. A., Schmidt, L. D. (1999). Microsecond catalytic partial oxidation of alkanes. *Science, 271*, 1560.

6.Basini, L., Cimino, S., Guarinoni, A., Russo, G., Arca, V. A. (2012). Olefins via catalytic partial oxidation of light alkanes over Pt/$LaMnO_3$ monoliths. *Chem. Eng. J., 207-208*, 473-480.

7.Dehua Liu, Fan Ouyang, Fuxin Ding (1992). Conf. Gas-Liquid and -Liquid- Solid Reactors, Columbus, OH.

8.Matrostech (2014). Reverse flow technology review, http://www.matrostech.com/rfr.html

9.Matros, Y. Sh. (1989). *Catalytic Processes under Unsteady State Conditions*. Elsevier, Amsterdam-Oxford- New York.

10.UOP (2014). Hydrogen Purification: UOP Polybed™ PSA Systems. http://www.uop.com/processing-solutions/gas-processing/hydrogen/

11.Grunewald, M., Agar, D. W. (2004). Intensification of regenerative heat exchange in chemical reactors using desorptive cooling. *Ind. Eng. Chem. Res. 43*, 4773-4779.

12.Harvey, A. P., Mackley, M. R., Seliger, T. (2003). Process intensification of biodiesel production using a continuous oscillatory flow reactor. *J Chem Technol Biotechnol, 78*, 338-341.

13.NiTech Solutions (2014). http://www.nitechsolutions.co.uk/

14.Laird, I. (2007). Process Intensification at NiTech Solutions. PI Meeting at Grang-

emouth 26th April 07.
15.Wikipedia (2014). User: Nitech2008/Oscillatory baffled reactor. http://en.wikipedia.org/wiki/User:Nitech2008/Oscillatory_baffled_reactor.
16.Sulzer Chemtech (2014). Suspension Crystallization Technology. http://www.sulzer.com/en/-/media/Documents/ProductsAndServices/Separation_Technology/Crystallization/Brochures/Suspension_Crystallization_Technology.pdf
17.Koole, J. (2011). 2 voorbeelden van nieuwe scheidings technologieën bij Huntsman gj. 23 March.

Chapter 3

空間結構強化

3.1 前言

化學反應是由物質間產生化學變化後，轉化為不同於原先物質的過程。分子與分子相互碰撞、接觸後，可能合成大型分子、造成分子的裂解後形成兩個以上的小分子或分子內部的原子重組而產生新的物質。化學反應通常和化學鍵的形成與斷裂有關，而且只侷限於原子外的電子雲交互作用，與原子核的內部無關。如欲增加化學反應的速率，必須設法改善影響微觀世界中分子與分子間的空間與結構的參數，例如改變觸媒的孔徑與內部的微細通道、單位體積或質量的表面積、粗糙度與活性。改善與強化動機為：

1.明確界定的物質結構。
2.以最小的能量產生最大的表面積。
3.產生高質量與熱能傳輸。
4.縮減設備體積。
5.高生產效率。
6.低投資成本。
7.低原物料處理程序與費用。
8.低風險。
9.充分理解與控制製程變化。
10.準確地預測反應機制。
11.低人力與電腦時間需求。

控制分子的空間方位與分子間的碰撞幾何的主要方法，可經由奈米結構的限制或外力（如電磁場）的影響。奈米結構的限制方法為應用形狀選擇性觸媒、刻印觸媒、分子反應器與液晶等，選擇性地將分子侷限於一定的空間內強制其產生作用。外力影響係應用外界的分子束、電場、磁場或非共振式雷射，以改變分子的移動與碰撞方式與幾何位置。

3.2 奈米結構強化

奈米結構係介於微米與分子之間的結構，其特徵尺寸如直徑、長寬或厚度等介於1～100奈米之間。當特徵尺寸降至奈米級時，許多在宏觀系統或元件內不必考量的因素變得非常重要：

1.界面效應：原分子團簇的直徑減小下，總原子數目也相對減少，表面原子數對總原子數的比值會迅速地增加，表面具有很高的活性。
2.微尺寸效應：由於顆粒尺寸變小，會引起特殊的光、熱、磁、力等宏觀物理性質的變化。
3.量子尺寸效應：當物體縮小到僅含數百至數千個原子時，其物理性質會受到電子能階的劈裂（Energy Level Splitting）、表面效應或電子能隙（Energy Band Gap）改變的影響而發生變化。
4.穿隧效應（Tunneling Effect）：粒子可穿過比本身總能高的能量障礙，穿隧的機率與距離有關；距離愈近，穿隧的機率愈大。
5.時間尺度效應：當分子特徵尺度與移動速度接近時，分子間的碰撞次數僅約一次或更低，因此高能量的分子難以將能量傳遞給能量較低的分子，無法達到局部能量平衡的狀態。

因此，充分應用此類只有在奈米結構下才會產生的效應，則可大幅提升反應速率。

3.2.1 形狀選擇性觸媒

由於觸媒內孔隙的結構會限制反應物與產品分子的通過，如果觸媒中大多數具有催化作用的位置皆在孔隙結構中時，反應物分子的體積與形狀直接影響化學反應的速率與產品。當某些物質的分子體積過大或形狀特殊，不易通過觸媒的孔隙時，此反應物參與反應的機率就大幅降低。當觸媒孔隙內表面所產生的部分物質無法由孔隙擴散出時，此產物在孔隙表面形成飽和現象，因此只有體積或形狀可以通過孔隙的物質才會大量地產生。沸石的蜂巢狀結構適於作為形狀選擇性觸媒的原料。

一、沸石

沸石（Zeolites）是天然或人工製造的矽酸鈣，由三度空間的矽酸鹽的結構所組成，其中部分矽原子被鋁原子所取代。它具有下列特性：

1.具有可交換的陽離子，可用具催化作用的陽離子取代。
2.以氫取代陽離子時，會具有許多強酸的位置。
3.孔隙直徑低於1奈米。
4.孔隙大小不一。

當沸石被加熱後，沸石中的水化合物會被去除，原先被水分子所占據的空間形成直徑約260～740pm的孔隙，適於作為形狀選擇性觸媒的原料。孔隙的直徑與環狀結構中四面體（Tetrahedron）的數量有關（**表3-1**），氦氣、氫、氧與氬氣的分子直徑小，可以通過所有的孔隙，A型分子篩的孔隙結構為立方體，足以讓烴類碳氫化合物通過。A型分子篩的單價陽離子如鈉、鉀等會占據部分空間，將孔隙直徑侷限於400pm之下，有機物分子無法通過。然而，兩價的陽離子只能占領每隔一個的陽離子位

表3-1　沸石中孔隙直徑[1]

環狀結構中四面體數量	最大空間直徑，皮米（pm）	案例
6	280	
8	430	毛沸石（Erionite），A型
10	630	ZSM-5、鎂鹼沸石（Ferrierite）
12	800	L、Y型、發光沸石（Mordenite）
18	1,500	尚未發現

置，反而可以讓一般烴類碳氫化合物通過。由於分子振動的緣故，一般分子會以搖擺方式通過約比其直徑略小於50pm的孔隙[1]。

二、形狀選擇類別

形狀選擇觸媒視其孔徑所限制的物質可分為下列三種型式：

(一)反應物選擇型

觸媒孔隙僅能讓部分分子體積或形狀的物質通過，但是無法讓其他分子體積較大或形狀特殊的物質通過而產生催化反應；因此觸媒對於參與反應的物質有所選擇。如**圖3-1**中所顯示，由於直鏈的庚烷可以通過孔隙，經觸媒的催化而裂解為丙烷與戊烷，而異庚烷無法通過，就不會產生裂解。毛沸石的孔洞大小與正辛烷相當，可以區別直鏈的正烴與非直鏈的異烴類。以毛沸石為觸媒，正己烷為反應物，在320℃溫度下的反應速率比以2-甲基戊烷為反應物在更高的430℃溫度下，還快50倍，就是一個顯明的例子。

(二)產物選擇型

觸媒孔隙僅能讓部分產物分子體積或形狀的物質通過，但是無法讓其他分子體積較大或形狀特殊的產物通過而產生催化反應；因此觸媒對於產物有所選擇。如**圖3-2**中所顯示，雖然甲醇與苯作用，會產生對、鄰與

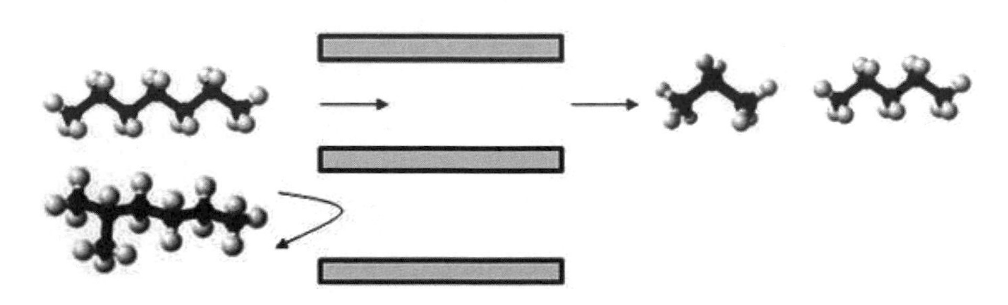

圖3-1　反應物選擇型觸媒

圖3-2　產物選擇型觸媒

間二甲苯等三種同份異構物，但是僅有對二甲苯可以通過孔隙而擴散出來，因此觸媒對產物的形成有所選擇。

(三)中間過渡物質選擇型

如**圖3-3**所顯示的間二甲苯的轉烴化（Transalkylation）反應，由於可能導致1,3,5-三甲基苯（1,3,5-trimethylbenzene）的前驅中間過渡物質體積太大，無法在孔隙中形成，但卻可以容許形狀較為規則的1,3,4-三甲基苯的前驅物質，因此只會產生1,3,4-三甲基苯[2]。

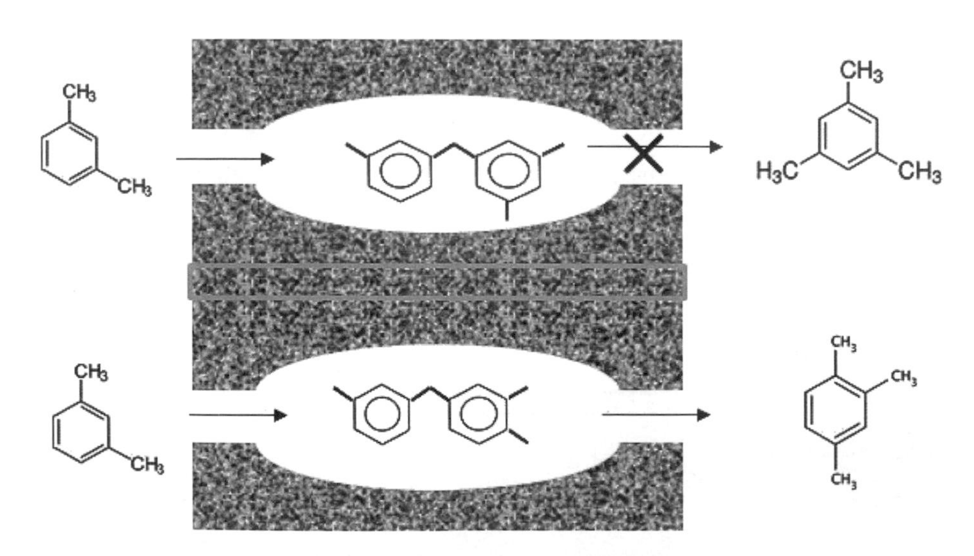

圖3-3　中間過渡物質選擇型觸媒

三、應用範圍

形狀選擇性觸媒多應用於酸催化反應，例如異構化（Isomerization）、裂解（Cracking）、脫氫（Dehydrogenation）等反應。由於直鏈的初級碳氫化合物易於通過觸媒中的孔隙，因此在此類觸媒的催化反應中，其反應速率遠較二級或三級碳氫化合物快。

約束指標（Constraint Index, CI）是量測沸石觸媒的形狀選擇性的指標，可以反應孔隙的大小。它是美國美孚石油公司（Mobil Oil Corp.）以正己烷與2-甲基戊烷的轉化率的反應速率常數的比值：

$$CI = k_{正己烷} / k_{2-甲基戊烷} \quad (3\text{-}1)$$

$k_{正己烷}$與$k2_{-甲基戊烷}$為反應常數。

由於反應為一次反應，因此公式（3-1）可以轉化為：

$$CI = (1 - \log X_{正己烷}) / (1 - \log X_{2-甲基戊烷}) \quad (3\text{-}2)$$

$X_{正己烷}$與$X_{2-甲基戊烷}$為轉化分率。

表3-2列出不同沸石觸媒的約束指標。孔徑愈大，兩個分子都很容易通過，而甲基戊烷為二級烴，較直鏈的正己烷易於形成碳陽離子，反應速率較快，反應常數亦較大，因此約束指標愈小：

CI<1：大孔隙（12原子環）

1<CI<12：中孔隙（10原子環）

CI>12：小孔隙（8原子環）

表3-2　沸石觸媒的約束指標[6]

沸石	環原子數	約束指標
SSZ-13	8	100
毛沸石	8	38
ZSM-23	10	10.6
SSZ-20	10	6.9
ZSM-5	10	6.9
EU-1	10	3.7
ZSM-12	10	2.1
SSZ-31	12	0.9
LZY-82	12	0.4
CIT-5	14	0.4
SSZ-24	12	0.3
UTD-1	14	0.3

四、優點

形狀選擇性觸媒的優點為：

1.雜質可被轉化為易於移除的小分子化合物或無害的物質。

2.雜質可以選擇性在分子篩表面上經燃燒後，產生一氧化碳或二氧化碳。

3.避免不想要反應或產品產生：例如ZSM-5觸媒限制二甲苯的轉烴化反應中某些中間過渡物質與焦炭的產生。

4.提升產物的選擇性。

5.降低焦炭的產生量。

6.形狀選擇控制：減少沸石結晶外表的活性部位可以改善觸媒的形狀選擇特性，應用較大的分子或陽離子將活性部位中和[3,4]與減少沸石中鋁的含量[5]。

3.2.2 分子模板

一、沿革

分子模板（Molecular Imprinting）或稱分子印跡，係將分子像印模一樣印在另外一個材料上，當材料變乾、變硬後，材料上就會呈現和這個分子的形狀、大小一樣的印模。此方法是1931年俄國科學家玻利亞可夫（M. W. Polyakov）無意間發現的。當他應用苯、甲苯等化合物為添加劑，進行碳酸氨與矽酸鈉進行矽膠合成時，發現當矽膠固化後，如將表面上的苯被溶出，即可做出產生對添加劑具強烈的吸附力的物質。換句話說，苯與甲苯等分子添加劑與矽膠混和、固化，再把溶劑溶出後，苯與甲苯分子會在矽膠上形成模印，因此會具有特殊吸附苯與甲苯的能力[7]。

以無機物為分子模板基材的技術很快地應用於氣體層析儀層析管柱的填充物與香菸的濾嘴、混合物的純化、薄膜層析、觸媒（催化劑）、細胞分離或培養等。1972年，德國科學家歐福（G. Wulff）成功地以有機物單體為基材，做出與無機材料類似的分子模板[8]。目前，許多有機物質如蔗糖、肽、核苷酸、蛋白質、晶體與細胞皆已被應用為模板的原料。過去四十年來，已有許多科學家投入這個領域，每年發表的相關論文約二百篇[7]。分子模板可能取代現有生物界的抗體，應用於晶片分析、生物分子純化、生物感測與醫療技術等。分子樣本技術具有預知性、特異識別性與廣泛適用性等三種特點。分子模板不僅可以應用於混合物的純化、薄膜層析、觸媒（催化劑）、細胞分離或培養等，還可能取代現有生物界的抗體，應用於晶片分析、生物分子純化、生物感測與醫療技術等。

二、分子模板製造過程

瑞典龍德大學（Lund University）的莫斯巴赫教授（Klaus Mosbach）是分子模板的拓荒者之一，他曾應用一種「自我集合」（self-assembly）

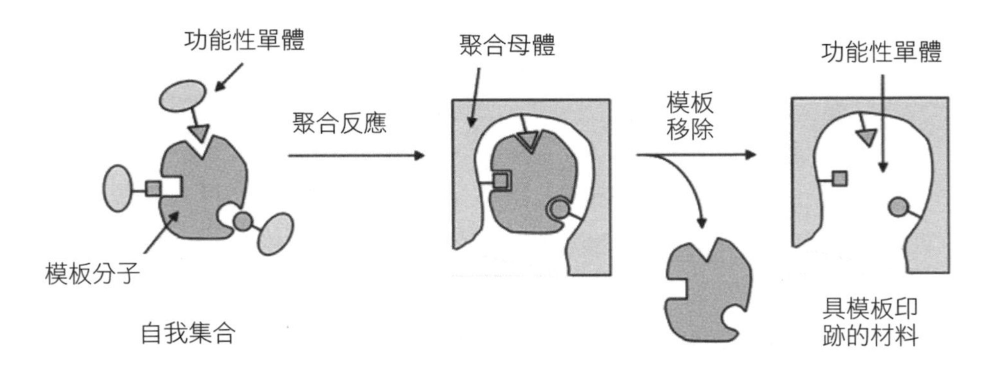

圖3-4　分子模板材料的製造過程[9]

方法製造出分子模板塑膠母體。如**圖3-4**所顯示，當模板分子（印跡分子）與聚合物單體接觸時，會形成多重作用點；因此，通過聚合過程，這種作用就會被記憶下來。當模板分子除去後，聚合物中就形成了與模板分子結構相同，且具有多重作用點的空穴。由於此類空穴將對於模板分子及其類似物質具有高識別靈敏度，可在極短的時間內準確地分析或吸附大量的模板物質[9,11]。

分子模板製造過程分為共價法與非共價法兩種：

(一)共價法

又稱預先集合法，模板分子首先通過較強的共價鍵與單體結合，生物交聯聚合後，再將共價鍵斷裂，以去除模板分子。其過程複雜且需化學方法除去模板分子；由於可供選用的化學反應非常有限，限制此法的應用。

(二)非共價法

或稱自我集合法，模板分子與功能單體間會自行組織排列。以氫鍵、靜電引力偶極、疏水與凡得瓦力（Van Der Waals force）等較弱的非共價鍵形成多重作用位點。這些作用點在聚合後仍會保存下來。非共價作用中，以氫鍵的應用案例最多。非共價法簡單易行，不僅模板分子易於除

去，且其分子識別過程更接近於天然的分子識別系統，如抗體—抗原和酶—底物等。

在模板印跡過程中，還可以同時採用多種單體以提供給範本分子更多的相互作用改善效果。在模板分子和交聯劑存在的條件下。對單體進行聚合交聯劑有二乙烯基苯（DVB）、二甲基丙烯酸乙二醇酯（EGDMA）、丙烯酸三甲氧基丙烷三甲基酯（TRIM）。聚合方式有本體聚合、懸浮聚合、原位聚合、表面聚合等。

影響聚合反應的因素包括濃度、溫度、壓力、光照、溶劑種類與極性等。低溫下單體與模板分子能形成更為有秩序與穩定的聚合物，而且選擇性佳。由於非共價作用的強弱主要取決於溶液的極性，因此非共價法一般在有機溶液如氯仿、甲苯中進行，而共價法則在水、醇類等極性較強的溶液中進行。

三、應用範圍

(一)分離

這種技術對於藥物純化與分析非常有用。如**圖3-5**所顯示，如果將所欲純化的藥物與聚合物製作成珠粒狀分子模板母體，再將其裝入圓柱管中，即可將此藥物由混合溶液中吸附，達到純化的目的。莫斯巴赫就發展出能識別1,1-α-羥孕酮（1,1-α-hydroxyprogesterone）的分子模板（**圖3-6**）[13]。

色譜分離、膜分離、固相萃取等是分子模板技術應用最多的領域[17]。以分子模板聚合物作為色譜分析固定相，可用以分離對應的模板分子及其結構類似物分子。早期，主要應用於液相色譜分離，所分離的物質多為在藥品、胺基酸及其衍生物、肽與抗體等。後來則推展至苯基甘露吡喃糖苷對應體、苯丙胺酸衍生物、N-乙醯基-L-苯丙醯基-L-色胺酸甲酯、DL-苯丙胺酸、麻黃錠與麻黃鹼的分離，與血液中2,6-二異丙基苯酚簡便

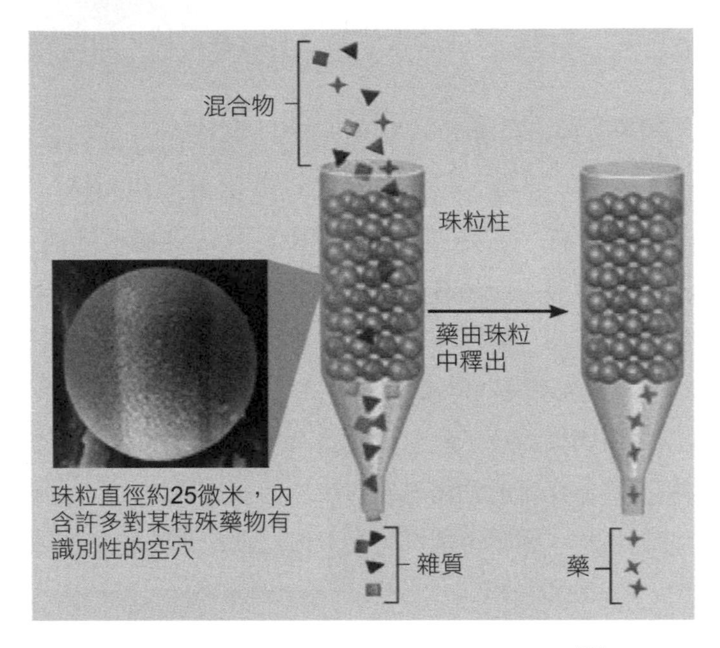

圖3-5　分子模板的應用於藥物純化[10]

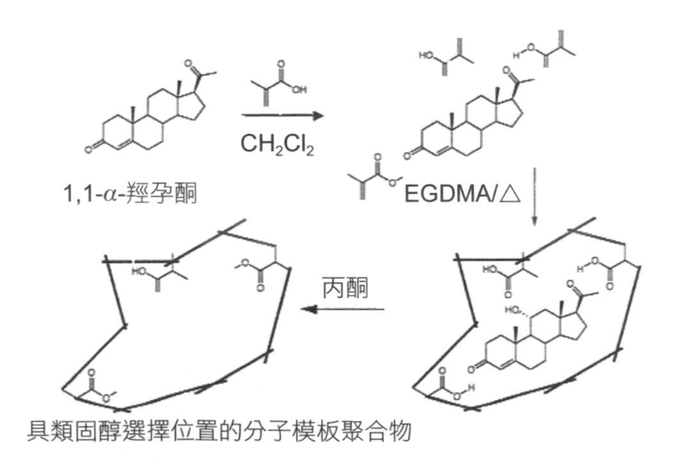

圖3-6　具選擇性的分子模板聚合物；EGDMA：二甲基丙烯酸乙二醇酯[13]

快速的色譜[18]。

以固相萃取較傳統的液液萃取具有選擇性佳、操作簡便、且可在有機溶劑與水中使用，已成功的應用於戊脒的固相萃取、2-氨基吡啶、苯達松、吲哚-3-乙醇、S-萘普生、尼古丁、萘心安、三嗪類、沙瑪爾丁、它莫西芬、與各種生物流體和生物組織的氯仿、己烷、乙酸乙酯等萃取物。

它在有機溶劑、有毒物質、強酸、強鹼、高溫、高壓等極端環境下，具有明顯優勢，缺點為模板分子的洩漏會汙染樣品，進而干擾測試的精確度。

(二)觸媒

分子模板技術亦可應用於碳—碳鍵的形成、消除反應、天然酵母仿製與過渡金屬觸媒等。應用於觸媒反應時，分子範本必須能維持中間過渡物質的穩定，而非反應物與產物。因此，必須應用與中間過渡物質類似的物質作為印模。

Sarhan以吡多醛為印跡分子用4-乙烯基咪唑為單體，合成出分子模板的聚合物。它促進胺基酸衍生物的質子轉移。應用聚乙烯咪唑作為印跡聚合物，可以促進模板分子的酯水解能力。此外，分子印跡對酶的活性調控也將具有重要作用[14]。Morihara等分別以(R)-和(S)-N-苯基-α-甲苯胺為樣本，在矽膠表面形成了一個分子模板的空穴。這種材料對苯甲酸的乙醯基有催化轉移功能，當模板分子重新結合到相關的空穴上後，催化活性即會消失。由於範本僅能配合固定的中間分子結構，可能導致低反應性與產品的抑制。

有關奈米級分子模板觸媒材料的應用性能，請參閱美國加州理工學院戴維斯等（M. E. Davis, A. Katz, W. R. Ahmad）的論文[15,16]。

(三)分子模板膜

分子模板膜（Molecular Imprinting Membrane, MIP）是由分子模板

與薄膜結合而成的薄膜，兼具分子模板及膜分離技術的優點，如連續操作、易於放大、能量利用率高等，可以說是「綠色化學」技術的典範。

分子模板膜突破現有超濾、微濾及反滲透膜等商業膜材料的限制，可將特定分子從類似結構的混合物中分離出來。分子模板膜比傳統的分子模板球珠更加穩定、抵抗惡劣環境能力強、擴散阻力小、形態規整且不需要研磨等繁瑣的製造過程等優點[18]，它突破了傳統分子模板微球僅能應用於色譜分離固定相的限制，已成功地應用於色譜分離[19]、固相萃取[20]、仿生感測器[21]、模擬酶催化[22]、免疫分析[23]、環境淨化和臨床藥物分析[24-27]等諸多領域。應用於膜分離的物質有胺基酸及其衍生物、肽9-乙基腺嘌呤、草殺淨（Ametryn）、草脫淨（Atrazine）、茶鹼等。

3.2.3 分子反應器與液晶

分子反應器是為了改變化學轉化，在分子尺度下組織分子的微小容器，可以被應用於改變產品與副產品的比例或合成新的產品；因此適用於難以合成的物質。分子機器則由相關但具有不同功能的分子尺度元件組合而成。普遍應用於生化反應中的酶與環糊精（Cyclodextrin, CD），就是最常見的分子反應器。

分子反應器可分為鷹架或模板與觸媒兩類：

一、鷹架或模板

最常見的分子反應器是作為化學轉化的鷹架或模板，其功能為：

1.改變不同產物間的比例。

2.促進特殊形狀物質的產生。

環糊精是一個最普遍的此類分子反應器，它是直鏈澱粉在由芽孢桿菌產生的環糊精葡萄糖基轉移酶作用下所生成的一系列環狀低聚糖的總

表3-3　α-、β-與γ-環糊精的物理性質

項目	α-	β-	γ-
葡萄糖數	6	7	8
分子量	973	1,135	1,297
空間直徑（Å）	6	8	10
空穴深度（Å）	7～8	7～8	7～8
熔晶形狀（無水）	針狀	棱柱狀	棱柱狀
比旋光度（α，水中）	150.5°	162.5°	177.5°
溶解度（g/100g水，25℃）	14.5	1.85	23.2
與碘的顏色反應	青色	黃色	紫褐色

註：Å：10^{-8}釐米

稱，通常含有6～12個D-吡喃葡萄糖單元；其中最具有價值的是含有6、7、8個葡萄糖單元的分子，分別稱為alpha-（α-）、beta-（β-）和gama-（γ-）環糊精（**表3-3**）。

根據X-線晶體衍射、紅外光譜和核磁共振波譜分析的結果，確定構成環糊精分子的每個D(+)-吡喃葡萄糖都是椅式構象。各葡萄糖單元均以1,4-糖苷鍵結合成環。由於連接葡萄糖單元的糖苷鍵不能自由旋轉。環糊精分子構造如**圖3-7**所顯示，具有略呈錐形的中空圓筒立體環狀結構，在其空洞結構中，外側上端（較大開口端）由C2和C3的仲羥基構成，下端（較小開口端）由C6的伯羥基構成，具有親水性，容易形成各種穩定的水合物；空腔內受到C-H鍵的屏蔽作用形成了疏水區，可嵌入各種有機化合物，形成包接複合物，可以改變被包絡物的物理和化學性質，與在環糊精分子上交鏈許多官能團或將環糊精交鏈於聚合物上，以改變化學性質或以環糊精為單體進行聚合[29]。

2003年，澳洲國立大學伊斯頓教授（C. J. Easton）以吡啶-二氯溴酸鹽（Pyridinium dichlorobromate）作為苯甲醚（Anisole）與乙醯苯胺（Acetanilide）的溴化劑時，發現添加環糊精可以增加對位（Para-）的溴化比例（**圖3-8**），因為苯甲醚或乙醯苯胺會被嵌入環糊精的錐形的中

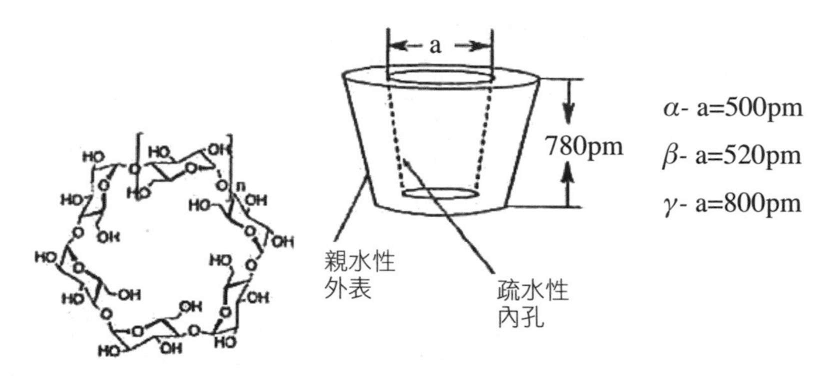

圖3-7　可作為分子反應器的環糊精（Cyclodextrin）[10]

空圓筒中，迫使溴離子難以接觸到苯環鄰位（Ortho-）上的碳原子（**圖3-9**）[30]。由於α-環糊精的圓錐直徑較β-環糊精小，影響亦較大。

環糊精對有機分子有進行識別和選擇的能力，已成功地應用於各種色譜與電泳方法中，以分離各種異構體和對映體。環糊精在電化學分析中能改善體系的選擇性[29]。由於環糊精及其衍生物具有水溶性高、與客分子結合力不大，且對客分子的結構有一定限制的特點，故可作為人工酶來應用。

環糊精的使用量每年以20～30%的速度遞增，其中80～90%應用於食品業。日本、匈牙利、德國已批准β-環糊精作為食品添加劑，日本則允許α-、β-、HP-β-環糊精應用於化妝品中。

二、觸媒

最普通的分子反應器是具有觸媒功能的分子東道主，可以提升反應物（客體）的反應速率或在較不理想的條件下，較低的溫度或中性的水溶液中，促使反應的發生。瑞士蘇黎世聯邦理工學院（Swiss Federal Institute of Technology in Zurich, ETH, Zürich）有機化學教授迪德里希等（François Diederich and P. Mattei）發現噻唑環芳（Flavo-thiazole-

OMe → (Pyridine HBr Cl_2) → OMe / Br + OMe / Br

添加劑				產品比例（%）	
無			86		14
α-環糊精			93		7
β-環糊精			97		3

NHAc → (Pyridine HBr Cl_2) → NHAc / Br + NHAc / Br

添加劑				產品比例（%）	
無			56		44
α-環糊精			70		21
β-環糊精			>98		<2

圖3-8　環糊精對以氯溴酸吡啶鹽對苯甲醚與乙醯苯胺在298K與水溶液狀態下溴化的影響[30]

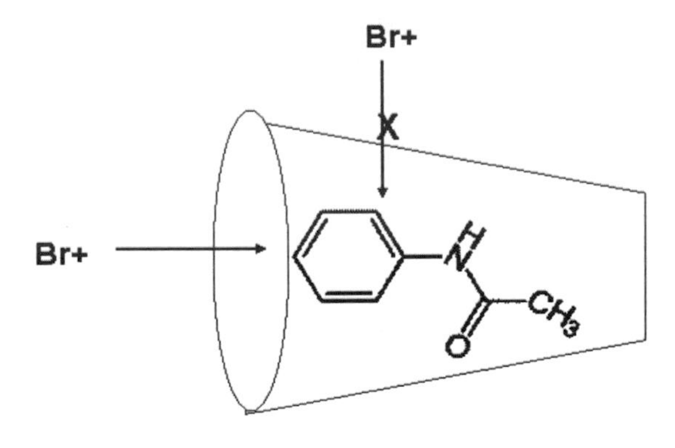

圖3-9　環糊精限制溴離子與乙醯苯胺苯環鄰位碳原子的接觸

cyclophane）是丙酮酸氧化酶的模型，可以在鹼性甲醇溶液中，作為芳香醛類氧化反應的觸媒，以產生甲基醚。在300K溫度與50微摩爾的三乙基胺與甲醇的溶液中，由醛轉化為醚的反應速率高達0.22／秒[31]（**圖3-10**）。

環糊精金屬鹽可以有效地促成芳香族磷酸三酯水解作用[28]。如**圖3-11**所顯示，在298K溫度、pH為7的水溶液中，磷酸三酯會快速地形成三元錯合物（Kd=4.3×10^{-3}mol/L），準一次反應速率高達3.1×10^{-2}/s，為不添加環糊精金屬鹽的反應速率（3.2×10^{-7}/s）的97,000倍[32]。

雖然許多此類的觸媒已被開發出來，但是由於環芳的合成非常繁

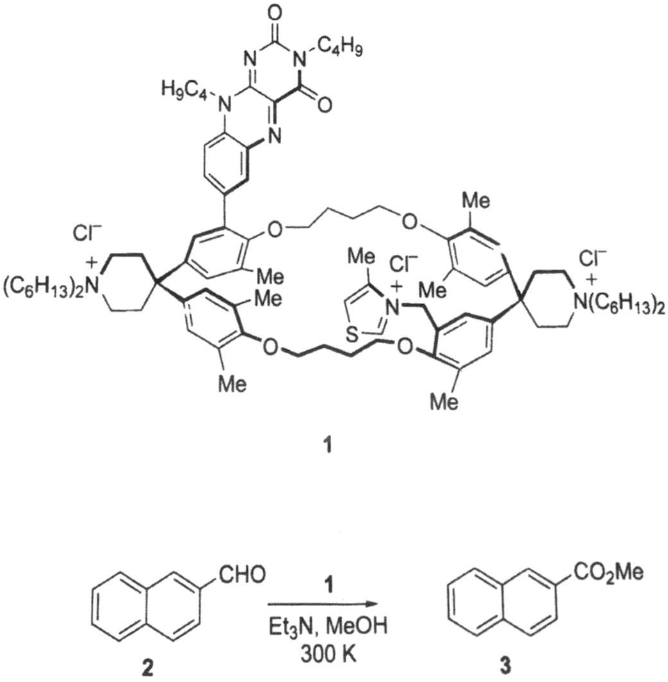

圖3-10　丙酮酸氧化酶（Pyruvate Oxidase）的類似物[28]

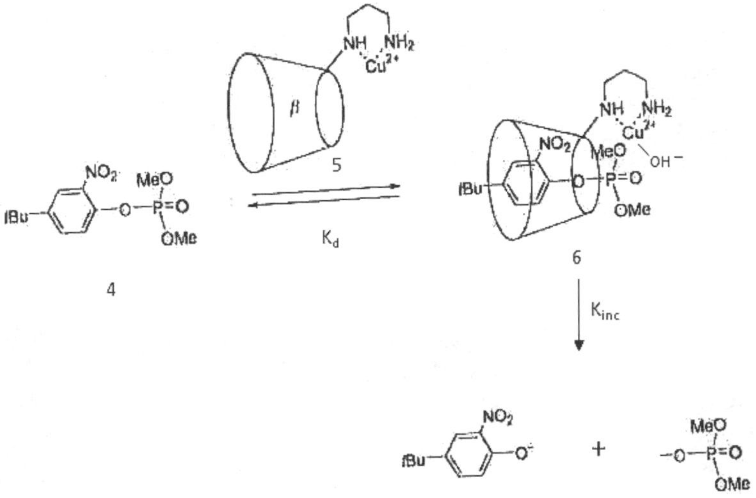

圖3-11　磷酸三酯經金屬環糊精（Metal Cyclodextrin）催化作用所產生的水解反應[28,29]

雜，必須經過十八個步驟，因此實用價值不高；更何況即使不使用環糊精金屬鹽，磷酸三酯水解在較高的溫度或在酸、鹼溶液中仍會發生。

3.3 中尺度強化

Meso一字源自於希臘文，具有中間的意思，是一個相對的概念，而非絕對的意義。在科學的語言內，中尺度（Mesoscale）是科學理論準確的長度、能量與時間的中間範圍。在材料科學的語言中，中尺度結構定義則為100奈米以上至10微米間的尺度範圍。在此範圍內，無論量子力學或古典力學皆無法準確地描述物體的動力學。本書係採取材料科學的定義，主要物件為由幾千個原子的超級分子、高分子、細胞組成的材料等。

1970年後，中尺度材料與科學開始受到重視。2012年，美國能源部

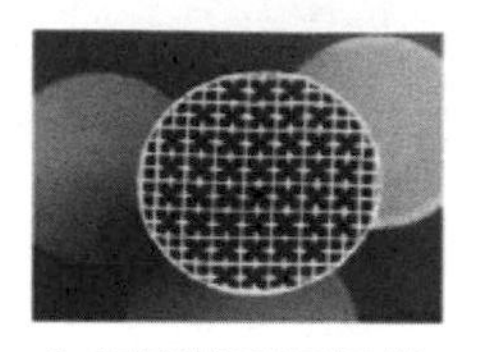
內部鰭狀單層觸媒

Katapak-S化學反應器（Sulzer）

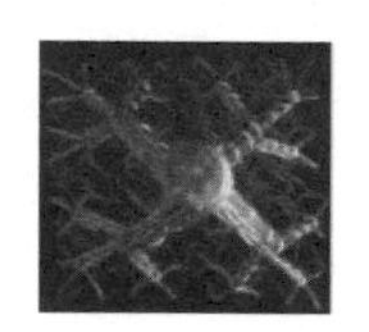
無液體分配裝置的蒸餾塔中創新填料

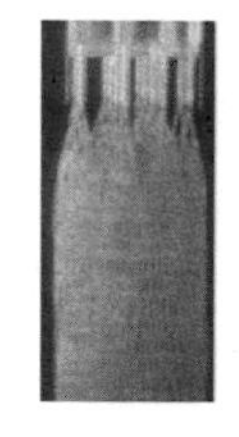
日本長岡公司的創新填料

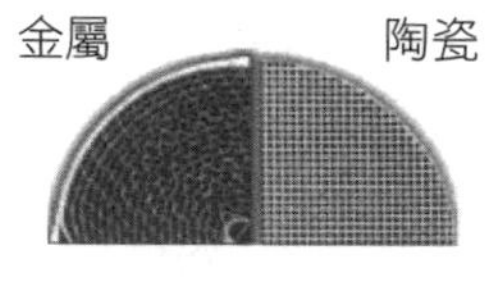

金屬／陶瓷單層觸媒

金屬薄網

Katapak-M化學反應器（Sulzer）

泡棉

圖3-12　結構化填料與觸媒[10]

基礎能源科學諮詢委員會（BESAC）發表〈由量子至連續體：中尺度科學的機會〉（From Quanta to the Continuum: Opportunities for Mesoscale Science），概述此領域的發展現況、機會挑戰與精通此領域的益處。

圖3-12列出應用於化學製程的中尺度材料、觸媒與填料，如金屬或陶瓷單層觸媒、Katapak化學反應器、高效率創新蒸餾填料、泡棉等。

3.3.1 單層觸媒或反應器

一、結構

單層結構是由一個蜂巢狀或相互聯結纖維的單一材料製成、上含多種相連或分離的圓形、方形或三角形通道的結構。單層反應器則為由多孔性觸媒或觸媒塗裝的單層結構所充填而成。通道管壁具有催化化學反應功能，而通道則允許氣、液體通過。目前工業與研究用的單層結構的骨架多

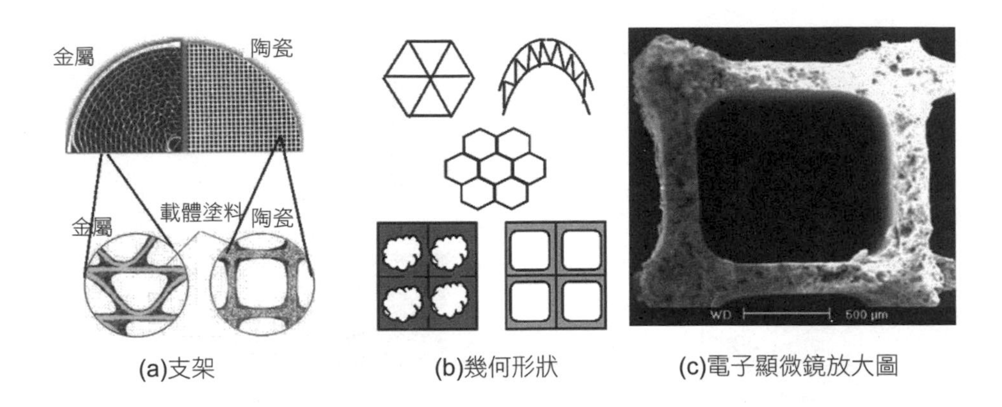

(a)支架 (b)幾何形狀 (c)電子顯微鏡放大圖

圖3-13　單層反應器結構

為金屬或陶瓷材料。陶瓷單層結構多由擠壓成型方式製造，而金屬單層多成波浪狀（**圖3-13**）。金屬或陶瓷薄片間距離約0.05～0.3毫米，每平方釐米約有30～200個基層單位。

早在1970年代中期，汽車工業即應用單層反應器去除引擎排氣中的氮氧化物、一氧化碳與碳氫化合物。汽車觸媒轉化器基材是由合成堇青石（Cordierite）所製成。堇青石的分子式為$2MgO \cdot 2Al_2O_3 \cdot 5SiO_2$，是一種熱膨脹係數低的材料。由於它的晶相具有高度非等向性（Anisotropic），當它受熱後，在不同方向的膨脹係數亦不相同；因此受到擠壓後，會改變方向[34]。合成堇青石已普遍作為柴油粒狀物過濾器、固定汙染源控制、柴爐燃燒器、室內空氣純化、工業廢熱回收、水過濾、超濾等基材[34]。

荷蘭史蒂梅特氏（Charl Stemmet）在BASF、DSM、LUMMUS、Shell等公司資助下，曾應用高孔率的固體泡棉（空隙率97%）作為觸媒支架。由於比表面積大，氣體與液體間質傳速率高，反應器生產效率亦高。在相同的氣／液流通量與生產速率下，以泡棉為支架的觸媒床的高度雖為傳統觸媒填料床的1.5倍，但是其能源效率卻高出10倍之多[38]。

葡萄牙里斯本科技大學的研究群曾將銅鉑觸媒塗布在由高孔隙（孔隙率90±2%）青堇石所製造的泡棉結構上，然後應用於含甲苯的汙染氣

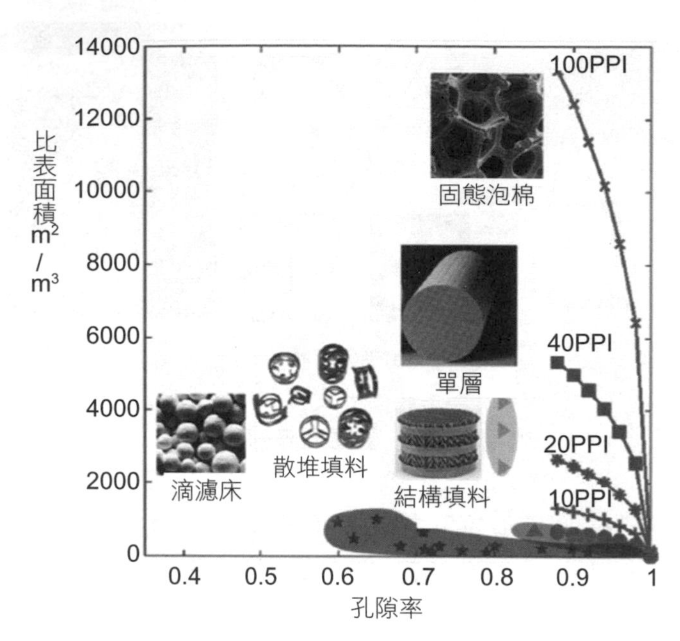

圖3-14　不同填料或觸媒支架的比較；圖中PPI為像素密度單位，每平方英寸的像素[10]

體的焚化上。他們發現由於泡棉孔隙中氣體的混和與亂流效果比以傳統單層青堇石為支架的效果佳，可將燃燒溫度降低攝氏10度左右[39]。

圖3-14顯示各種不同填料或觸媒支架的比表面積與孔隙度的關係比較，其中固態泡棉與單層支架的孔隙率與比表面積遠超過傳統的散堆或結構填料。

二、流動方式

單層觸媒反應器內的流體有下列五種方式[33]：

1.薄膜流動：液體流速低於10毫米／秒下時，液體沿管壁向下流動，氣體由管中向上流動。

2.泡沫流動：當氣液比例小時，氣體以氣泡型式在液體中向上流動。

3.泰勒流動：或稱為栓塞、段塞、團狀或間歇流動，係以橫越管中的大型的長泡沫流動。

4.渦流：氣體流速高時，栓塞氣泡後會形成小型氣泡，最後管中液體會被向上帶動。

5.環狀流動：當氣體流速高而液體分率低時，液體會沿著管壁向下流動，氣體會夾帶霧滴雨水滴在管中向上流動。

大多數的單層反應器中，流動方式為泰勒流動與泡沫流動。

三、優缺點

與傳統顆粒填料床相比，單層結構具有下列優點：

1.高流量條件下，壓降較低（**圖3-15**）。

2.接觸面積大，熱傳與質傳速率快。

3.當單層結構應用於多相反應器時，可降低外質傳阻力。

4.觸媒塗裝在薄壁上，可消除內部擴散的限制。

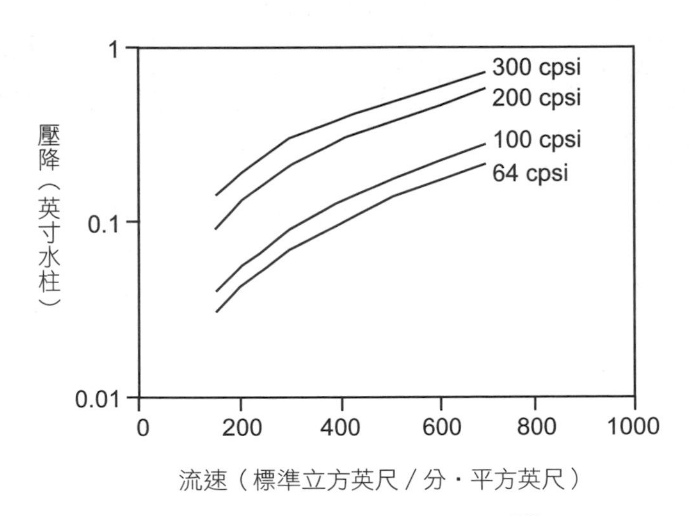

圖3-15　單層反應器壓降[36]

5.降低軸向散布與返混現象的產生，因而提高產品選擇性。

6.降低積垢熱阻與堵塞現象，可延長觸媒使用年限。

7.通道壁上粒狀汙染物易於去除。

8.規模易於放大。

缺點為：

1.軸向熱傳速率低，難以控制通道薄壁上的陶瓷單層結構的溫度。

2.熱量會由單層結構傳輸至反應器內壁。

3.由於流體在反應器內的微管道內流動分配不均勻，影響反應器效能。

4.大規模應用所需擠壓成型的成本與安裝難度高。

5.缺乏大型製程的操作經驗。

表3-4列出單層反應器與泥漿、滴濾床反應器的比較，單層反應器具有低壓降、流速快、擴散距離小與外表面積大、易於放大等優勢。

表3-4　單層反應器與泥漿、滴濾床反應器的比較

項目	泥漿 Slurry	滴濾床 Trickle Bed	單層 Monolith
顆粒／管道直徑（毫米）	0.01～0.1	1.5～6.0	1.1～2.3
觸媒體積分率	0.005～0.01	0.55～0.60	0.07～0.15
外表面積（平方米／立方米）	300～6,000	600～2,400	1,500～2,500
擴散係數（微米）	5～50	100～3,000	10～100
液體流速（米／秒）	-	0.0001～0.0003	0.1～0.45
氣體流速（米／秒）	-	0.002～0.0045	0.01～0.35
體積質傳係數（1／秒）			
氣體／液體	0.01～0.6	0.06	0.05～1.0
液體／固體	1.4	0.06	0.03～0.09

四、應用範圍

由於單層反應器具有低壓降、選擇性佳與壽命長的優點，逐漸應用於觸媒氧化、芳香族氫化、燃料電池中氫氣的供應、碳氫化合物與甲醇的水蒸氣重整（Steam Reforming）與水煤氣轉換（Water-gas Shift）等。

可執行多相態反應的單層反應器最成功的商業化案例為以蒽醌（Anthraquinone）觸媒氫化方法以產生過氧化氫與對苯二酚（Hydroquinone）的製程。此製程應用非電鍍方式將鈀觸媒塗布在二氧化矽為支架材料的單層壁上。此單層反應器比傳統填料床具有產品選擇性佳與壽命長的優勢。反應器中的流體是以相同方向、泰勒流動方式、向下流動。

其他應用如：

1.石油衍生物或煤液化物的氫化。
2.芳香族、硝基苯、環己烯、乙炔、乙苯等氫化或脫氫。
3.水溶性酚類、醋酸、葡萄糖、纖維素等氧化。
4.蒸餾與吸附等；皆被探討過，不過多僅限於研究階段，尚未應用於商業化生產製程上[33]。

3.3.2 結構填料

結構填料（Structured Packings）又稱規整填料，係指應用於吸收塔、蒸餾塔或化學反應器中、經特殊設計的結構材料。它通常是由波浪狀的金屬板或網所組成，且具傾斜的管道的蜂巢形狀，可以迫使流體經過複雜的路徑，以增加不同相態流體間的接觸機率與面積。由於比表面積大（50～750平方米／立方米），因此效率高且所需體積小。**表3-5**列出幾個著名的結構填料的名稱、生產廠家與比表面積。

表3-5　結構材料

填料名稱	生產廠家	比表面積 平方米／立方米
Super-Pak 300	Raschig	300
Mc-Pak	三菱	250～1,000
Durapak	Scott	280～400
Rombopak	Kuhni	450
BSH	Nutter	500
KATAPAK-S	Sulzer	350～750
FLEXIPAC	Koch-Glitsch	250～725

KATAPAK-SP與KATAPAK-S（圖3-16、圖3-17）是荷蘭蘇爾壽化學技術公司（Sulzer Chemtech）專門為反應蒸餾所開發的內嵌觸媒顆粒的結構填料，亦可應用於一般觸媒反應如酯化、醚化、烴化或氫化反應中的觸媒支架。

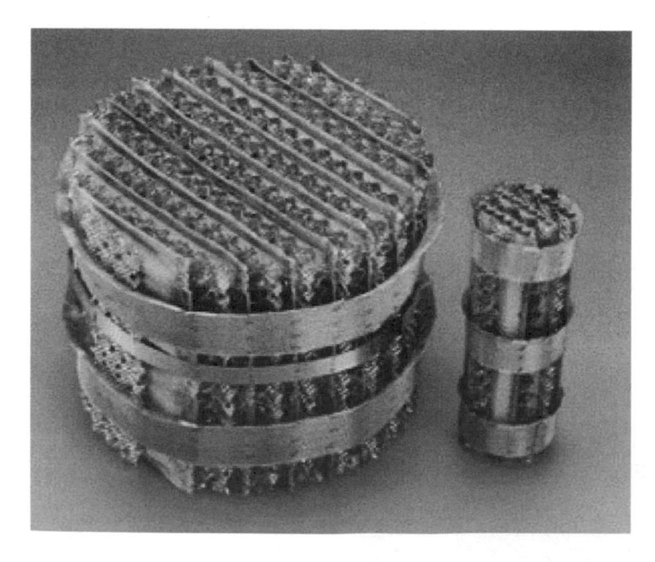

圖3-16　工業與實驗室規模的Katapak-SP-12比較[37]

圖3-17　工業用KATAPAK-S 170.Y

KATAPAK-SP是由一組包含觸媒的金屬網層與金屬填料所組成，每米長度的理論盤板數為4，觸媒所占的體積為50%。**表3-6**列出KATAPAK-SP設計參數[37]，以供參考。

在KATAPAK-S中，觸媒是被夾在兩層金屬網之間，形成三明治狀的結構。由於每片金屬皆成波浪狀，此類設計形成一種由許多不同角度與水力直徑的流動管道所組成的結構。包覆觸媒的三明治裝置於流動管道相反的方位，流體是以橫向流動方式與觸媒接觸。

以生產化工機械聞名的美國科氏—格利奇（Koch-Glitsch）公司生產多種材料，如碳鋼、不鏽鋼、鋁、鎳合金、鈦、銅合金、鋯、熱塑彈性塑膠等結構填料。**圖3-18**顯示FLEXIPAC與INTALOX兩種應用最普遍的結構填料。由於金屬浪片的傾斜角度不同，所導引的流動模式與壓降亦異，傾斜度60°比45°壓降低，但質傳效率差。1986年開發的INTALOX填

表3-6　KATAPAK-SP設計參數[37]

參數	數值
填料長度（毫米）	200
管徑（毫米）	250
金屬線厚度（毫米）	0.25
網孔直徑（毫米）	0.5
觸媒層高度（毫米）	13
分離層高度（毫米）	6.5
玻璃珠直徑（毫米）	1
玻璃柱體積分率	0.236
觸媒層數	9
分離層數	18

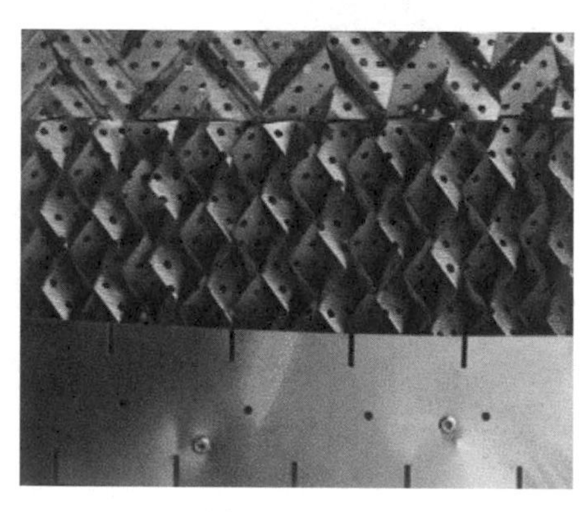

(a)FLEXIPAC

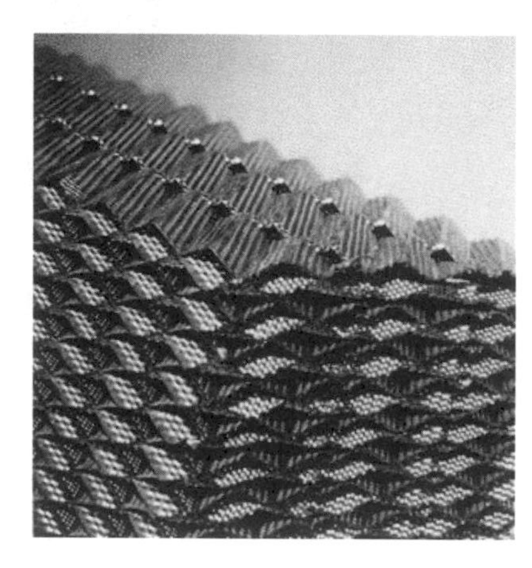

(b)INTALOX

圖3-18　科氏—格利奇公司的結構填料

料組合了波浪狀與其他幾何形狀的金屬片，除了增加面積與較高的處理容量外，還可突破傳統結構填料僅可應用於真空與常壓系統的限制，適用於高液體流量與高壓條件下的應用。

其他常用的結構填料為：

1.Raschig公司的Super-Pak 300型板式結構填料的負荷能力提高26%，壓力損耗降低33%。

2.日本三菱商事（株）的Mc-Pak結構填料，分為絲網和板材兩類，絲網500目，每立方米的比表面積高達1,000平方米；板材類有4種，比表面積介於500平方米之間，其中500SL為高液負荷和低壓降型。

3.Scott公司的Durapak填料是由玻璃纖維所製成，具高抗腐產品、高通量、低壓降及良好的分離性能，空隙率72～80%。

4.Montz公司的Montz-Pak A300型填料由塑性極佳的鉬金屬製成，板厚僅0.05毫米。

5.Nutter公司生產的BSH填料是介於網、板填料間的高效填料，它金屬織物結構具膨脹特性，可彌補金屬絲網和片狀金屬填料間的差距。BSH織物結構的毛細管作用，具有很高的質傳效率。

3.3.3 碎形分配器與蒐集器

改善流體進入反應器的分配器的設計，可以增加流體與反應器內的流體，或固體物質接觸與降低流體在反應器內形成的氣泡或液泡的機率與大小。自然界有數不清的極高效率氣／液、氣／固與液／固體的交換體或器官，如人的肺部、植物根部、孔雀羽毛、花瓣或雲、沙漠（**圖3-19**）等都可以激發工程師的靈感。將這些碎形設計應用於流體分配器與蒐集器等機械裝置上，可以加強亂流、混和與質傳的績效。

1997年，美國ARI公司的研發主管柯爾尼氏（M. Kearney）首先將碎形應用於流體分配器與蒐集器的設計上。荷蘭台夫特大學研究群曾將流體化床的氣體分配器設計成**圖3-20**所顯示的碎形形狀。

他們發現氣體由不同高度的位置進入流體化床後，會產生下列現象[42]，可以增加質傳與混和的效果：

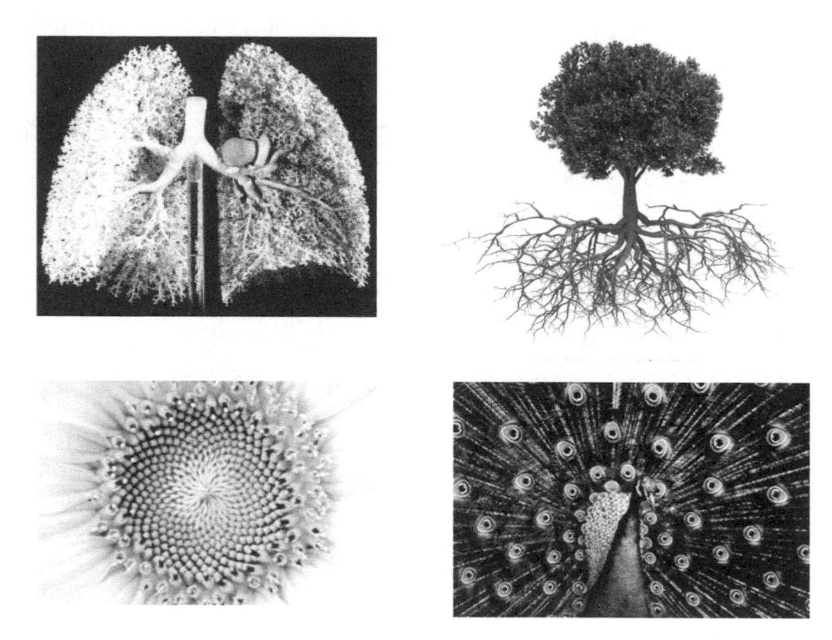

圖3-19 自然界中高效率的氣／固、氣／液或液／固交換的碎形結構

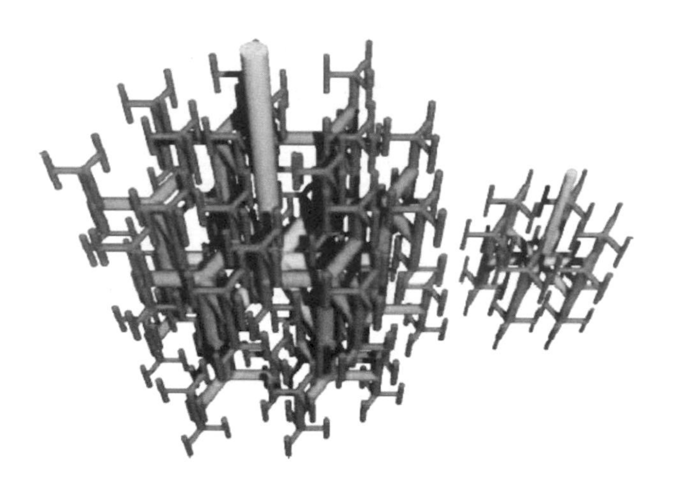

圖3-20 流體化床反應器的碎形氣體注射分配器[40]

1.造成類似栓塞流動，將流體化床分為許多相互接觸且混和均勻的小區塊。

2.由同一高度但不同位置注入的氣體會與床內既有的懸浮的氣體與固體物質混和，不僅可加強微小區域內的混和，而且會消除軸向的不均勻度。

3.會抑制氣泡的產生與擊破既有的氣泡。

美國ARI公司（Amalgamated Research, Inc.）應用碎形分配器與蒐集器（**圖3-21**）於甘蔗汁陽離子交換樹脂軟化上，可以大幅降低離子交換樹脂床的高度、壓降與體積[41]（**表3-7**）。

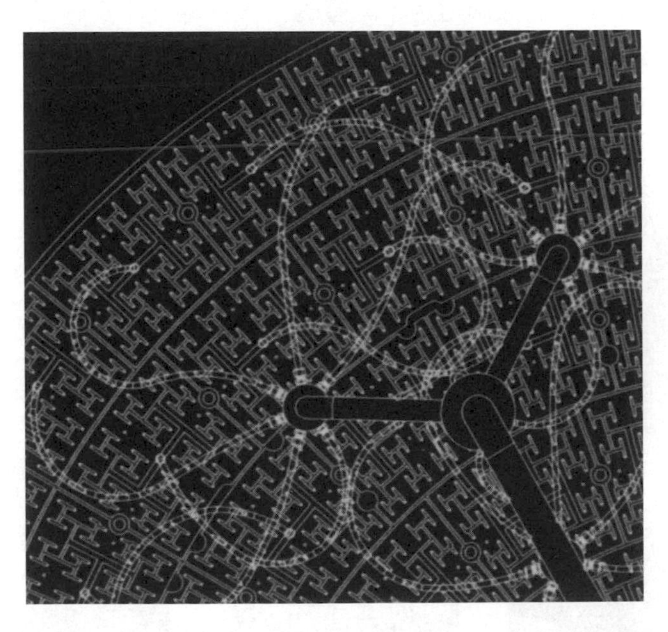

圖3-21　美國ARI公司所開發的流體分配器與蒐集器

表3-7　應用碎形與傳統設計的甘蔗汁軟化陽離子交換器的效能比較[41]

參數	傳統設計	碎形設計
離子樹脂床高度（米）	1	0.15
流速（體積／時）	50	500
最高壓降（公斤／平方釐米）	3.5～5.6	> 0.1
相對體積	10	1

2000年，日本長岡國際公司（Nagaoka International Corp., Osaka, Japan）開發了一種以Super X-Pack為名的新型的結構填料，可大幅提升反應蒸餾塔內氣液質傳效率。這種填料如**圖3-22**所顯示，是由三度空間的碎形線網所組成，可讓液體以規則方式向下流動。由於每平方米面積的填料可允許高達120,000個液滴通過，流體的質量傳輸速率遠較以浪板或平面網狀的傳統結構填料迅速。

除了碎形線網外，此系統包括下列三個主要部分：

(a)懸掛於分配器下的填料外觀

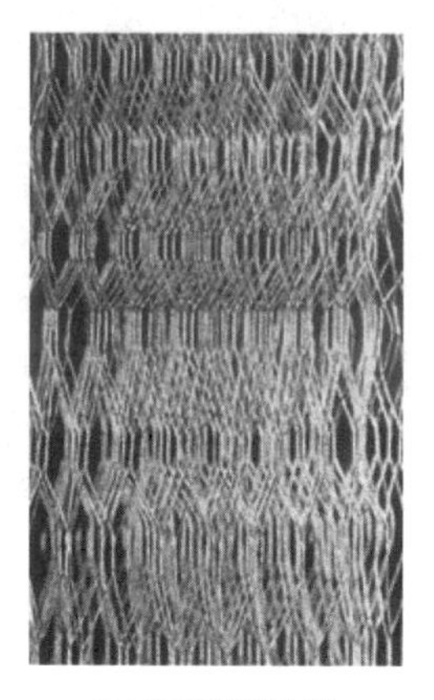

(b)線網狀結構

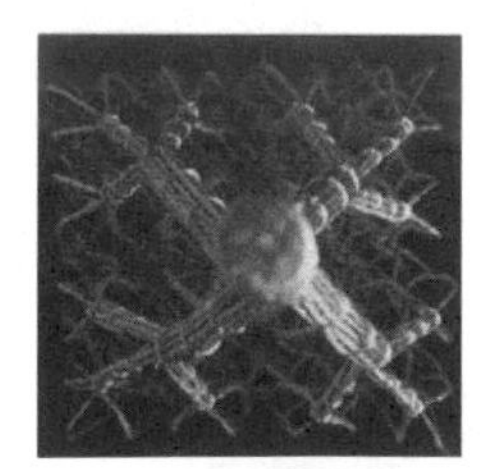

(c)線網接頭

圖3-22　日本長岡國際公司所開發的Super X-Pack碎形填料[10]

1.可均勻控制液體分配器。

2.液體流動調整器，可控制液體均勻流動。

3.連續蒐集塔底的物質。

長岡公司視Super X-Pack的應用環境，提供由鋼、合金或玻璃纖維、陶瓷或工程塑膠等非金屬材質的產品。此填料在真空環境中的F-因子高達6，理論單位數（NTU）介於6～11之間。

圖3-23與**圖3-24**顯示蒸餾塔內部裝置的演進與效能比較。Super X-Pack的相對比容（Ratio of Specific Volume）僅為傳統盤板的二十分之一。理論上，蒸餾塔的高度亦可以等比縮小。

	1	2	3	4
系統				
操作方式				
類別	盤板	隨機堆積填料	規整填料	規則結構填料
開發時期	1850	1873	1966	1998 Manteufel NAGAOKA
設計	各種型式	拉西環、鞍環、鮑爾環等	Mellapak, Intalox Flexipac	規則結構
最大F值	1.5～2.5	1.5～2.5	2～3	4～7
NTU（1/m）	1～2	0.5～2	2～5	6～11
F×NTU	2～4	1～5	5～10	20～40
比速	0.5～0.25	1～0.2	0.2～0.1	0.05～0.025
比容比例	1/1	1/2.5	1/3.8	<1/20

圖3-23　蒸餾塔內部裝置的效能比較[10]

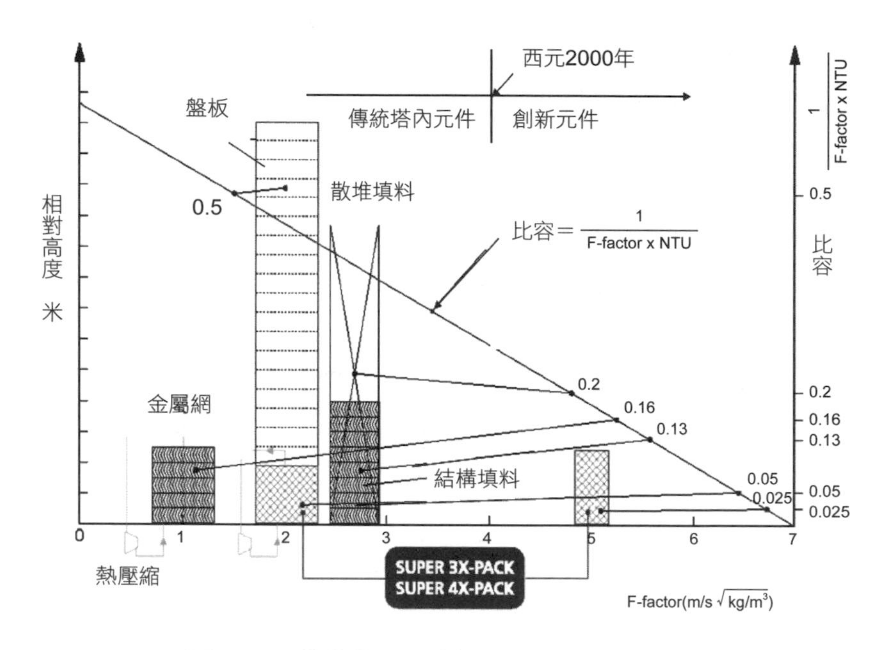

圖3-24　蒸餾塔內部裝置的演進與效能比較

3.4 宏觀強化

宏觀係指可以被肉眼測量與觀察的物體，尺度大致在1毫米至1公里之間。宏觀角度即為由大尺度角度所觀察到的現象。宏觀強化對象是熱能與質量的傳輸，主要設備為熱交換器與混和設備。

3.4.1 熱交換器強化

熱交換器是工業製程中加熱、冷卻、能源轉換或回收的主要設備。應用合適的熱交換器不僅可以提高能源使用效率、增加系統可靠度及降低危害物質的存量。熱交換器的種類很多，殼管、管框、鰭管、螺旋、旋轉再生式等，工程師可依其適用的溫度範圍內、流體的特性與壓力，選取適當的型式（**圖3-25**、**表3-8**）。

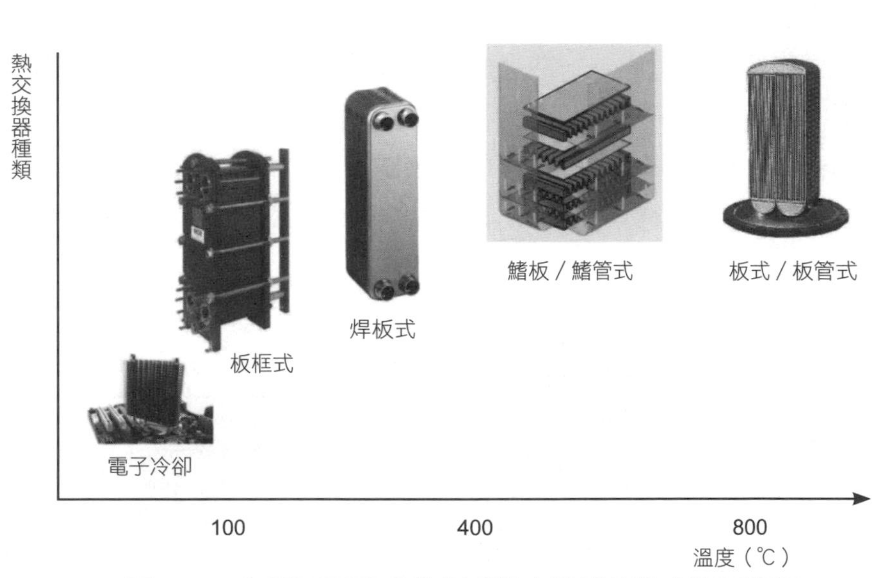

圖3-25　各種不同型式的板式熱交換器的溫度適用範圍

表3-8　各種不同型式熱交換器的比較[43]

型式	最大壓力bar	溫度範圍 ℃	流體限制	尺寸範圍 m^2	特性
殼管式	殼側：300 管側：1,400	-25～600	材料	1～1,000	適用範圍廣
雙套管式	殼側：300 管側：1,200	-100～600	材料	0.25～200 / 單位	高熱效率 模組化製造
螺旋式	18	400	材料	200	高熱傳效率 圓筒型設計適用於蒸餾塔內應用
熱管	1	<200	低壓氣體	100～1,000	可設計為逆向流動
板式（可拆卸）	16～25	-25～200	不適用於氣體與雙相流體	1～1,200	模組化設計 不易清理
板鰭式	鋁合金：100 不鏽鋼：400	-273～150 600	低汙垢流體	體積<9	單位體積表面積大
氣冷式	500（製程側）	600（製程側）	材料	5～350 / 裸管	搭配風扇與鰭片
固定再生式	1	600	多用於廢熱回收		以磚或陶瓷為材料
轉輪再生式	1	980	低壓氣體		必須容忍熱交換流體間的洩漏
印刷式	1,000	不鏽鋼：800	低汙垢	1～1,000	單位體積表面積大

在同樣的熱傳效能下，熱交換器的接觸面積對流體體積的比例愈大，則所需體積愈小，反之亦然。

由**表3-9**可知，傳統應用於石油與石化工業的管殼式熱交換器的接觸面積較其他板式、螺旋式皆低，所占的體積與內部盛裝的流體亦多，風險亦大。

表3-9　熱交換器的接觸面積對流體體積的比例[45]

型式	比例 平方米／立方米	型式	比例 平方米／立方米
殼管式	50～100	鰭板式	150～450
板框式	120～225	旋轉再生式	6,600
螺旋式	120～185	固定再生式	15,000
具鰭管的殼管式	65～270		

一、殼管式熱交換器強化

殼管式熱交換器是最普遍使用的熱交換器，是由殼體、管束、管板和封頭等部分組成。殼體多呈圓形，內部裝有固定於管板上的平行或螺旋管束。熱能透過管壁傳遞。與其他型式的熱交換器相比，殼管式熱交換器的體積較為龐大、設計堅固強壯，因此，可廣泛地應用於各種不同的應用場合，如惡劣環境、特殊流體與高溫及高壓的應用。

管側部分可應用下列四種管束，以增加熱傳面積（**圖3-26**）：

1.內鰭管：以管內刻紋增加管內流體的亂流度（**圖3-26(a)**）。

2.管內混和裝置：在管內加設扭曲板片，以加強流體的混和與亂流度（**圖3-26(b)**）。

3.管內螺旋：在管內加裝螺旋線，以加強流體的混和與亂流度（**圖3-26(c)**）。

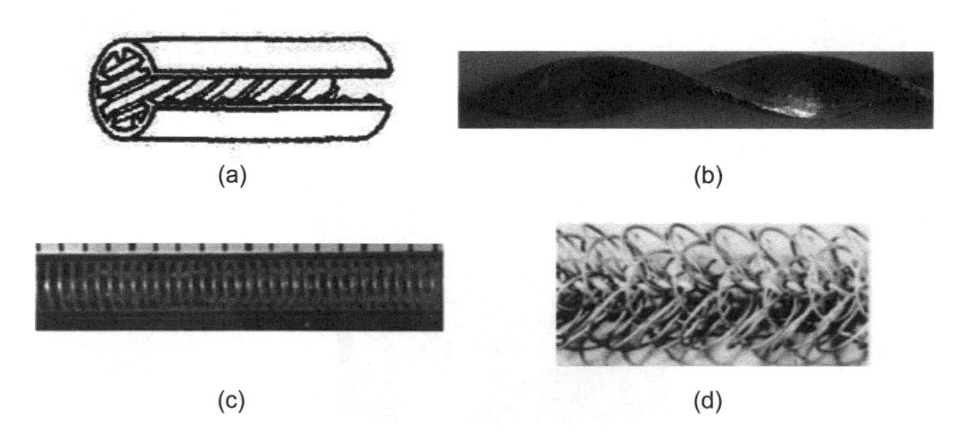
(a) (b)
(c) (d)

圖3-26　殼管式熱交換器管側強化裝置[44]

4.管內線網：管內安裝類似hiTRAN®的線網裝置，以提高層流的熱傳導係數（**圖3-26(d)**）。

殼側強化可應用外部特殊形狀的管束：

1.外鰭管：在管外表增加鰭片或刻紋，以提升殼側熱傳面積（**圖3-27(a)**）。
2.管外螺旋裝置：在管外加設扭曲板片或螺旋（Helical Baffles®），減少殼側死角（**圖3-27(b)**）。
3.管外擋板：在管外加裝擋板（EM Baffles®），以促使流體以縱流方式流動（**圖3-27(c)**）。

英國曼徹斯特大學製程整合中心曾探討過各種殼側與管側強化裝置的績效。他們發現這些強化裝置雖然提高熱傳面積與係數，但也增加了壓降與製造成本。適當組合確實可以增加15.4%熱傳效率與16.6%的成本。他們發現以下三種組合可以在一年半內回收：

1.CW-EF：管內捲線網－管外鰭管。

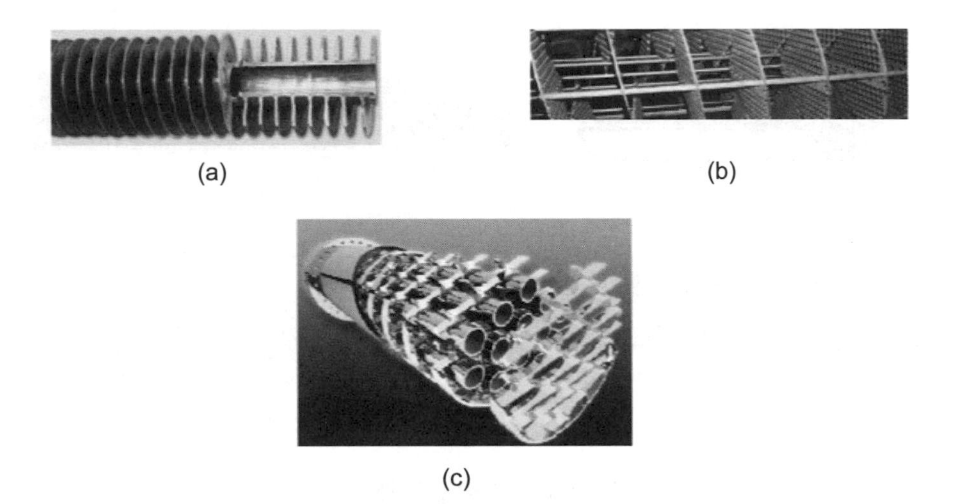
(a) (b) (c)

圖3-27　殼管式熱交換器殼側強化裝置[44]

2.IF-EF：管內捲線網－管外鰭管。
3.IF-EF：管內鰭管－管外鰭管。

而下列兩個組合約需二年三個月才可回收：

1.PT-HB：管內側平滑－殼側螺旋擋板。
2.PT-SSB：管內側平滑－殼側單一擋板。

在小型熱交換器中，內鰭管與外鰭管的績效最佳，可在有限的製造與能源費用增加下，達到很高的熱傳效率；然而，在大型熱交換器中，則應在管內或殼側安裝螺旋網環或擋流板片，因為鰭管的製造成本較高。中型熱交換器則必須視實際情況進行成本效益評估[46]。

二、緊密型熱交換器

緊密型熱交換器（Compact Heat Exchangers）係指單位體積熱傳面積高的熱交換器。對於氣體而言，熱傳面積高於700平方米／立方米。液體

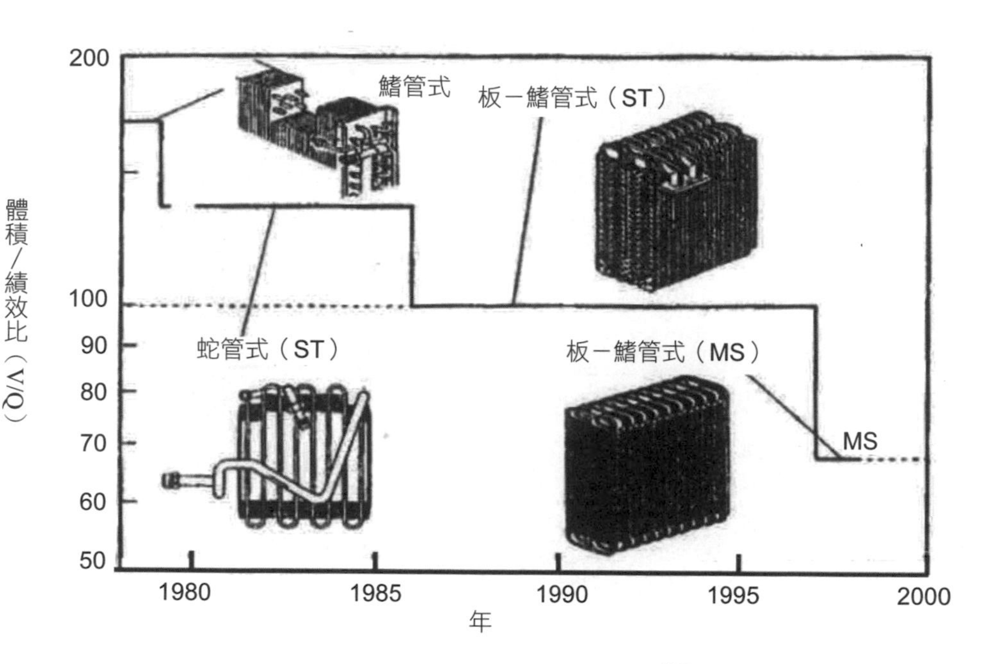

圖3-28　蒸發器的技術演進[55]

或雙相混和流體熱傳面積為300平方米／立方米以上。主要型式為板式、螺旋式、板殼式、矩陣式、印刷板式等。自從1970年以來，由於板式熱交換器的大量應用，熱交換器的體積／熱負荷比例幾乎縮小兩倍之多（**圖3-28**）。

(一)板式熱交換器

板式熱交換器是由一組波紋金屬板所組成；板上有孔，提供傳熱的兩種液體通過。金屬板片安裝在固定端板和活動端板的框架內，並用夾緊螺絲夾緊（**圖3-29**）。板片上裝有密封墊片，將流體通道密封，並且引導流體交替地流至各自的通道內。流體的流量、物理性質、壓力降和溫度差決定板片的數量及尺寸，流體的化學性能、腐蝕特性決定板片及墊片的材質，不同的波紋板結構設計不僅提高了紊流程度，並且形成許多支撐點，足以承受流體間的壓力差。適用於攝氏200度以下與25巴的壓力下。

(a)外觀

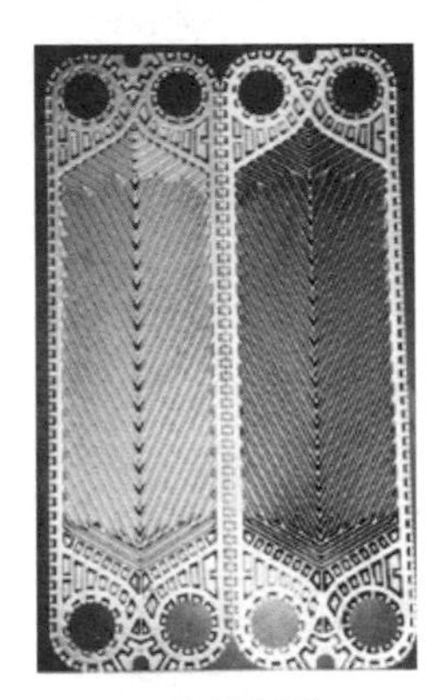

(c)熱傳板片

(b)流體流動方向

圖3-29　板式熱交換器[47]

板式熱交換器有下列優點：

1.可拆卸式，易清潔、檢查及保養。
2.可隨負載而增減熱傳面積→藉由板片數、板片大小、板片型式、流場安排等因素之變化（針對組合式而言，硬焊式無此優點）。
3.低汙垢阻抗：因內部流場通常是在高度紊流情況下，故其汙垢阻抗只有殼管式之10～25%。
4.熱傳面積大：具高熱傳係數、低汙垢阻抗、純逆向流動，故在同熱傳量下，熱傳面積約為殼管式之1/2～1/3。
5.低成本。
6.體積小：同熱傳量下，體積約為殼管式之1/4～1/5。

7.重量輕：在相同熱傳量下，重量約為殼管式之1/2。

8.流體滯留時間短且混和佳→可達到均勻之熱交換。

9.容積小：含液量少、快速反應、製程易控制。

10.熱傳性能高：溫度回復率可達1℃，有效度可達93%。

11.無殼管式中流體所引起之振動、噪音、熱應力及入口沖擊等問題。

12.適合液對液之熱交換、需要均勻加熱、快速加熱或冷卻之場合。

板式熱交換器適用於熱泵、工業用冰水機、空調機、冷凍機、空氣乾燥機、水冷卻、飲用水、各類工業用水、恆溫冷藏庫、廢熱回收及熱循環使用與鍋爐系統。由於墊圈材料的限制，在高溫、高壓或高腐蝕的環境下，可以使用焊接方式取代墊圈，其缺點為焊接後即無法拆解。

(二)螺旋式熱交換器

螺旋式熱交換器（Spiral Heat Exchangers）內部是由兩個金屬板經焊接、捲曲後形成螺旋狀的通道所組成（**圖3-30**）。冷熱流體的互動方式

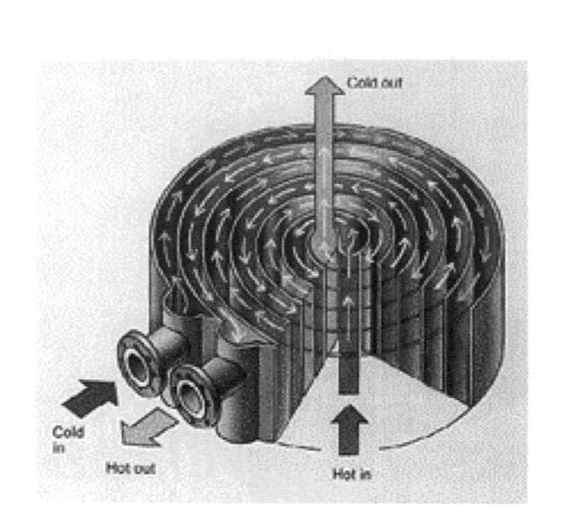

圖3-30　螺旋式熱交換器

視進出分配器的設計，可分為對流或橫流兩種。它的優點為空間的有效應用、優異的熱交換與流體輸送特性，因此廣泛運用於惡劣的工業環境。由於流體以螺旋方式在管中流動時會產生很大的剪切力量，管中不易形成汙垢，特別適合於高黏性或含有固體顆粒而容易在其他類型的熱交換器產生嚴重結垢或腐蝕的流體。熱交換面積可小至冷凍設施的0.05平方米，大至工業系統中的500平方米。

(三)板殼式熱交換器

板殼式熱交換器（Plate-shell Heat Exchangers）是由將殼管式熱交換器中的管束以板取代（**圖3-31**）。它具有下列特點：

圖3-31　板殼式熱交換器

1.殼側流體流動與殼管式殼側類似，亦可安裝擋板以加強亂流程度。

2.板側流體在波浪狀板間的空間中流動，與板式熱交換器板內流動類似。

通常應用於熱交換器的整修中，僅須將既有殼管式熱交換器中的管側元件以換熱板取代，但仍可應用原有的外殼。

(四)矩陣式熱交換器

矩陣式熱交換器（Matrix Heat Exchanger, MHE）如**圖3-32**所顯示，是由一疊多孔、高導熱的銅、鋁製的交替結合的平板與分隔板所組成，可允許兩流體進行熱能交換，適用於低溫冷凍與燃料電池等設施的熱能交換。由於孔徑細小，僅0.3～1.0毫米，熱傳係數與熱交換面積皆高，每立方米體積的熱交換面積高達6,000平方米。分隔板的導熱係數低，可降低

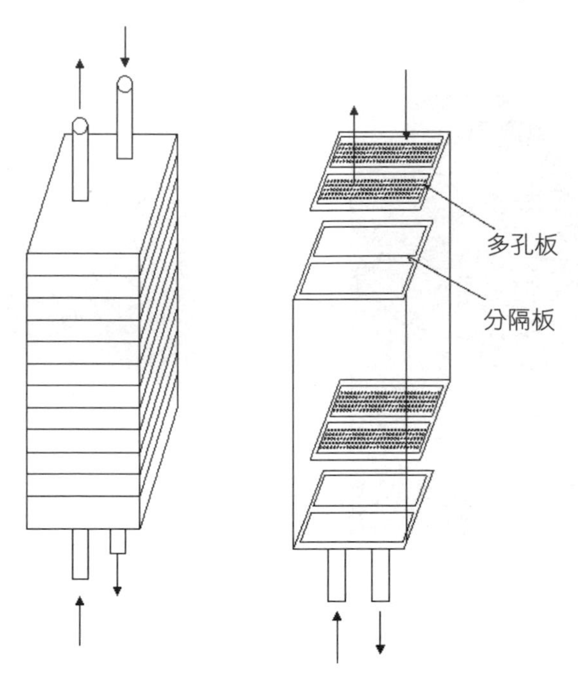

圖3-32　矩陣式熱交換器[48]

軸向熱傳導。導熱板與分隔板並無一定的形狀限制，但以圓形與長方形的應用最為廣泛[48]。

(五)微流道熱交換器

微流道熱交換器（Microchannel Heat Exchangers, MHE）係指應用於外海產油平台、高溫核能反應器等惡劣環境下、流道直徑為1毫米左右或更小的熱交換器。

三、印刷電路板式熱交換器

印刷電路板式熱交換器（Printed Circuit Heat Exchanger, PCHE）如**圖3-33**所顯示，是由疊置在一起的金屬板所組成。板上具半圓型、厚度約1.5～3.0毫米的工程流體通道。它多由不鏽鋼為材料，適用於氣體、液體與氣液雙相混和流體間熱能交換，操作溫度由-200度一直到900度[49]。

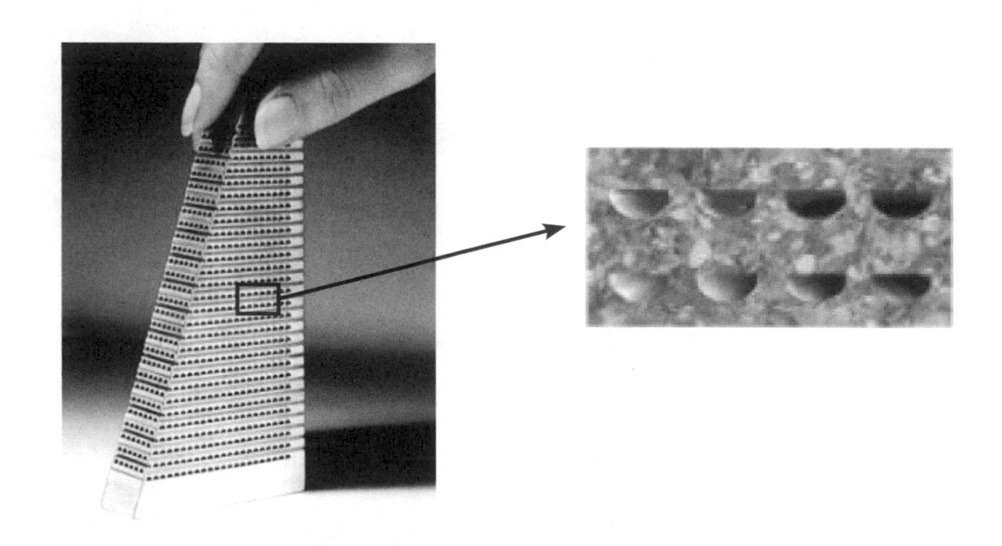

圖3-33　印刷電路板式熱交換器[49]

(一)優點

1.流體通道為對流方式。

2.單位體積的熱傳面積大。

3.壓力可達600巴。

4.能源消費低。

5.流體容量低。

6.比相同熱功率的殼管式小4～6倍。

7.極高熱傳係數。

(二)缺點

1.價錢昂貴。

2.流體必須非常乾淨，不得含有懸浮固體或雜質。

3.流體通道直徑僅0.5～2.0毫米，易於堵塞。

(三)應用範圍

1.煉油與氣體生產業：氣／氣熱交換、酸氣處理、氣體脫水、氣體壓縮、液化氣體與合成氣生產。

2.化學工業：製藥、氨氣、甲醇、酸、鹼、氫氣、氯氣與甲醛製程。

3.發電：供水加熱、燃氣加熱、地熱發電。

4.冷凍：氨氣、鹽水、冷凍劑、氫、氦、甲烷、乙烷、丙烷等。

5.氣體分離業：氧氣。

四、瑪邦熱交換器

瑪邦熱交換器（Marbon Heat Exchanger）是英國洽特瑪斯頓公司（Chart Marston）所開發、由表面上具光罩蝕刻的插槽的不鏽鋼片疊成的熱交換器。不鏽鋼片經堆疊排列後，插槽會形成流道（**圖3-34**），而固體板片則成為鄰近流道的隔板。這個由擴散焊接而成的結構具有熱傳表面積

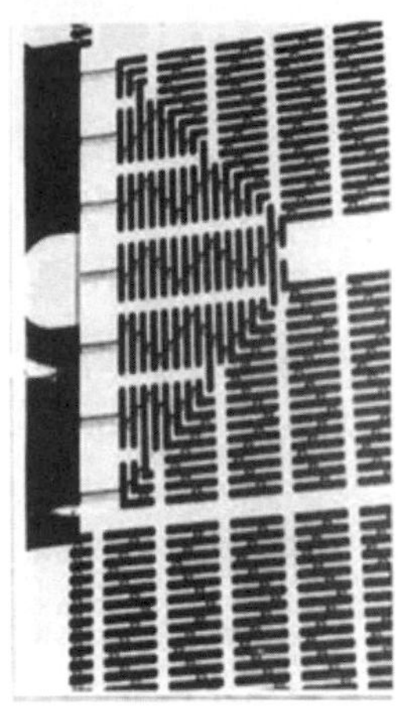

(b)插槽板層形成的流道

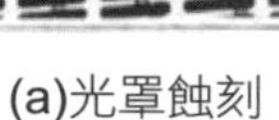

(a)光罩蝕刻

圖3-34　瑪邦熱交換器的組成板片[50]

大、熱傳係數高與彈性設計等優點[50]。由於它允許多流體以多迴路方式通過，可依使用者需求，組合或混和不同的流體，以達到最佳混和或熱傳效果。

英國BHR集團的研究人員曾探討應用此類交換器（**圖3-35**）作為水解、偶氮染料等化學反應器的可行性。他們發現由於反應熱可以由反應區

(a)未裝外殼但經擴散焊接的半成品

(b)成品

圖3-35　瑪邦熱交換器[50]

快速移除，可以大幅改善產品的選擇性。無論放熱或吸熱反應，反應熱愈大，效果愈好[50]。

五、其他

微流道熱交換器亦可應用於電子設備的冷卻或精密化學製程（圖3-36）。此類設備的流道直徑約50微米～1毫米之間，熱負荷高達15千瓦／立方釐米（kW/cm^3）。

3.4.2 混和設備

一、混和重要性

混和是每個人每天必須接觸的工作，泡咖啡、調味、洗澡等都受到混和的影響。在咖啡中加糖或湯中調味時，攪拌得均勻與否，直接影響氣味；洗澡時冷熱水混和不均，會燙傷皮膚。在實驗室內做化學實驗時，必須應用電動攪拌器以確保參與反應的物質混和均勻，否則會造成反應速率低或產生過多的副產品。當製程規模放大時，所產生的混和問題也隨之增加。

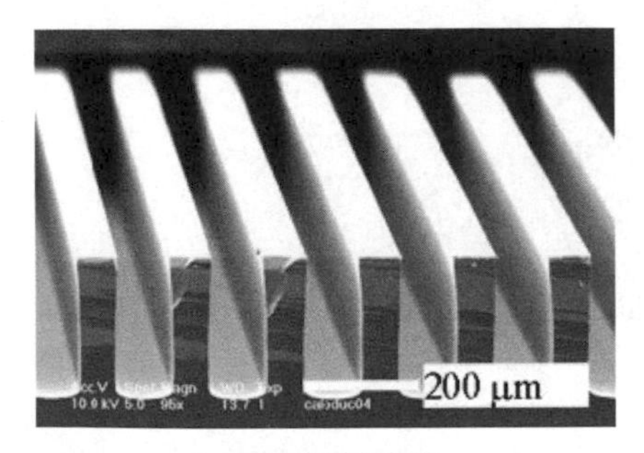

(a)電子設備冷卻

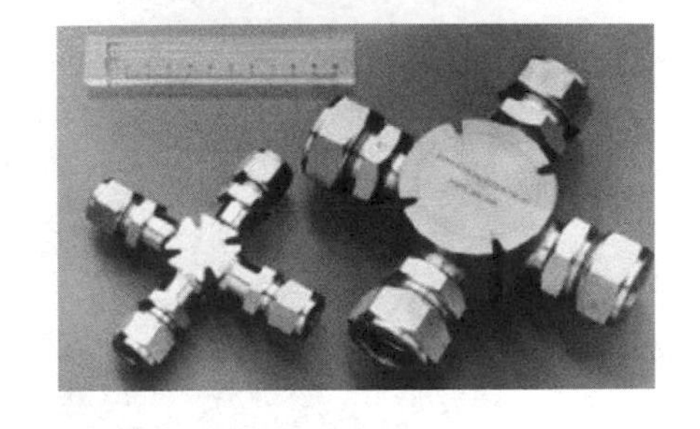

(b)化學反應

圖3-36　微流道熱交換器之應用[51]

兩個或兩個以上的化合物發生反應前，必須經過擴散、混和與接觸的歷程。如果混和的不均勻，反應自然難以發生。如果以圍棋的黑白棋子代表兩個不同的化合物的分子，試圖模擬分子擴散、混和與接觸的過程時，我們很快的發現將**圖3-37**棋盤上的少數幾個黑白子混和配對輕而易舉，但是要把盒裡的兩堆棋子配對得均勻就非常困難。換句話說，棋子數量愈多，愈難擴散與混和地均勻。

如果擴散的速率慢與混和程度差，分子間碰撞機率低且接觸的時間少，化學反應的進行自然不如理想。因此，從宏觀的角度而言，化學反應的快慢受到質量傳輸與實際分子間的反應速率等兩個因素的影響。如果分子間反應速率比質量傳輸的速率快時，質量傳輸是控制反應速率的關鍵。如果分子間反應速率比質量傳輸的速率慢時，質量傳輸速率對反應的影響不大。由於機械設備無法改變化學分子本質的特性，如欲加速化學反應速率，唯有從宏觀的角度改善分子間質量傳輸。改善混和程度是加強質量傳輸最有效的步驟。換句話說，就是將代表分子的黑子與白子以較為整齊排列的方式依序相互配對時，不但節省時間，而且會配得很均勻。

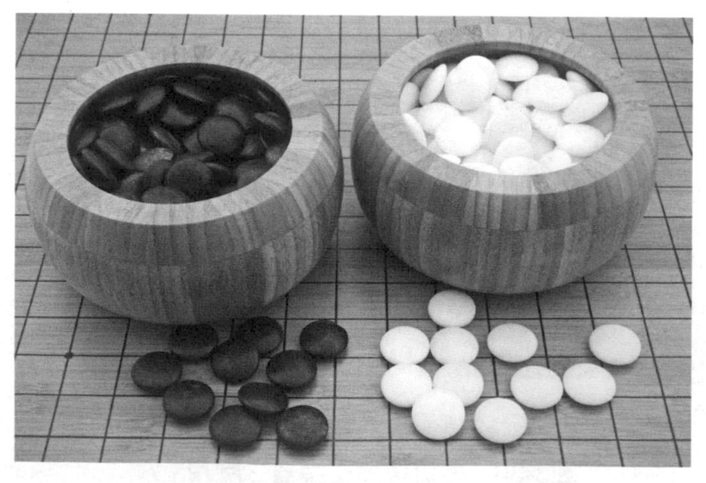

圖3-37　圍棋子

二、靜態混和裝置

如**圖3-38(a)**所顯示，在一個具攪拌裝置的桶槽內，不但到達均勻所需的時間遠比在一個以亂流方式在管中流動的時間長，而且所需投資的馬達、桶槽等設備成本高與所需承擔的風險大。因此，充分利用流體的動能以達到混和的目的，遠比以機械方式驅動流體的混和簡單、便利與節約能源。靜態混和裝置就是在這種思維下所開發出的裝置。

顧名思義，靜態混和裝置本身雖然靜止，但由於它被內嵌於管路中，能改變所通過的流體的流動狀態，進而達到加強流體混和的程度（**圖3-39**）。它是1965年由美國著名的理特管理與技術顧問公司（Arthur D. Little）針對液態流體的混和所開發，後來又應用於氣體、液體中的分

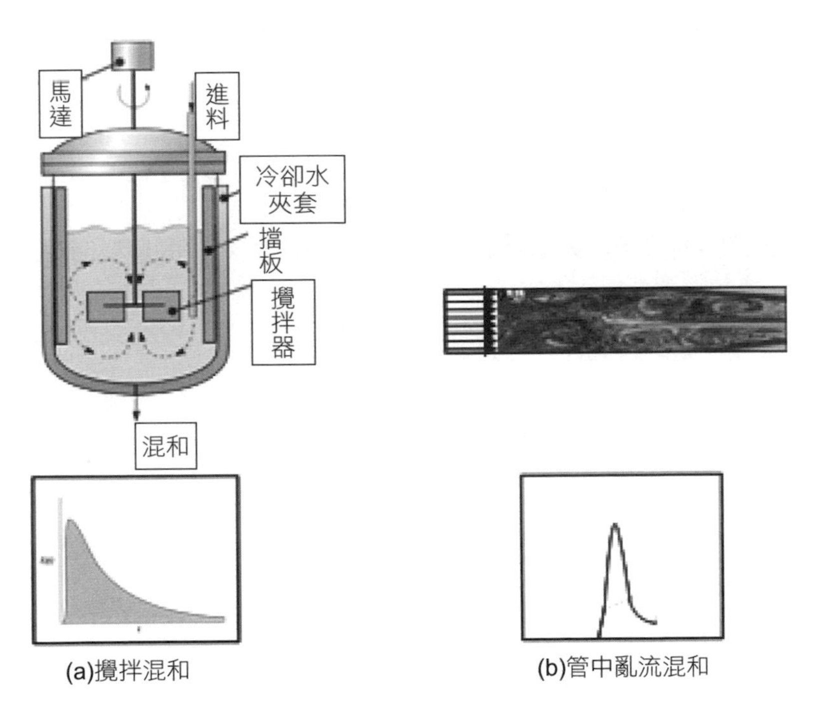

(a)攪拌混和　　(b)管中亂流混和

圖3-38　混和

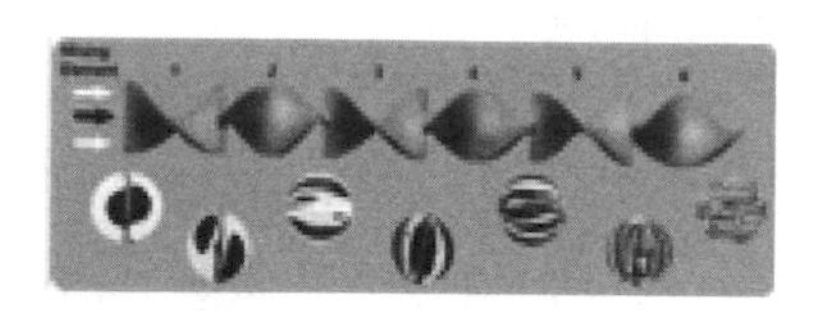
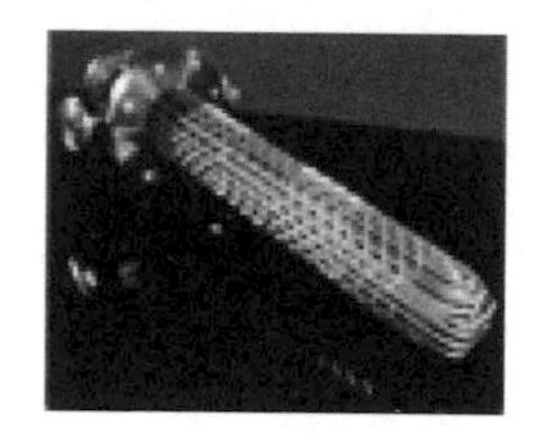
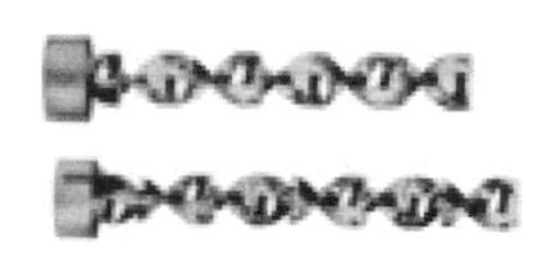

圖3-39　靜態混和裝置

散氣體與不相容液體。它適用於6毫米～6米直徑的管路中。主要材質視流體特性而異，可以應用不鏽鋼、聚丙烯、特氟龍、聚乙烯、聚偏二氟乙烯、氯化聚氯乙烯、聚縮醛等。

優點：

1.體積小、價格低廉。

2.管路內流體容量遠低於攪拌槽內容量，由本質的觀點而論，較為安全。

3.無轉動或移動元件，封緘與維護費用低。

4.相態間的質傳阻力低，質傳係數（kLa）高，約為傳統攪拌設備的10～100倍。

5.流體流動方式為栓流，所有流經此裝置的流體停留時間大致相同。

缺點：

1.停留時間短。

2.單位時間內流體流量與相互比例必須精確。

3.配量幫浦價格昂貴。

三、微混合器

微混合器（Micromixer）是一種以微機械元件為基礎、相當於一根頭髮大小的微管道，能讓兩種或多種流體混和均勻，已普遍應用於製藥、精密化學品與生化材料製程上（**圖3-40**）。由於在微小的尺度下，雷諾數非常低，無法產生紊流，必須依賴流體的擴散，才可達到混和的目的。

由於通道特徵尺度在微米級，雷諾數遠低於2,000，流動呈層狀流動，基本混和機理為[53]：

1.層流剪切：引入二次流，在流動截面上不同流線間產生相對運動，以引起流體變形、拉伸與折疊或增大待混和流體間的介面面積與減少流層厚度。

2.延伸流動：以流道幾何形狀改變流速，降低流層厚度。

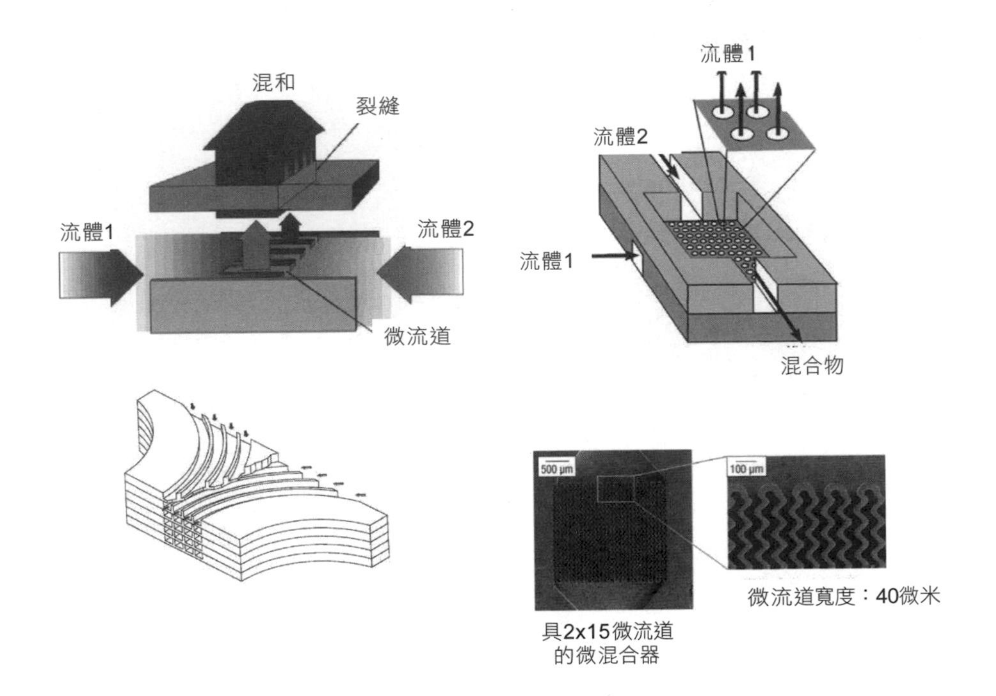

圖3-40　微流道混合器

3.分布混和：在微混合器內安裝靜態混合元件，以分割流體、減小流層厚度與增大流體間的介面。

4.分子擴散。

微混合器可分為主動與被動兩種類型。被動式混合器可分為並聯多層、串聯多層、滴液、混沌對流與注射等類型，其設計理念與靜態混和裝置類似，是在不應用外力的情況下，以其本身的幾何結構，改變流體的流動模式，而達到混和的目的。其優點為製程簡單，但流道設計較為複雜。主動式混合器則應用超音波振動、壓力變化、電磁力及電動力（Electrokinetics）等外力，干擾流體流動的特性與誘發流場，以產生流動不穩定度與混沌狀態，而達到加強混和的效果。其優點為混和時間快且易於控制，但需要可動元件，成本昂貴。

微混和技術可強化受質傳控制的多相反應，合成效率更高，適於高附加價值產品開發與高危害性產品的生產。

參考文獻

1.Csicsery, S. M. (1984). Shape-selected catalysis in zeolites. Chevron Research Company, Richmond, California.

2.Csicsery, S. M. (1969). Acid catalyzed isomerization of dialkylbenzenes. *J. Org. Chem., 34*, 3338.

3.Anderson, J. R., Foger, K., Mole, T., Rajadh Aksha, R. A., Sanders, J. V. (1979). Reactions on ZSM-5-type zeolite catalysts. *J. Catal., 58*, 114.

4.Namba, S., Iwase, O., Takahashi, N., Yashima, T., Hara, N. (1979). Shape-selective disproportionation of xylene over partially cation-exchanged H-mordenite. *J. Catal., 56*, 445.

5.Rollmann, L. D. (1979). U. S. Patent No. 4,148,713.

6.Frilette, V. J., Haag, W. O., Lago, R. M. (1981). Catalysis by crystalline aluminosilicates: Characterization of intermediate pore-size zeolites by the constraint index. *J. Catal., 67*, 218-223.

7.周澤川（2007）。〈從紅龜粿印模到分子模版〉。科技大觀園。

8.Wulff, G. & Sarhan, A. (1972). Uber die Anwendung von enzymanalog gebauten Polymeren zur Racemattrennung. *Angew. Chem. 84*, 364; Use of polymers with enzyme-analoguous structures for the resolution of racemates. Angew. Chem. Int. Ed. Engl. 11, 3411.

9.Wikipedia (2014). Molecular imprinting. http://en.wikipedia.org/wiki/Molecular_imprinting

10.Stefanidis, G., Stankiewicz, A., Structure: Process intensification in spatial domain, Course materials. MS course in process intensification, Delft University of Technology, Delft The Netherlands.

11.Wu, C. (2000). Molecules leaves their mark:Imprinting technique creates plastic receptors that grab specific chemicals. *Science News, 157*, No. 12, 186-188.

12.Carrera, D. (2005). Moleculary imprinted polymers as reagents and catalysts in organic chemistry. MacMillan Group Meeting, Sept 14.

13.Ramstrom, O., Ye, L., Krook, M., and Mosbach, K. (1998). Screening of a combinatorial steroid library using molecularly imprinted polymers. *Anal. Comm., 35*, 9.

14.Ramstrom, O., Mosbach, K. (1999). Current Opinion in *Chemical Biology, 3*, 759-764.

15.Ahmad, W. R., Davis, M. E. (1996). Transesterification on imprinted silica. *Catal. Lett., 40*, 109-114.

16.Davis, M. E., Katz, A., Ahmad, W. R. (1996). Rational catalyst design via imprinted nanostructured materials. *Chem. Mater*., 8, 1820-1839.

17.姜忠義（2002）。〈分子印跡技術〉。《化學通報》，65，1-5。

18.姜忠義、喻應霞、吳洪（2006）。〈分子印跡聚合物膜的製備及其應用〉。《膜科學與技術》，26(1)，78-84。

19.Sellergren, B. (2006). Molecularly imprinted polymers grafted to flow through poly (trimethylolpropane trimethacrylate) monoliths for capillary-based solid-phase extraction. *Journal of Chromatography A., 1109*(1), 92-99.

20.Jacobo, O. R. (2009). Ionic imprinted polymer for nickel recognition by using the bi-functionalized 5-vinyl-8-hydroxyquinoline as a monomer: Application as a new solid phase extraction support. *Microchemical Journal, 93*(2), 225-231.

21.Joachim. J. E. (2009). Coli outer membrane with autodisplayed Z-domain as a molecular recognition layer of SPR biosensor. *Procedia Chemistry, 1*(1), 1475-1478.

22.Hayden, O., et al. (2003). Mass-sensitive detection of cell, viruses and enzymes with artifical receptors. *Sensors and Actuators B, 91*, 316-319.

23.Fang, G.-Z., Tan, J., Yan, X.-P. (2005). Synthesis and evaluation of an ion-imprinted functionalized sorbent for selective separation of cadmiumion. *Separation Science & Technology, 40*(8), 1597-1608.

24.Jenkins, A. L., Yin, R., Jensen, J. L. (2001). Molecularly imprinted polymer sensors for pesticide and insecticide detection in water. *Analyst, 126*(6), 798-802.

25.Mathew-Krotz, J. (1996). Imprinted polymer membranes for the selective transport of targeted neutral molecules. *Am Chem Soc, 118*(34), 8154-8155.

26.Azadeh, N. (2007). Microbial imprinted polypyrrole / poly (3-methylthiophene) composite films for the detection of Bacillus endospores. *Biosensors and Bioelectronics, 22*(9), 2018-2024.

27.Gao, B. (2007). Novel surface ionic imprinting materials prepared via couple grafting of polymer and ionic imprinting on surfaces of silica gel particles. *Polymer, 48*(8), 2288-2297.

28.Easton, C. J., Lincoln, S. F., Barr, L., Onagi, H. (2004). Molecular Reactors and Machines: Applications, Potential, and Limitations. *Chemistry-A European Journal, 10*, Issue 13, 3120-3128.

29.台灣Wiki（2014）。環糊精http://www.twwiki.com/wiki/%E7%92%B0%E7%B3%8A%E7%B2%BE

30.Dumanski, P. G., Easton, C. J., Lincoln, S. F., Simpson, J. S. (2003). Effect of cyclodextrins on electrophilic aromatic bromination in aqueous solution. *Aust. J. Chem., 56*(11), 1107-1111.

31.Mattei, P., Diederich, F. (1996). A Flavo-Thiazolio-Cyclophane as a functional model for pyruvate oxidase. *Angew. Chem. Int. Ed. Engl.,35*, 1341.

32.Barr, L., Easton, C. J., Lee, K., Lincoln, S. F., Simpson, J. S. (2002). Metallocyclodextrin catalysts for hydrolysis of phosphate triesters. *Tetrahedron Lett. 43*(43), 7797-7800.

33.Manfe, M. M., Kulkarni, K. S., Kulkarni, A. D. (2011). INDUSTRIAL Application of monolith caltalysts/reactors. *International Journal of Advanced Engineering Research and Studies, Vol 1*, Issue 1, October- December, 1-3.

34.Williams, J. L. (2001). Monolith structures, materials, properties and uses. *Catal. Today, 69*, 3

35.Cybulski, A., Moulijn, J. A. (2005). *Structured Catalysts and Reactors*. Taylor & Francis, UK.

36.Bonacci (1989). *Encyclopedia of Environmetal Technology*. Gulf Publishing, Vol. 1, Houston, TX.

37.Götze, L., Bailer, O., Moritz, P., von Scala, C. (2001). Reactive distillation with KATAPAK®. *Catalysis Today, 69*, 201-208.

38.Stemmet (2008). Gas-Liquid solid foam reactors: Hydrodynamics and mass transfer, Ph. D dissertation, Technische Universiteit Eindhoven, the Netherlands.

39.Silva, E. R., Silva, J. M., Vaz, M. F., Costa Oliveira, F. A., Ribeiro, F. R., Ribeiro, M. F. (2012). Structured metal-zeolite catalysts for the catalytic combustion of VOCs.

40.Kearney, M. (1997). Engineered fractal cascades for fluid control applications, Proceedings, Fractals in Engineering June 25-27, Arcachon, France.

41.Kochergin, V., Kearney, M. (2006). Existing biorefinery operations that benefit from fractal-based process intensification. *Appl Biochem Biotechnol, 129-132*, 349-360.

42.Coppens, M. O. and van Ommen, J. R. (2003). Structuring chaotic fluidized beds. *Chem. Eng. J.,96*(1-3), 117-214.

43.王啟川（2007）。《熱交換器設計》。台北：五南圖書。

44.Pan, M., Smith, R., Bulatov, I. (2012). Improving energy recovery in heat exchanger networks with intensified heat transfer, CAPE Forum 2012-INTHEAT Training Workshop Centre for Process Integration, The University of Manchester, Manchester, UK.

45.Keltz, T. A. (1991). *Design for Plant Safety*. Hemisphere Publishing Corp., New York, N.Y.

46.Pan, M., Jamaliniya, S., Smith, R., Bulatov, I., Gough, M., Higley, T., Droegemueller, P. (2013). New insights to implement heat transfer intensification for shell and tube heat exchangers. *Energy, Vol. 57*, Issue C, 208-221.

47.高力（2014）。〈組合型板式熱交換器〉。桃園縣：高力熱處理工業股份有限公司。

48.Moheisen, R. M. (2009). Transport phenomena in fluid dynamics: Matrix heat exchangers and their applications in energy systems, Contract No. FA 4819-07-D-0001, Air Force Research Laboratory, Materials and Manufacturing Directorate. Tyndall Air Force Base, FL.

49.Chem DB (2014). Printed circuited heat exchanger (PCHE), Chemical engineering knowledge base, http://www.chemkb.com/equipments/heat-exchangers/printed-circuit-heat-exchanger-pche/.

50.Phillips, C. H. (1999). Development of a novel compact chemical reactor-heat exchanger. *BHR Group Conference Series Publication, Vol. 38*, 71-87.

51.Thonon, B., Tochon, P. (2004). Compact multifunctional heat exchangers: A pathway to process intensification. In *Re-Engineering the Chemical Processing Plant*, Marcel Dekker.

52.Wikipedia (2014). Static mixers. http://en.wikipedia.org/wiki/Static_mixer.

53.Harnby, N., Edwards, M. F., Nienow, A. W. (1997). *Mixing in the Process Industries*. Butterworth-Heinemann.

54.樂軍、陳光文、袁權（2004）。〈微混合技術的原理與應用〉。《化工進展》，23(12)，1271-127。

55.Ohara, T. (1999). The latest heat exchanger technology for vehicle's. In Shah, R. K. et al.,eds. *Compact Heat Exchangers and Enhancement Technology for the Process Industry*. Begell House, 9-16.

Chapter 4

能量強化一

- 4.1 能量與化學反應的關係
- 4.2 電場
- 4.3 磁場
- 4.4 微波
- 4.5 超音波

4.1 能量與化學反應的關係

化學反應中，參與反應的原分子的部分化學鍵會斷裂、重新組合與排列而形成新的化合物。參與反應的粒子必須非常靠近，甚至於相互碰撞，才有可能發生化學反應；然而，並不是所有的分子經碰撞後，都會發生化學反應。例如，惰性元素與任何分子無論如何碰撞，皆無法產生化學反應，許多分子在碰撞時，由於相互的幾何方位不對或能量不足，也無法產生反應。只有極少數的分子以適當方位接觸後，並且具有足夠引起分子的活化所需的能量後，才會引發反應。

以氨與氯化氫的反應為例，**圖4-1(a)**中所顯示的三種不同方位的接觸都無法促成反應的發生。兩個分子只有在如**圖4-1(b)**所顯示的情況下才會發生作用，而產生氯化氨。

能量不僅可以改變反應分子移動、振動的方位與速度，也會打斷原子間的鍵，以造成分子的裂解。原分子間的組合可能會釋放能量，因此控制化學反應的能量變化，可以加速或減緩反應的速率與產品的選擇性。**圖**

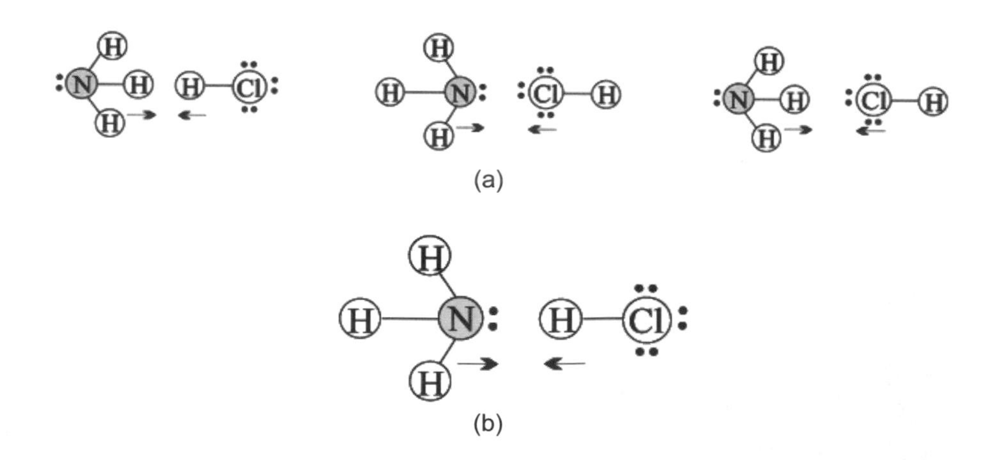

圖4-1　$NH_3+HCl \rightarrow NH_4Cl$化學反應中，氨分子與氯化氫分子的相對位置

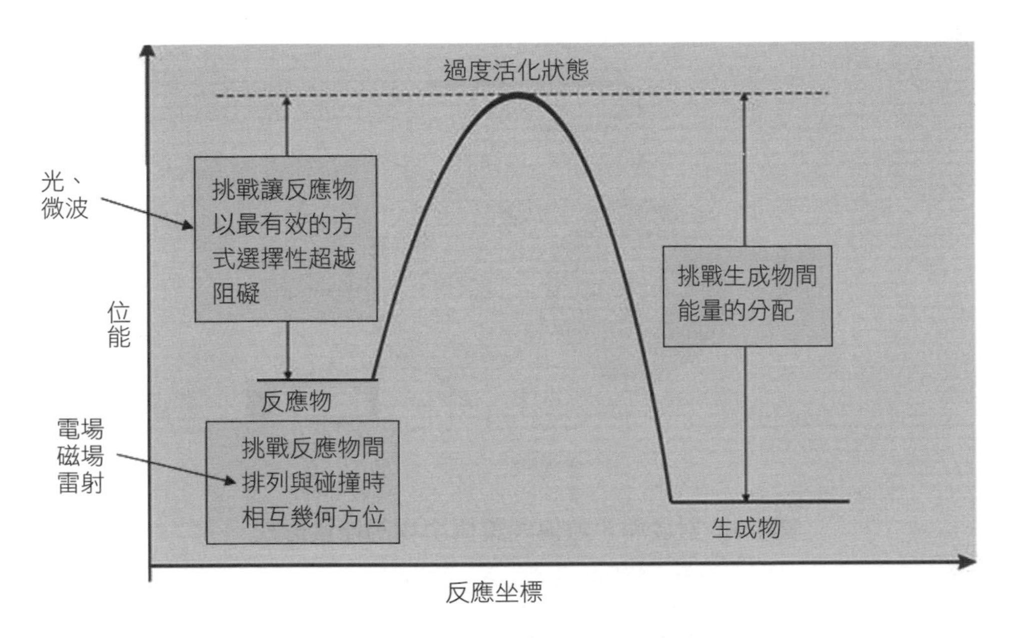

圖4-2　位能與反應坐標的關係

4-2顯示一個化學反應的能量與反應坐標的關係。反應物必須經過激發，克服活化能障礙，到達中間過渡的狀態後，才會順利地形成新的物質。如果形成物的位能低於反應物時，會釋放出能量。形成物位能高於反應物時，則必須由外界吸收能量，以維持反應的進行：前者稱為放熱反應，後者稱為吸熱反應。電場、磁場與雷射可影響反應物的幾何方位與排列，而光與微波則可提供足夠的能量，激化分子。

能量強化的挑戰為：

1.改變反應物之間的排列與碰撞時相互幾何方位。
2.讓反應物以最有效方式選擇性地超越活化能的阻礙。
3.不同生成物間能量的最佳分配。

能量可以應用下列形式，以影響化學反應或製程（**圖4-3**）：

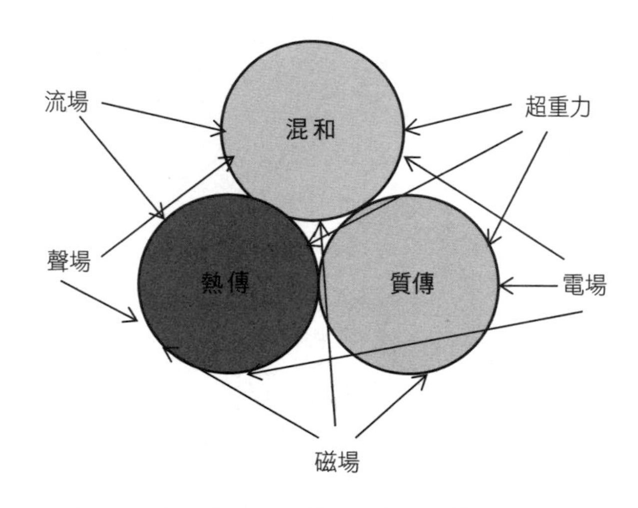

圖4-3　對混和、熱傳與質傳影響的能量形式

1.電場。

2.磁場。

3.電磁波（微波、光）。

4.聲音。

5.流場。

6.超重力。

本章僅介紹電場、磁場、聲場等能量形式對於製程的強化，而在第五與第六章中，分別探討光與超重力的強化。

雖然以雷射、分子束、電場、磁場或其他能量方式，探討微觀世界中化學反應的變化，已有數十年的歷史。這些研究成果有助於吾人更深刻瞭解微觀世界中的化學變化；然而，目前的研究仍在學術研究的階段，未能應用於工業化的生產中。因此，本章僅介紹中尺度與宏觀尺度的能量強化，而不涉及微觀尺度的強化研究成果。

4.2 電場

電場可應用於萃取、質傳、熱傳、乾燥、結晶等製程。由於電場強弱與頻率等參數易於控制，可有效地控制與調節化工製程。

4.2.1 萃取

在製程中應用高壓電場，可將電荷加在粒狀物與液滴上，以產生下列效應[1]：

1.增加液滴或粒狀物的分離速率、減少體積，增加介面積。

2.由於電水動力的影響，造成液滴或粒狀物的下落速率。

3.降低有效的介面張力與電壓差異，提升循環與介面紊流。

4.提升液滴與粒狀物的聚結。

電場會提升液體間的萃取速率2～3倍。由於介面積增加200～500倍，有助於油水間的乳化[1]。電場也被應用於空氣汙染防制、製程廢氣中粒狀物的集塵與洗滌。應用電場於濕式洗滌氣中，可以提升洗滌器的除塵效率。**圖4-4**顯示一個電離濕式洗滌器的外觀與內部構造。

生醫領域所使用的電穿孔技術（Electroporation）是將高壓電以脈衝方式電擊細胞，可在生物的細胞壁形成暫時性孔洞，適於外源基因的殖入。由於細胞壁的暫時破壞，會造成細胞組織中的液體的釋放。因此，此技術亦可應用於工業汙泥的脫水或由生物中萃取油脂、糖或澱粉[3]。脈衝時間介於10～20奈秒間，每釐米電壓約20～50千伏特。

圖4-5顯示一個每小時處理10公秉工業廢水脈衝系統，尖峰電壓微35千伏特與350安培，平均功率約150千瓦，流體管徑約1.5釐米[3]。

(a)外觀

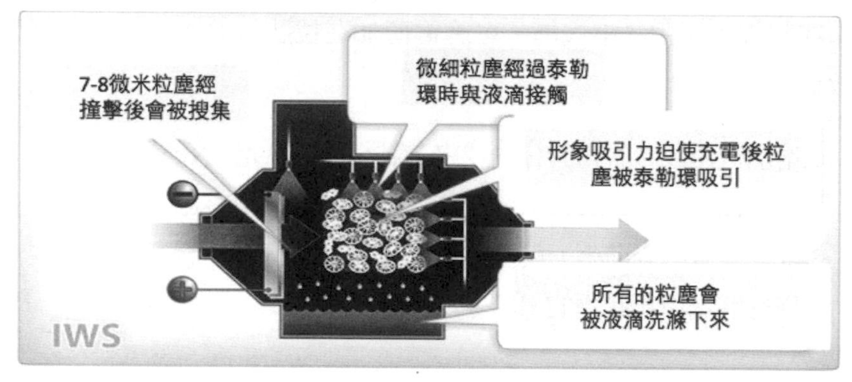

(b)內部構造與原理

圖4-4　電離濕式洗滌器[2]

4.2.2 乾燥

高壓電會增加物質內質量傳輸速率，適用於對熱敏感物質的乾燥。以高壓電場乾燥馬鈴薯的實驗結果可知，高壓電場不僅較熱風乾燥的速率快，而且所保留維生素C的含量比熱風乾燥樣品高43.5%[4]。

4.2.3 結晶

由於電場影響分子團所帶的電荷數自然會干擾結晶的過程。趙勝利

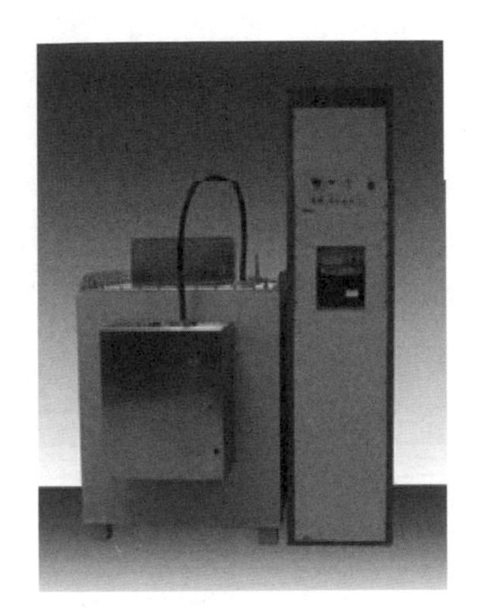

圖4-5　工業用脈衝電場的設備[3]

等[4]發現在高壓靜電場下，乙基氰乙基纖維素的結晶度會隨電場強度的增加而暫時增加，然而不久後卻會逐漸降低。撒因（O. Sahin）曾應用流體化床結晶器測定硼酸在電場作用下的結晶行為[5]，他發現晶體生長動力學常數、溶質擴散係數、晶體表面反應速率及速率常數皆隨溫度的升高而降低，其主要原因為溫度的升高後，所通過結晶器的電流增大。

4.3 磁場

外部不均勻的磁場會在不導電與導磁流體上產生磁力，因此在化學製程中改變磁場的強度，可以改善流體的水動力學。磁性物質受到外部磁場的影響後，會產生與外部磁場方向相反地磁化向量，而順磁性物質，會產生與外部磁場同方向的磁化向量特性。這種作用於抗磁與順磁流體的力量可以用於補償或增強重力作用[6]。

由於氧氣是順磁流體，在觸媒氧化的滴濾床反應器外加裝不均勻的磁場會影響多孔狀固體觸媒內雙相流體的流動（**圖4-6**），可增加11%液體的滯留與18%潤濕效率（**圖4-7**）[6]。

高磁場處理（High Magnetic Field Processing, HMFP）可應用於金屬第二級熱處理與後加熱製程上，其能源效率遠較傳統熱處理高。這個處理程序亦可應用於連續鑄造過程中的初級熱處理（**圖4-8**）。據美國能源部估計，2025年時，此項技術推廣至金屬業後，每年可節省1,040萬公秉油當量、50億美金與166萬公噸二氧化碳的排放減少。

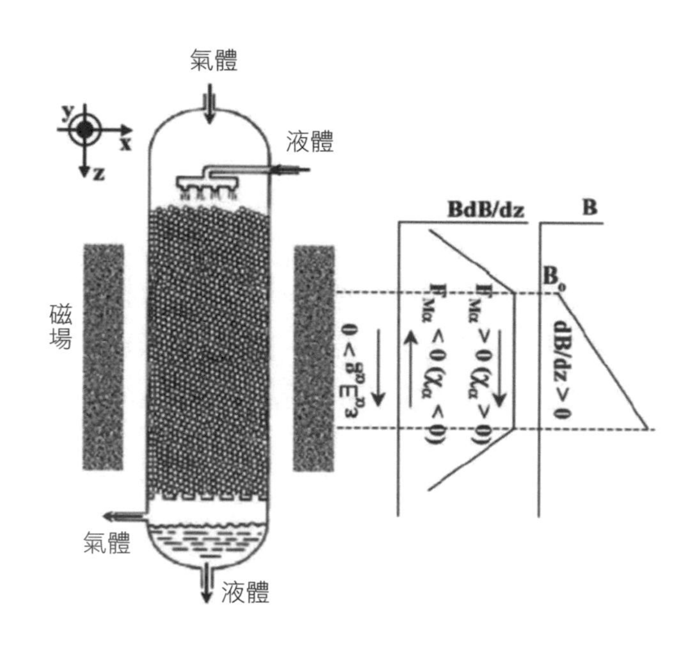

圖4-6　在滴濾床反應器外加裝磁場[6]

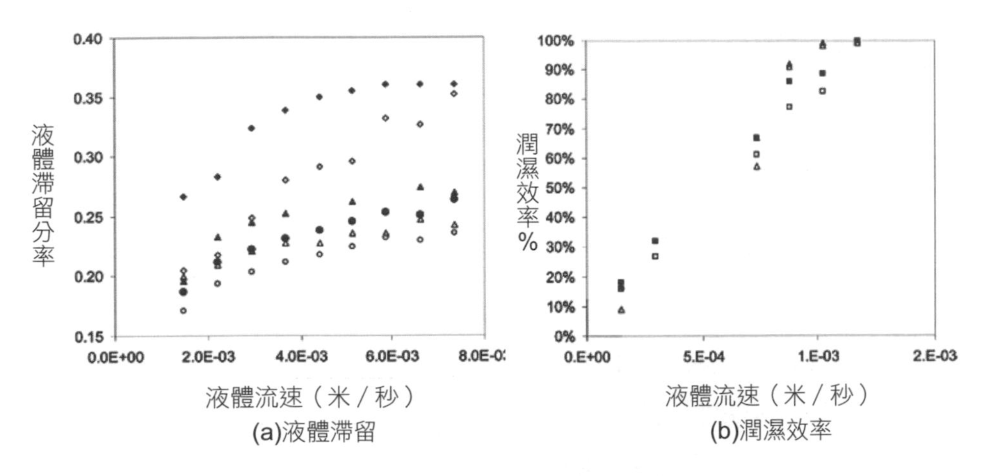

圖4-7　磁場對滴濾床的影響[6]

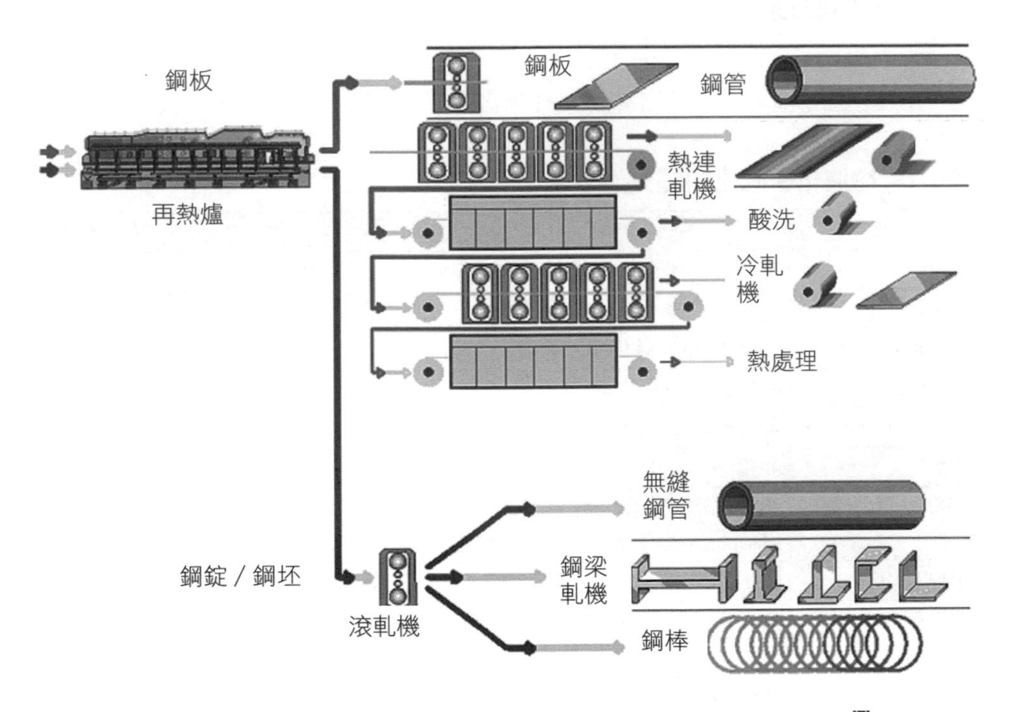

圖4-8　高磁場處理（HMFP）於金屬二次熱處理的應用[7]

4.4 微波

4.4.1 歷史沿革

以微波作為加熱的工具已有六十年的歷史。1946年，史賓賽博士（Dr. Percy L. Spencer）無意中發現微波可以融化口袋中的糖果後，即開始探討微波加熱的應用。1947年，他開發了第一台家庭用的微波爐。此後，微波加熱普遍應用於食品製造與家庭食物加熱上。然而，一直到1978年，第一台工業用的分析固體中水分的儀器才由CEM公司發展出來。**表4-1**列出微波加熱的應用歷史沿革。

4.4.2 加熱原理

微波是一種波長介於1毫米～1米間的電磁波，頻率介於300GHz～

表4-1　微波化學應用的歷史沿革

年	沿革
1946	史賓賽博士發現微波加熱現象
1947	第一台商業化家用微波爐問世
1978	CEM公司開發出第一台工業用分析固體中水分的儀器
1980-82	有機物質乾燥設備
1983-1985	開始應用於灰化、消化與萃取
1986	開始應用於有機合成
1990	微波化學成為探討化學反應的領域之一 Milestone公司開發出第一台高壓微波消化設備HPV80
1992-1996	CEM公司開發出第一台化學合成用微波反應器MDS 200
1997	第一本微波化學應用的專業書籍出版 *Microwave-Enhanced Chemistry: Fundamentals, Sample Preparation, and Applications*
2000	第一座商業化規模的微波合成器問世

300MHz之間。當微波與物質碰撞時，會因物質物理特性不同，而產生不同的結果：

1.與金屬類的導電體相遇後，會被反射回去。
2.與非極性物質相遇後，允許微波通過，而不產生熱量。
3.由於微波的頻率與分子的轉動頻率類似，因此當微波被水、酸、醇、醛類等極性物質或高介電常數的物質接觸後，會被吸收，造成分子的轉動、振盪與加熱。

微波加熱與傳統化工製程的熱傳加熱方式不同的地方有下列四點：

1.微波加熱是內部能量的偶和，傳統加熱則由外部以輻射、對流或傳導等方式進行。
2.微波將所暴露的全體物質同時加熱，而傳統加熱方式則只能直接將熱能提供至物體的表面，必須經由熱傳導方式將內部加熱。
3.微波加熱速率遠比傳統方式快速。
4.微波對於物質的加熱效果有選擇性，僅能影響極性物質；傳統加熱方式對任何物質皆一視同仁，並無選擇性。

由**圖4-9**可以看出，在傳統的油浴加熱中，油浴管壁溫度首先上升，然後再將熱量傳至溶劑，因此溶劑與管壁間永遠有溫度的差異。然而，在微波加熱中，只有極性的溶劑與溶質會被均勻地加熱。因此微波適於同時處理幾個反應的發生，而且可提供反應物均勻的加熱條件。由**表4-2**所列的數據，可以看出，微波比傳統熱源更適於作為有機化學反應的熱源，因為它能在較短的反應時間內，達到更高的產率。

4.4.3 應用範圍

微波加熱技術已成功地應用於生物技術、製藥、石油、化學與塑膠等工業的化學分析與合成上，不過規模小，且僅限於實驗室內，尚未擴展至生產階段。

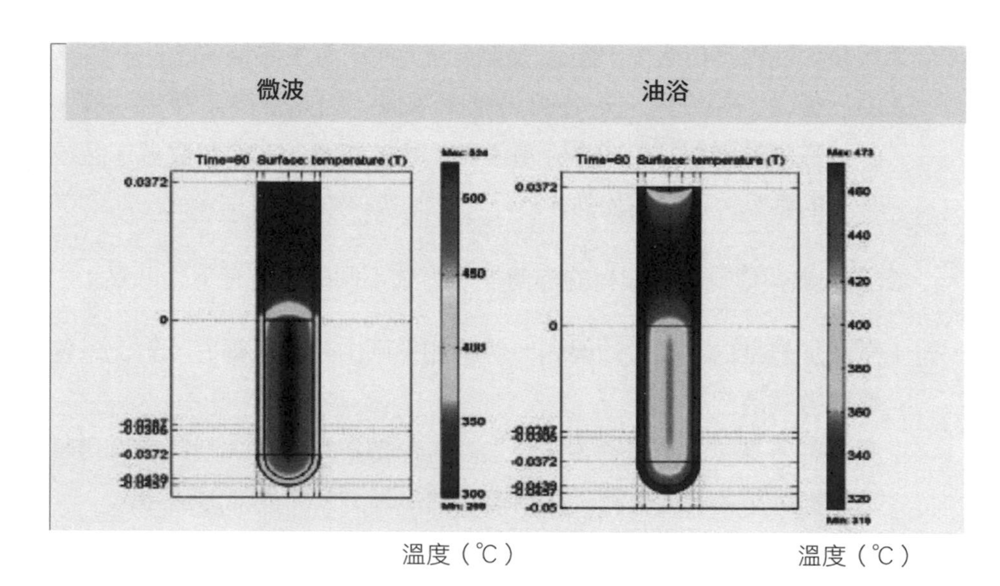

溫度（℃） 溫度（℃）

圖4-9　微波與油浴加熱比較[8]

表4-2　微波與傳統熱源對化學反應時間與產率的比較[8,9]

反應	反應時間		產率（%）	
	微波	傳統熱源	微波	傳統熱源
螢光素（Fluorescein）合成	35	600	-	-
以尿素縮和安息香	8	60	-	-
比吉內利（Biginelli）反應	35	365	-	-
苯甲醯胺水解產生苯甲酸	10	60	99	90
甲苯氧化產生苯甲酸	5	25	40	40
苯甲酸與甲醇產生酯化反應	5	480	76	74
氰基酚離子與氯苯反應	4	960	93	89
烯類芳基化反應	3	1,200	68	68

一、分析化學

微波已成為下列各種分析的主要工具：

1.灰化：微波回熱爐（Muffle Furnace）比傳統回熱爐效率高（約97%），溫度高達1,000～1,200°C之間，且可同時處理大量樣品。
2.消化：縮短樣品準備與加熱時間，由於可在175°C下消化，速率比在95°C傳統設備中快100倍。
3.萃取：比傳統索式萃取法快速，且使用的溶劑體積少。以微波方式萃取500次所需的溶劑量，如用索式萃取裝置，則僅能萃取32次。
4.蛋白質水解。
5.水分與固體分析。
6.光譜分析。

二、化學合成

應用微波作為化學反應的熱源，可以提升反應速率、產率與產品純度。適用於微波輔助的有機化學反應為：

1.第爾斯—阿爾德反應（The Diels-Alder Reaction）。
2.經由第爾斯—阿爾德式環化（Diels-Alder Cycloreversion）反應的大型有機分子的外消旋化（Racemization）反應。
3.烯反應（The Ene Reaction）。
4.赫克反應（Heck Reaction）。
5.鈴木反應（Suzuki Reaction）。
6.曼尼克反應（Mannich Reaction）。
7.β-內醯胺（β-lactams）氫化。
8.水解、脫水、酯化、還原、環化加成、環氧化、縮合、環化。
9.保護和脫保護。

4.4.4 優點

1.增加反應速率：微波可快速增加反應物的溫度，可提升反應速率10～1,000倍不等（**表4-2**）。在水溶液中以微波加熱，溫度可達110度，比以傳統電熱板或瓦斯爐加熱時高。微波可提升固體觸媒的溫度，因此應用微波，可分別提升環乙烯氧化與己腈水解反應速率200與150%。以下列1,4-丁二醇（butane-1,4-diol）與琥珀酸（Succinic Acid）的聚合酯化反應為例，以微波加熱所需反應時間僅為傳統的十分之一，但產生的聚丁二酸丁二醇酯的分子量為原有的1.6倍（**圖4-10**）。

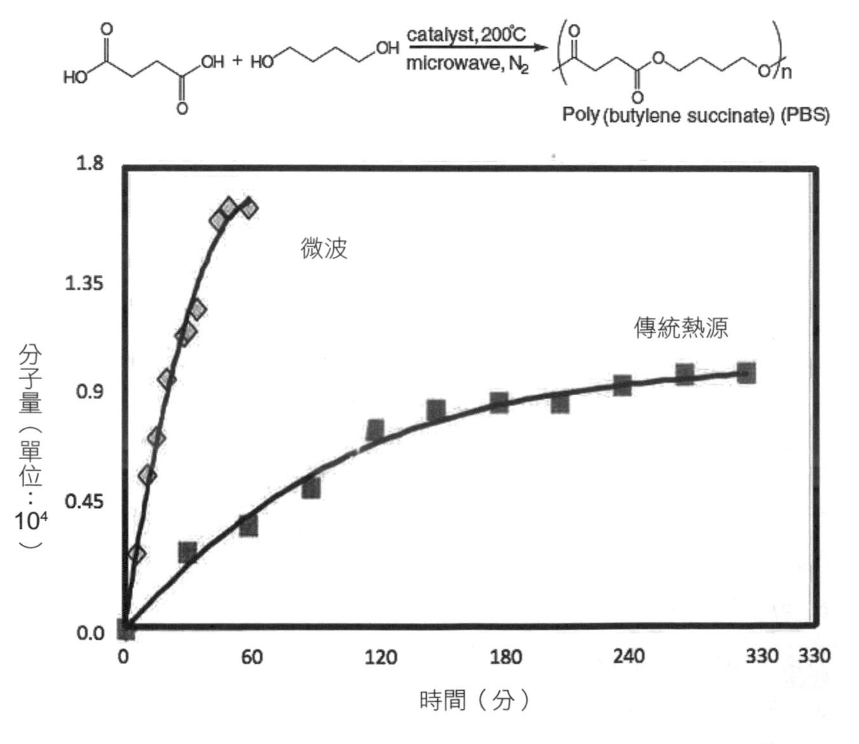

圖4-10　1,4-丁二醇（butane-1,4-diol）與琥珀酸（Succinic Acid）的聚合酯化反應分子量隨時間的變化[12]

2.高產率。

3.均勻加熱：由於微波以電磁波方式可直接造成水分子的振盪而發熱，不會受到溶液中熱傳係數與攪拌的影響，因此加熱效果均勻。

4.選擇性加熱：僅對極性分子加熱。由於硫磺的揮發性高，快速加熱硫磺會產生大量硫磺蒸氣而導致爆炸，因此以傳統加熱方式生產金屬硫化物時，速度極慢，必須花費數週時間。然而，由於微波可穿透硫磺，但是不會加熱，僅會加熱金屬，因此反應可快速進行，而沒有爆炸危險。

5.對環境友善：微波加熱不僅速度快、反應時間短，而且溶劑使用量少，因此所產生的廢棄物與汙染物的數量亦少。

6.再現性佳：加熱均勻，易於控制反應參數，因此再現性佳，適於新藥的開發。

4.4.5 限制

一、難以放大

市售微波反應器僅為實驗室規模，產量僅數公克左右（**圖4-11(a)**），無法進行大規模商業化生產。2010年，Cambrex公司的謬爾博士（Dr. Jayne E. Muir）所開發的CaMWave KiloLAB連續式微波合成系統（**圖4-11(b)**）。此系統在24小時內可處理1,000公升液體，產生20公斤產品。

二、應用範圍窄

僅能加熱極性分子，所能適用的反應受限。

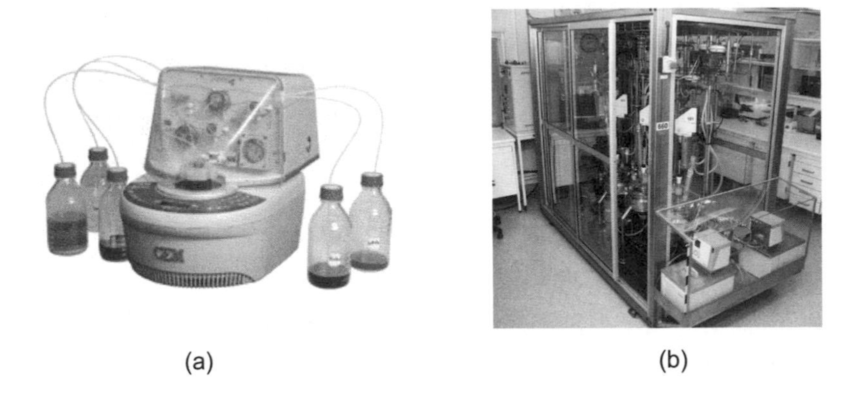

(a) (b)

圖4-11 (a)美國CEM公司開發的Voyager微波合成器[10]；(b)美國Cambrex開發的CaMWave KiloLAB連續式微波合成器[11]

4.5 超音波

4.5.1 基本原理

聲（音）波是一種藉由介質分子來傳遞能量的力學波，它在傳送的過程中，會受壓力、密度、溫度與介質運動的影響，產生波速改變、反射、繞射等現象。由於人類耳朵可以聽到聲音頻率的最高閾值為20千赫（kHz），因此，頻率超過此閾值的聲波或振動皆稱為超音波。目前已廣泛應用於醫學、有機合成、奈米材料、生物化學、分析化學、高分子化材、表面加工、生物技術及環境保護等方面。

在醫學或科學上所使用的頻率多介於1～10百萬赫（MHz）間，其對應的波長介於10～0.010釐米之間，遠大於奈米級的分子尺；因此，超音波並非直接與分子作用，而是藉由超音波通過液體時所產生的空穴效應（Cavitation）。空穴效應包括氣核出現、微泡成長與爆裂等三個步驟。氣泡會在超音波稀疏的區域膨脹長大或充氣，而在壓縮區域塌陷、破裂或

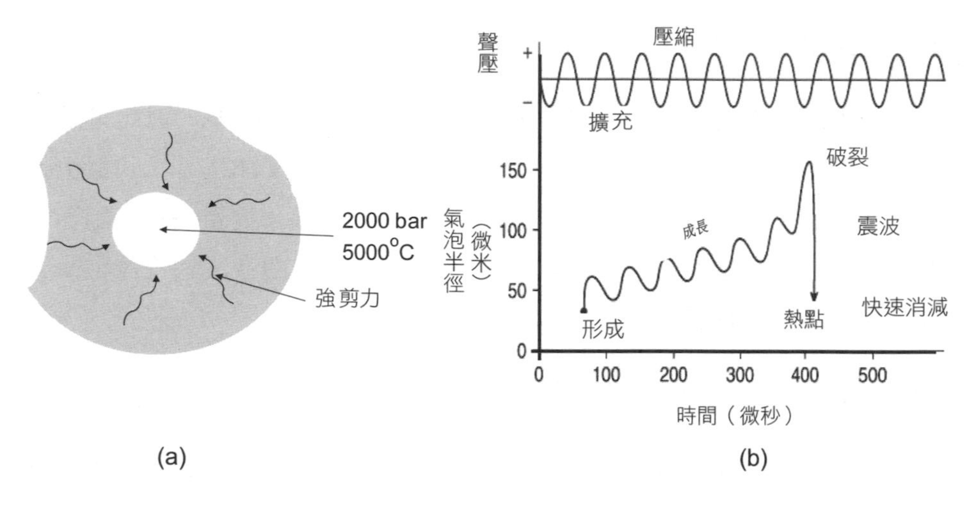

圖4-12 (a)超音波氣泡；(b)氣泡形成、成長與破碎[14]

產生大量微泡。由於微泡爆裂時，可在局部空間內產生高達2,000巴的壓力，中心溫度高達3,000～5,000K（**圖4-12**）[13]。

4.5.2 聲化學

聲化學（Sonochemistry）係指應用超音波加速化學反應與提高化學產率的跨領域學門。由於在液體中所應用的超音波的頻率約0.15～10百萬赫，其對應的波長介於10～0.015釐米之間，遠大於奈米級的分子尺，因此聲化學反應並非來自於聲波與分子的直接作用，而是在液體中產生空穴效應後所引發的物理、化學變化。聲化學可加速化學反應、降低反應條件、縮短反應誘導時間與促進傳統方法難以進行的化學反應、改變反應途徑與產品分配比率等等。

超聲波化學反應可依介質不同而分為水相與非水液相兩大類。

一、水相中的聲化學

在超音波的作用下，水會分解為氫氧自由基和氫原子，因此可誘發出一系列的化學反應；二氯甲烷（CH_2Cl_2）、氯仿（$CHCl_3$）、四氯化碳（CCl_4）等有機鹵化物的碳氫鍵斷裂，而生成自由基；對蛋白質、酶等生物分子產生氧化還原作用。由**表4-3**的數據可以看出超音波對特殊化學反應確實能縮短反應時間與提升產率。

二、非水相中的聲化學

尚在起步階段，研究主要集中均相合成反應、金屬表面的有機反應、相轉移反應、固液兩相介面反應、聚合及高分子解聚反應等。

表4-3　超音波對化學反應的影響[14]

反應	反應時間（時）		產率（%）	
	傳統	超音波	傳統	超音波
第爾斯一阿爾德（Diels-Alder）環化反應	35	3.5	77.9	97.3
二氫化茚（Indane）氧化	3	3	<27	73
甲氧基氨基矽甲烷（Methoxyaminosilane）還原	無反應	3	0	100
長鏈不飽和脂肪酸酯的環氧化	2	0.25	48	92
芳烴類氧化	4	4	12	80
硝基烷的邁克加成（Michael Addition）	48	2	85	90
2-辛醇的高錳酸鹽氧化	5	5	3	93
查爾酮（Chalcones）合成	1	0.17	5	76
2-碘硝基苯偶合	2	2	<1.5	70.4
列福爾馬茨基（Reformatsky）反應	12	0.5	50	98

4.5.3 汙染防制

超音波可以擊破固體汙泥的結構，利於汙水的生物處理。工業技術研究院曾利用超音波汙泥水解反應器配合後續生物程序的處理，工業性生物廢棄汙泥之減量效率可達40%，而加鹼汙泥水解技術約可達20%的減量效果。再以汙泥前處理技術之成本分析而言，超音波的處理成本約為840元／噸汙泥（含水率80%），而加鹼水解的處理成本約為1,960元／噸汙泥（含水率80%）。以超音波汙泥前處理技術為例，其投資與運轉成本的回收年限預估約為3.5年[15]。**圖4-13**為英國Ovivo工程公司開發的Sonolyzer超音波固體汙泥分解器外型。

4.5.4 衝擊波

當爆炸、物體以超音速移動或高壓放電等現象發生時，會產生一種干擾波。此種干擾波稱為衝擊波（Shockwave）或衝擊面（Shock

圖4-13　Ovivo公司開發的Sonolyzer 超音波汙泥分解器[16]

Front）。它可以在固體、液體或氣體等介質中傳播並傳遞能量，導致介質的壓力、溫度、密度等物理性質的跳躍式改變，但它的能量會隨距離而消減（**圖4-14**）。

1995年，瑪蒂克（A. T. Mattick）等設計一種衝擊波碳氫化合物熱解反應器（**圖4-14**），讓高溫氣態載體與反應物經過噴嘴在超音速的速度下混和後加熱，可提升20%乙烯產量，節省15%的能源需求。

1997年，美國普萊克斯公司（Praxair, Inc.）開發出一個Cojet超音波氣體注射系統，可應用超音波衝擊波的能量將氣體散布於微氣泡中，可以加強質量傳輸的介面積。氧氣在水中的轉移率為T形混合器的10倍，每秒質傳係數高達20[18]。普萊克斯公司的Cojet氧氣注射系統已應用於24座以上的電弧煉鋼爐中，可降低生產成本與提高11.4%生產力[19]。

1998年，德國梅瑟・格里斯海姆公司（Messer Griesheim GmbH）開發出超音波氧氣噴嘴（**圖4-15**）[20]。拜耳（Bayer AG）應用這種噴嘴將氧氣以超音速注射於分解硫酸鐵的流體化床爐中，可提升124%處理量。此噴嘴應用於汙泥焚化爐中，可增加40%處理量[21]。

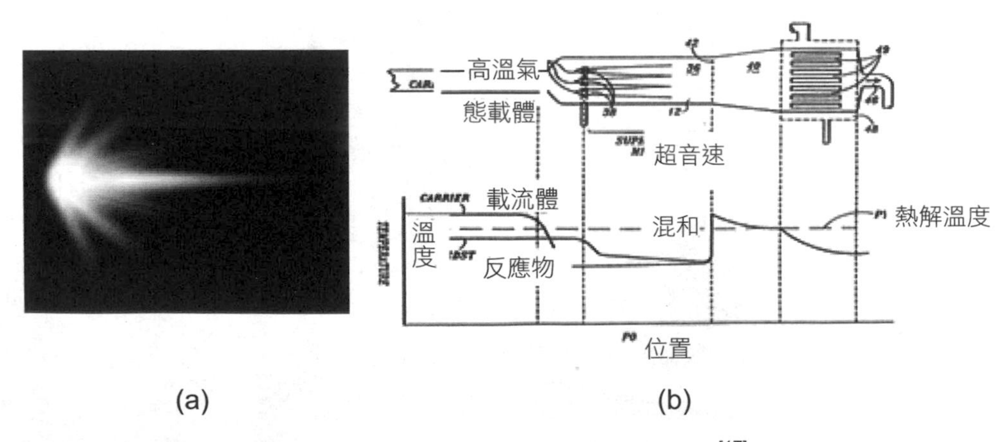

圖4-14　(a)衝擊波；(b)衝擊波反應器[17]

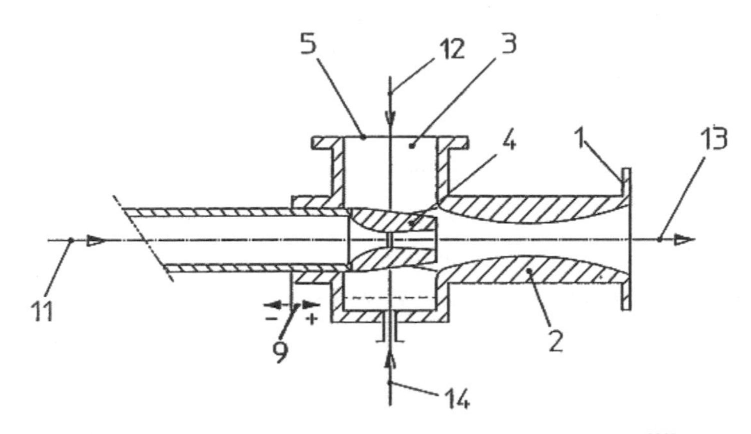

圖4-15　Messer Griesheim GmbH超音速噴嘴[20]

DSM公司將氧氣以接近音速的速度注入大型發酵槽中，可提高酵母生產力1倍（**圖4-16**）[22]。

圖4-16　DSM公司的近音速氧氣注射器[22]

參考文獻

1.Scott, T. C. (1989). Use of electric fields in solvent extraction: A review and prospectus. *Separation and Purification Methods, 18*(1), 65-109.

2.Verantis (2014). Ionizing wet scrubbers-IWS, Verantis environmental group, Middleburg Hts, OH. http://www.verantis.cn/en/gas-cleaning/ionizing-wet-scrubbers/

3.Kempkes, M., Roth, I., Reinhardt, N. (2011). Enhancing Industrial Processes by Pulsed Electric Fields, Diversified Technologies, Inc., Bedford, MA, USA.

4.馬空軍、賈殿贈、孫文磊、包文忠、趙文新、靳冬（2009）。〈物理場強化化工過程的研究進展〉。《現代化工》，29(3)，27-33。

5.Sahin, O. (2002). Effect of electrical field and temperature on the crystal growth rates of boric acid. *Cryst Res Technol, 37*(2/3), 183-192.

6.Iliuta, I., Larachi, F. (2003). Theory of trickle-bed magnetohydrodynamics under magnetic-field gradients. *AICHE J., Vol. 49*, 1525-38.

7.USDOE (2004). High magnetic field processing (HMFP): A heat-free heat-treating method. http://web.ornl.gov/sci/ees/itp/documents/ITP_FS_Ludtka_MFP.pdf

8.Evalueserve (2005). Developments in Microwave Chemistry.

9.Gedye, R. N., Smith, F. E., Westaway, K. C. (1988). The rapid synthesis of organic compounds in microwave ovens. *Canadian Journal of Chemistry, 66*, 17-26.

10.CEM (2014). Microwave assisted sysnthesizer. Matthews, NC. USA.

11.Cambrex (2010). Large scale heterogeneous continuous-flow microwave- assisted organic synthesis. Cambrex, East Rutherford, NJ, USA.

12.Velmathi, S., Nagahata, R., Sugiyama, J.-i. and Takeuchi, K. (2005). A rapid eco-friendly synthesis of poly(butylene succinate) by a direct polyesterification under microwave irradiation. *Macromolecular Rapid Communications, Vol. 26*, Issue 14, 1163-1167.

13.Kanthale, P. M., Gogate, P. R., Pandit, A. B., Wilhelm, A. M. (2003). Mapping of an ultrasonic horn: Link primary and secondary effects of ultrasound. *Ultrasonics Sonochemistry, 10*, 331-335.

14.Thompson, L. H., Doraiswamy, L. K. (1999). Sonochemistry: science and engineering. *Ind. Eng. Chem. Res., 38*, 1215-1249.

15.陳幸德、林冠佑、周珊珊、陳興（2011）。〈工業區汙水廠汙泥水解減量評估〉。《環保簡訊》，第13期。

16.Ovivo (2014). Sonolyzer™ Ultrasound Sludge Disintegrator product Brochure. Ovivo, UK.

17.Mattick, A. T., Knowlen, C., Russell, D. A. and Masse, R. K. (1995). Petrochemical pyrolysis with shock waves, AIAA Paper 95-0402, 33rd AIAA Aerospace Sciences Meeting, Reno, NV, Jan. 9-12.

18.Anderson, J. E., Mathur, P., Selines, R. J., Praxair (1998). Method of Introducing Gas Into a Liquid. US Patent # 5,814,125.

19.Pravin Mathur and Charlie Messina (2001). Praxair CoJet™ technology-Principles and actual results from recent installations. *AISE Steel Technology (USA). Vol. 78*, No. 5, 21-25.

20.Gross, G. (1998). Patent DE 1918261.

21.Gross, G. (2000). Supersonic oxygen injection doubles the capacity of fluidized bed reactor, in ACHEMA 2000 International Meeting on Chemical Engineering, Environmental Protection and Biotechnology, Abstracts of the lecture groups chemical engineering and reaction engineering, Dechema, Frankfurt, am Main, pp. 161-162.

22.Gross, G., Ludwig, P. (2003). Transversal oxygen supply. supersonic injection increases performance of sludge combustion plants. *Chem. Anlagen Verfahren, 36*(3), 84-86.

Chapter 5

能量強化二：光化學

5.1 前言

光化學（Photochemistry）是探討物質受可見光或紫外光的影響而產生化學效應或變化的分支學門。由於分子吸收光能後，電子結構會由基底狀態跳至激發狀態，因此光化學也可稱為探討電子激發狀態的物理與化學變化的學問。

光化學反應可引起化合、分解、電離、氧化還原等過程。它可分為兩大類：一類是光合作用，另一類則是光分解作用。前者是促進植物生長的主要因素，後者是造成染料在空氣中的褪色、膠片的感光作用、大氣中氧氣吸收紫外線後分解為氧原子等的主要原因。

太陽光是維持地球生物生存最主要的能源，而光合作用是地球上的碳氧循環中最重要的一環。植物透過光合作用（Photosynthesis）將二氧化碳、水或是硫化氫轉化為碳水化合物，並且還能儲存能量，因此被認為是食物鏈的生產者（**圖5-1**）。

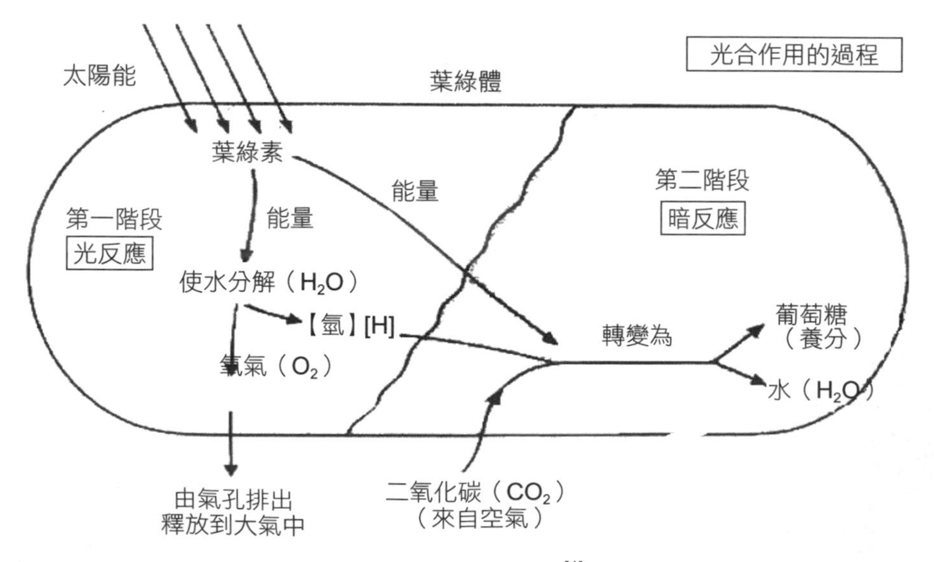

圖5-1　光合作用[1]

義大利化學家恰米奇安氏（Giacomo Luigi Ciamician, 1857-1922）（**圖5-2**）是最早從事光化學研究的學者。早在1881年，他即進行「苯醌向對苯二酚的轉化」與「硝基苯在醇溶液中的光化學作用」等相關研究[3,4]。1912年，他在第8屆國際應用化學大會上，以「光化學的未來」為題發表演講，呼籲化學界重視未來可能產生的影響[5]。由於他曾經在屋頂上展示過一個光電燈泡，因此被公認為太陽光電之父。太陽光是全世界各國積極發展的再生能源之一。

圖5-2
義大利化學家Giacomo Luigi Ciamician[2]

至2015年止，全世界的太陽光電板的裝置容量已達2,330億千瓦，可提供268億度電，約為1.43%地球所有供電量。2007年，美國拉斯維加斯Nellis空軍基地所興建的1.5萬千瓦的太陽能發電場，共安裝7萬片太陽板組，已提供1.1萬戶家庭全年用電（**圖5-3**）。

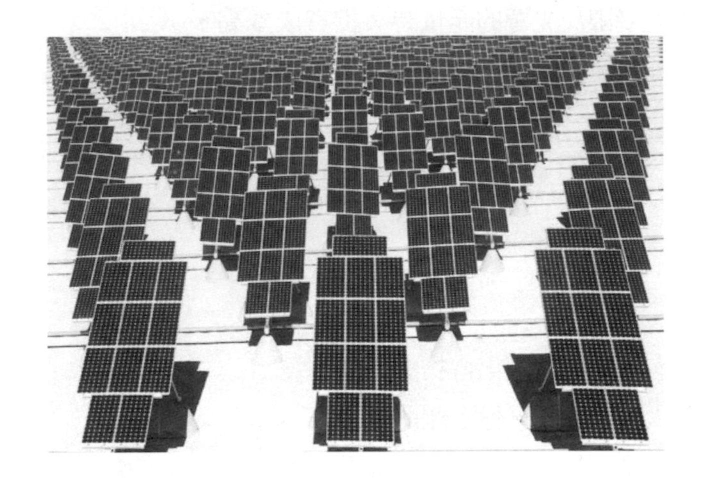

圖5-3　美國拉斯維加斯Nellis空軍基地中1.5萬千瓦太陽能發電場

過去四十年來，光化學的研究論文自每年幾十篇一直成長到一千五百篇以上，相關技術已應用於工業化學品的生產、空氣汙染防制、水淨化等領域。

5.2 化學品生產

應用可見光或紫外光源，以誘導化學反應的發生具有下列的優點[6]：

1.個別反應物的選擇性激發。
2.分子的電子激發狀態的特殊反應性。
3.反應系統的熱負荷低。
4.精確的空間時間與能量的控制。

其缺點為：

1.吸收特徵：只有被反應物吸收的光線才能激發反應。
2.若生成物也會吸收光源時，光化學反應會快速地消失。
3.如果產能受限於光源的能量時，投資成本高。
4.光比熱能昂貴，因為電能生產與電能轉換為光能時皆會損失大量能量。

化工業將光化學反應引進於化學品生產過程中的主要目的為降低生產成本，其主要焦點為：

1.光合成。
2.與照相有關的光敏感化合物的合成。
3.塑膠與人纖的紫外光穩定劑的開發。
4.具特殊光譜特性化合物合成，如耐光染料、光增白劑、螢光染料、化學發光系統等。

5.與生態有關的研究，如光煙霧、太陽能的化學儲存。

5.2.1 玫瑰醚

玫瑰醚（Rose Oxide）又名氧化玫瑰〔學名為2-（2-甲基-1-丙烯基）-4-甲基四氫吡喃（$C_{10}H_{18}O$）〕，化學結構如**圖5-4**所顯示。

它是存在於玫瑰油與香葉油的無色至淡黃色、玫瑰花香的液體。玫瑰醚自1959年由保加利亞玫瑰油中提煉出來後，已成為重要的香水原料。它可由下列方法合成：

1.從玫瑰油或香葉油中分離。

2.以相對應的環氧酮為原料，與甲基溴化鎂反應，脫水而得。

3.以β-香茅醇為原料，用過氧乙酸氧化，生成環氧化合物，與二甲胺反應，用過氧化氫氧化，最後在酸性溶液中還原而得。

自從德國Dragoco公司開發出香茅醇（Citronellol）光氧化製程後，已成為主要生產玫瑰醚的製程。此製程係以香茅醇為原料，先在45～55℃下進行光氧化，先在鹼性溶液中生成二醇，然後在硫酸作用下脫水環化後製得[7]。反應方程式如**圖5-5**所顯示。**圖5-6**為Dragoco公司所開發的年生產量為40～100噸的光氧化反應器。

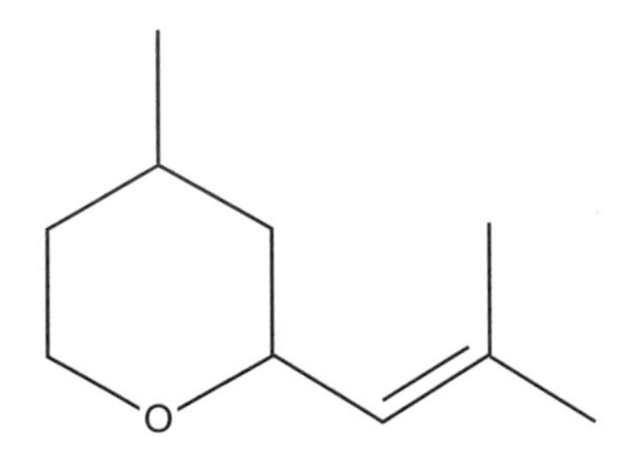

圖5-4　玫瑰醚化學結構式

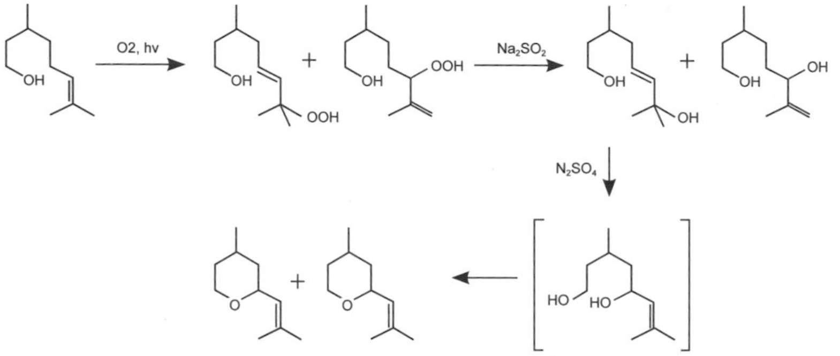

圖5-5　以香茅醇（Citronellol）為原料，經光氧化反應產生玫瑰醚的反應式

圖5-6　Dragoco公司的光氧化反應器[8]

5.2.2 環己酮肟

環己酮肟（Cyclohexanone Oxime, $C_6H_{11}NO$），化學結構如**圖5-7**所顯示。它是白色稜柱狀晶體，是合成的己內醯胺的重要的化學原料。環己酮肟可由環己酮與羥胺在酸性條件下，經縮合反應而合成。日本東麗工業自1963年起，即以環己烷與亞硝醯氯為原料，在汞蒸氣燈所產生的紫外線照射下，生產環己酮肟（**圖5-8**）。

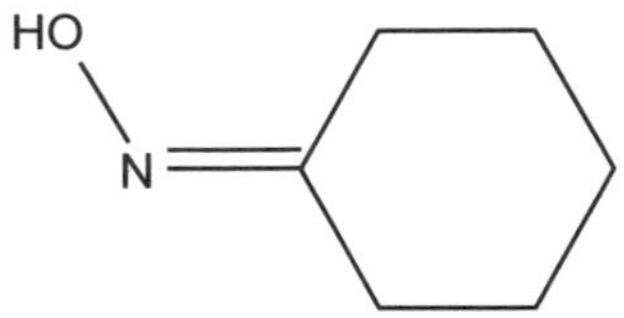

圖5-7　環己酮肟化學結構式

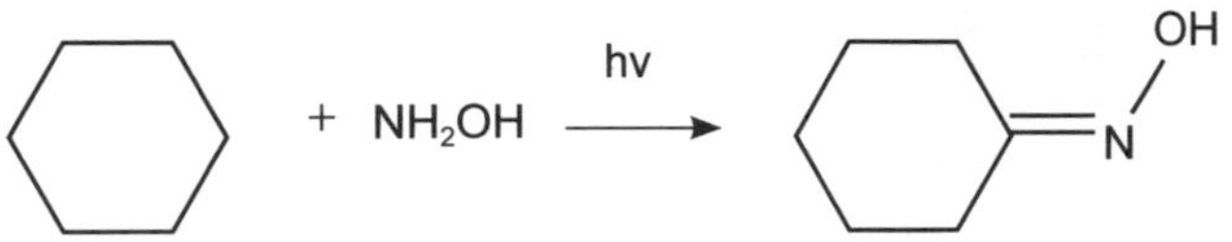

圖5-8　環己烷與亞硝醯氯產生環己酮肟的反應方程式

2003年，環己酮肟年產量已達17.4萬噸。由於環己烷較環己酮便宜，轉化率又高達80%，遠較其他的製程的9～11%高出8倍之多，而且還節省其他中間過程[10]。

其缺點為：

1.量子產率低，僅0.7左右，一個60千瓦的燈每小時只能生產24公斤（180噸／年），每公斤約需2.5度，僅適於電價較低的地區。
2.汞蒸氣燈必須訂製，投資與替換費用高。
3.亞硝醯氯具腐蝕性。

依據電腦模擬的結果，如果應用雙曲線形聚光板取代汞燈，投資成本雖會增加85%，但電費與冷卻費用僅為原製程的四分之一與八分之一。由於維護與電費成本大為降低，仍然值得以太陽光取代汞蒸氣燈[11]。

5.2.3 1,1,1-三氯乙烷

1,1,1-三氯乙烷又稱甲基氯仿（CH_3CCl_3），是一種工業溶劑，廣泛應用於金屬及電路板清潔、電子業用作照片抗蝕、墨水、印刷、膠黏劑等塗層去除等。它是1840年由法國化學家勒尼奧（Henri Victor Regnault）所發現。1950年代至1995年間，是主要的工業溶劑之一。由於它會消耗大氣中的臭氧，1995年，「蒙特婁公約」禁止及限制其應用。

1,1,1-三氯乙烷可由1,1-二氯乙烷與氯氣在光線照射下產生。由於此製程產率高與選擇性佳，而且反應溫度低僅80～100度，遠低於其他製程的350～450度，因此是最主要的工業製程。一個標準廠的年產量約30萬噸（圖5-9）。

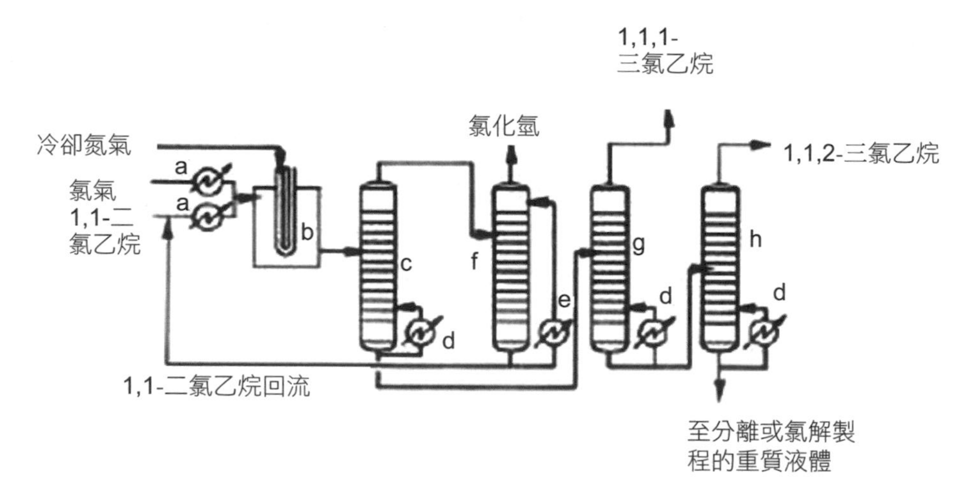

圖5-9　1,1-二氯乙烷與氯氣在光線照射下，產生1,1,1-三氯乙烷的製程[24]

5.3 光解作用

光解作用（Photolysis）是物質受到光的影響而分解的反應，是有機汙染物的分解過程。由於光解作用所需的能量較高，需250奈米波長的紫外光，較少應用於工業用途上。

光解過程可分為三類：

1.直接光解：化合物本身直接吸收了太陽光而分解。

2.敏化光解：水體中的天然物質如腐殖質等受陽光激發後，將其激發態的能量轉移給化合物而導致的分解反應。

3.氧化反應：天然物質被輻照而產生自由基或純態氧等中間體後，又與化合物作用而生成轉化的產物。

大氣中最常見的光解作用有兩種，第一種是臭氧被光分解成了氧分子和一個處於激發態的氧原子（O_{1D}）後，與空氣中的水分子作用而生成可氧化碳氫化合物氫氧根。

$$O_3+h\nu \rightarrow O_2+O_{1D} \quad \lambda<320\ nm$$
$$O_1D+H_2O \rightarrow 2OH$$

第二種是二氧化氮的光分解產生一氧化氮與氧原子反應，是對流層中的臭氧形成的主要化學作用：

$$NO_2+h\nu \rightarrow NO+O$$

閃光光解（Flash Photolysis）是1949年由英國化學家艾金（Manfred Eigen）、波特（George Porter）與諾里什（Ronald George Wreyford Norrish）等三人所發展的一種研究快速光化學過程的實驗方法。它利用閃光燈（激發燈）瞬時所產生高強度的光脈衝照射樣品，使分子達到光分解或被激發，以產生足夠濃度的瞬態分子，再直接應用探測瞬態分子吸收光譜的閃光燈（光譜燈）分析反應的動力學過程。

5.4 光氧化作用

紫外線與過氧化氫或臭氧可有效處理有機物質、控制細菌與降低水中化學需氧量（COD）等，已成為主要的高級廢水處理技術之一。

其優點為：

1.氧化速率快。
2.適用範圍廣：可有效分解廢水中含異丙醇、苯、甲苯、二甲苯、肼類化合物、三氯乙烷、氯乙烯、二氯乙烯、過氯乙烯、三氯乙烯、四氯乙烯、甲基乙基酮、五氯酚、呋喃、戴奥辛、雜酚油、多氯聯、三氯氟甲烷、殺蟲劑、三硝基甲苯、多硝基酚等有機物。
3.設備容積小。
4.所產生的氫氧基活性高，可與有機物迅速反應。
5.可將有機物完全破壞後，形成最終安定產物。
6.產生的汙泥較生物處理少。

其缺點為：

1.過氧化氫或臭氧為消耗品，操作成本高。
2.能量消費大。
3.過氧化氫或臭氧活性強，必須裝置特殊安全設施。

美國加州橙郡（Orange Country, California, USA）的地下水補充系統即使用紫外線與過氧化氫與逆滲透製程，每天純化7千萬加侖回收水。2004年11月，一座每天處理7.2萬公秉的水處理廠安裝一套紫外光／過氧化氫／活性碳過濾系統，將飲用水中的殺蟲劑濃度降至每公升0.1微克之下。處理每公秉水約需0.56度電以產紫外光與6公克的過氧化氫（**圖5-10**）[17]。

圖5-10　UV/H_2O_2淨水系統[18]

5.5 光觸媒作用

光觸媒作用（Photocatalysis）是應用二氧化鈦、磷化鎵（GaP）、砷化鎵（GaAs）等物質為觸媒，以加速光化學反應。早在1930年代文獻便有記載光觸媒。常用的光觸媒有磷化鎵、砷化鎵、氧化鋅（ZnO）等等，最廣泛使用的始終是二氧化鈦（TiO_2）。因為二氧化鈦的氧化能力強、化學性安定又無毒。自1968年日本東京大學教授藤嶋昭發現二氧化鈦的光觸媒特性後，二氧化鈦成為最普遍的材料（**圖5-11**）。

光觸媒具有下列特點[12]：

1.全面性：光觸媒可以有效地降解多樣汙染物質，如甲醛、苯、甲苯、二甲苯、氨、VOCs等，並具有高效的消毒性能，能將細菌或真菌釋放出的毒素分解及無害化處理。

2.持續性：在反應過程中，光觸媒本身不會發生變化和損耗。在光的照射下，可以持續不斷地淨化汙染物，具有時間持久、持續作用的優點。

3.安全性：無毒、無害，對人體安全可靠。最終的反應產物為二氧化

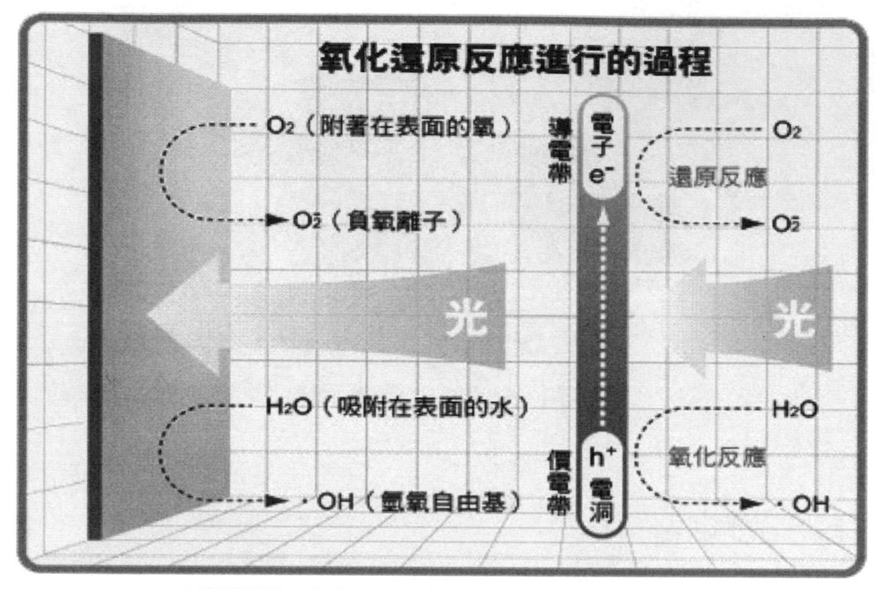

圖5-11　光觸媒氧化還原示意圖[13]

資料來源：ARC-FLASH光觸媒

碳、水和其他無害物質，不會產生二次汙染。

4.高效性：光觸媒利用太陽能或光能就能將擴散的環境汙染物在低濃度狀態下清除淨化，無須再使用其他能源。

光觸媒的應用非常多，在民用方面，以液態光觸媒噴液以及燒鑄光觸媒薄膜最為常見。只要噴塗在物件的表面，例如：牆壁、建築物外牆或汽車內部等，便能產生除味、殺菌、防霉、自潔的效果。

5.5.1 空氣淨化

光觸媒普遍的應用於空氣淨化、殺菌、除臭、防汙等[12]：

1.空氣淨化：對甲醛、苯、氨氣、二氧化硫、一氧化碳、氮氧化物等影響人體健康的有害物質有淨化作用。

2.殺菌：可殺死大腸桿菌、黃色葡萄球菌等，並分解由細菌屍體上釋放有害物質。

3.除臭：可去除香菸、廁所、垃圾、動物等所產生的惡臭。

4.防汙：防止油汙、灰塵、浴室中的黴菌、水鏽、便器的黃鹼、鐵鏽與塗染面褪色等產生。

此外，光觸媒還有淨化水質的功能，且表面具有超親水性，防霧、易洗、易乾等效能。

5.5.2 水純化

將光觸媒應用於水處理時，觸媒會失去活性，導致反應速率慢、光效率低等問題，因此必須經過改質，否則無法達到工業應用的需求。目前由下列兩個方向進行改質：

1.改變光觸媒結構及成分，以避免激發狀態的電子再重合。

2.增加光觸媒量子產率著手，將奈米級光觸媒變成量子粒子時，不僅大幅減少光散射現象，且增加接觸表面積。

目前僅有少數應用案例。

一、漂浮式球狀淨水裝置

傳統的水處理方式是將粉狀觸媒加入水中成懸浮狀，再經過攪拌後處理；然而，粉狀觸媒的分離回收相當麻煩。日本產業技術總合研究所（AIST）成功開發內部含有光觸媒二氧化鈦的多孔性玻璃球。該玻璃球置於水中並經過UV或陽光照射後，可分解水中所含的汙染物，不僅可以處理大量的水，而且維修及生產成本皆非常低。根據AIST發表的資料，在含有2.4ppm氨的水中經兩天處理後，氨的含量降至10ppb以下[14]。

二、有機汙染物水處理

1.含油水溶液：利用二氧化鈦光觸媒塗在0.1mm中空玻璃球表面，可去除水面上的石油汙染，此法受到美國政府重視與支持；加拿大矩陣光觸媒技術公司（Matrix Photocatalytic Technology）所開發的水處理系統在紫外照射下，可將水中的苯、甲苯、二甲苯與乙苯等有機汙染物去除（**圖5-12**）[15]。

2.染料廢水：常含有苯環、胺基、偶氮基團等致癌物質，生物處理法效率低，利用二氧化鈦光觸媒法可去除95%的染料。

3.農藥廢水：利用二氧化鈦光觸媒法可去除70～90%有機磷農藥廢水中的COD，有機磷則完全降解為PO_4^{-3}。

4.有機氯化物水溶液：有機氯化物毒性大、分布廣，頗受重視，利用二氧化鈦光觸媒法可去除氯仿、四氯化碳、4-氯苯酚等物質。

圖5-12　加拿大矩陣光觸媒技術公司的10加侖光觸媒BTEX廢水處理設備[15]

三、飲用水處理

最著名的UV/TiO^2裝置是矩陣光觸媒技術公司所開發的系統，每個單元長1.75m、外徑4.5cm，在長1.6m的石英套筒內放置了一盞75W，254nm的紫外光，最外層是不鏽鋼（**圖5-13**）。

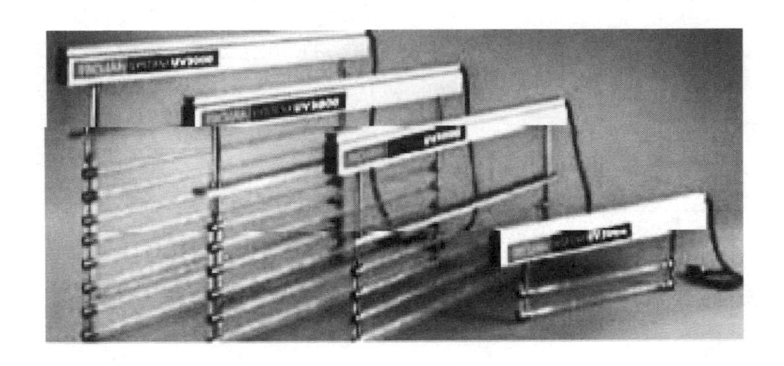

圖5-13　加拿大矩陣光觸媒技術公司的光觸媒飲用水處理設備[14]

5.5.3 產氫

1972年，日本東京大學教授藤嶋昭（Akira Fujishima）與研究生本多健一（Kenichi Honda）發現光觸媒亦可應用於水的分解，以產生氫氣。在紫外光的照射下，效率最高的光觸媒是以鑭、鈦酸鈉與氧化鎳所組成的觸媒。此觸媒是先將鈦酸鈉表面以奈米工序刻槽（3～15奈米），再添加鑭，最後再將氧化鎳塗布在邊緣。氧氣會從凹槽中排放出來，而氫氣則由邊緣排出[16]。目前，紫外光光觸媒產氫量可達2,180mmol/g-hr，可見光觸媒產氫量可達940mmol/g-hr。**表5-1**列出主要的光觸媒。

表5-1　會造成水分解的光觸媒[14,19]

紫外光	可見光		
水分解	水分解	氫釋放	氧釋放
ANb_2O_6	$SrTiO_3$:Rh-$BiVO_4$	ZnS:Cu	$BiVO_4$
$Sr_2Nb_2O_7$	$SrTiO_3$:Rh-Bi_2MoO_6	ZnS:Ni	Bi_2MoO_6
$Cs_2Nb_4O_{11}$	$SrTiO_3$:Rh-WO_3	Zns:Pb,Cl	Bi_2WO_6
$Ba_5Nb_4O_{15}$		$NaInS_2$	$AgNbO_3$
$ATaO_3$		$AgGaS_2$	Ag_3VO_4
$NaTaO_3$:La		$CuInS_2$-$AgInS_2$-ZnS	TiO_2:Cr,Sb
ATa_2O_6		$SrTiO_3$:Cr,Sb	TiO_2:Ni,Nb
$K_3Ta_3Si_2O_{13}$		$SrTiO_3$:Cr,Ta	TiO_2:Rh
$K_3Ta_3B_2O_{12}$		$SrTiO_3$:Rh	$PbMoO_4$:Cr

5.5.4 光觸媒反應器

傳統常用的光觸媒反應器如泥漿、薄膜、流體化床或填充式反應器各有其優缺點（**表5-2**）。泥漿式反應器的質傳效率高，但光線難以深入，而且由於觸媒懸浮於反應介質中，必須應用過濾設備或其他固液分離方式，以回收觸媒。薄膜式反應器的光照效率高，但受限於單位介質流體體積的觸媒表面積小，質傳速率低。如欲提高光觸媒反應器的效能時，必須考量下列三個主要因素（**圖5-14**）：

1.光能傳輸：光源種類、強度、波段、光照方式、反應介質的吸收率。

2.質量傳輸：反應介質、流體力學、混和等。

3.觸媒：特性、粒徑、類型、載體等。

改善光能傳輸可以應用LED（發光二極體）燈取代傳統汞蒸氣燈或自然光，再以光纖作為光傳輸導體。將觸媒固定單層反應器、旋轉碟或微反應器上，則可提升質傳速率。

表5-2　光觸媒反應器的比較[19]

型態	優點	缺點
泥漿反應器	• 具有充足的表面積 • 觸媒可完全與光線接觸 • 適於反應動力研究	• 須增設過濾裝置， 以回收懸浮的觸媒
薄膜反應器	• 不需要固液分離裝置 • 光線垂直照射、效率高	• 觸媒使用量受限制、表面積小 • 反應速率受制於質傳速率
二氧化鈦	• 提供足夠的表面積	• 壓損大、未照到光的部分
粉末	• 未照到光線的觸媒仍可作為吸附劑或催化其他化學反應，兼具過濾床功能	• 不具光活性、光利用率較低
填充被覆	• 足夠表面積	• 填充密度不易控制
二氧化鈦載體	• 光線貫穿深度增加的載體 • 載體大小不受約束 • 不受光線反射和散射影響	• 反應器尺寸不受限制
流體化床	• 類似泥漿反應器，適於反應動力研究 • 觸媒可充分照射光線	• 觸媒磨擦耗損大 • 觸媒會磨損管壁 • 流量變化範圍小

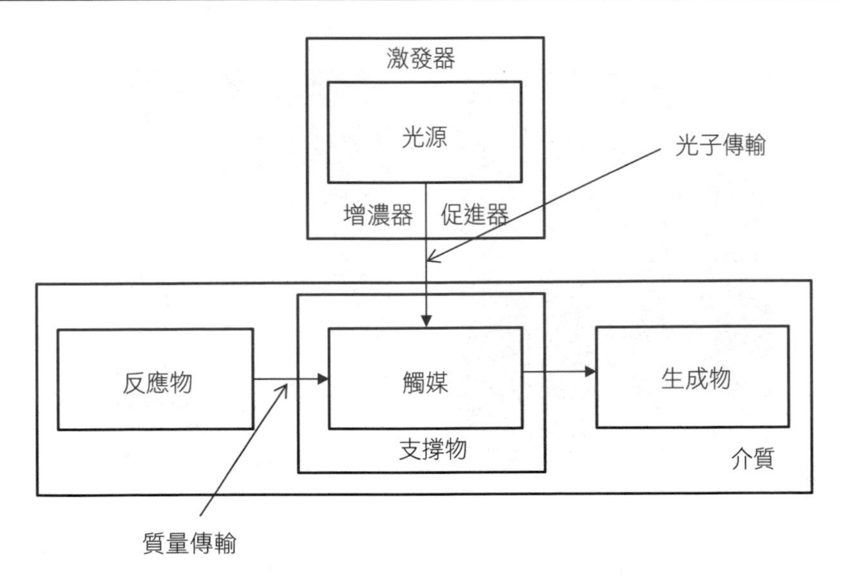

圖5-14　光觸媒反應器的主要成分[24]

以LED取代汞蒸氣燈作為光觸媒反應的光源具有下列優點：

1.光譜純度較高。
2.溫度低於60度，僅汞燈溫度的十分之一。
3.瞬時開關，可在千分之一秒內提供光源。
4.體積小、堅固耐用、壽命長、破裂敏感度低。
5.安全、環保：不會排放汞蒸氣、不產生臭氧。

光纖是光導纖維的簡稱，是一種可讓光線在由玻璃或塑膠所製成的纖維中，以全反射原理傳輸的工具。微細的光纖封裝在塑料護套中，使得它能夠彎曲而不至於斷裂。光纖的一端是發光二極體束雷射等光源，可將光脈衝傳送至光纖，再經光纖傳導至終端的接收裝置。由於光在光纖的傳輸損失遠低於電在電線傳導的損失，而且以價格便宜的矽元素為原料，因此光纖適用於長距離的資訊傳遞、醫療與照明用途[20]。**圖5-15**顯示光纖與光纖照明的應用。

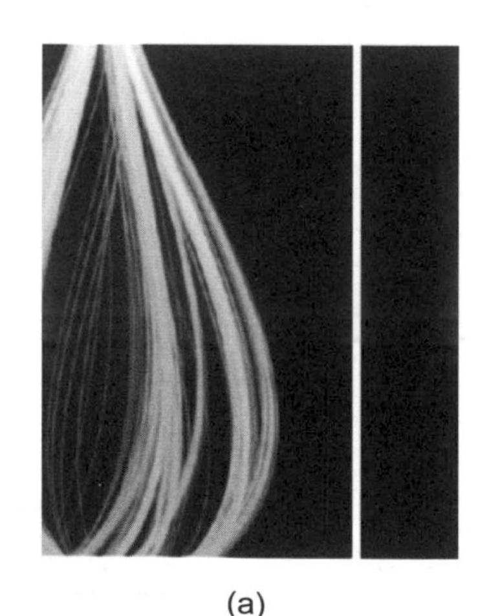

(a)

(b)

圖5-15　(a)光纖；(b)光線傳導[24]

一、光纖觸媒反應器

2005年，美國路易斯安那州立大學化工系瓦爾薩瑞教授（Kalliat T. Valsaraj）的研究團隊即開發出一個新型的光觸媒反應器，可成功地去除水中微量的二氯苯與菲（Phenanthrene）。他們將二氧化鈦固定於多孔徑的單層支撐介質上，再將石英光纖穿插於多管道單層觸媒的管道中（圖5-16）。實驗結果顯示：

1.二氧化鈦的最佳厚度為4微米。

2.汙染物的分解為準一次反應（Pseudo-first Order）。

3.反應速率由質量傳輸速率所控制。

4.觸媒表面積較環狀反應器高出10倍以上[21]。

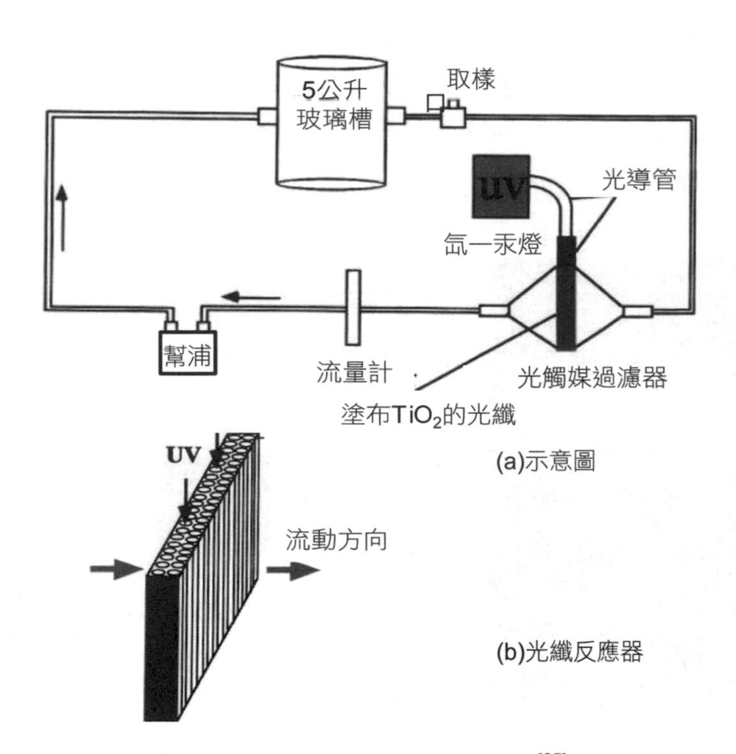

圖5-16　光纖觸媒反應器[25]

缺點為光會被反應介質所吸收，強度會隨距離增加而降低，不僅最長距離只有10釐米，而且還會產生回返幅射[22]。

二、內部照明式單層反應器

內部照明式單層反應器（Internally Illuminated Monolith Reactor, IIMR）是荷蘭台夫特大學化工系穆林傑教授（Jacob A. Moulijn）所開發出的新型多相態光觸媒反應器（圖5-17）。

此反應器是由光纖與管壁上塗布了二氧化鈦觸媒的陶瓷單層所組成，光線是經由陶瓷單層的導管中所插入的光纖側所提供。實驗結果顯示，環己烷的光氧化反應的光效率雖僅0.062，較頂部照明的光觸媒泥漿反應器的0.151低，但較環狀光觸媒反應器（0.008）或內部插入光纖的光觸媒泥漿反應器高（0.002）。石英光纖的光線強度隨距離增加而遞減，5釐米外的強度僅為初始強度的一半。在光纖的頂端塗布二氧化鈦，可以降低光纖強度的遞減率，30釐米外的強度仍有初始強度的50%[23]。

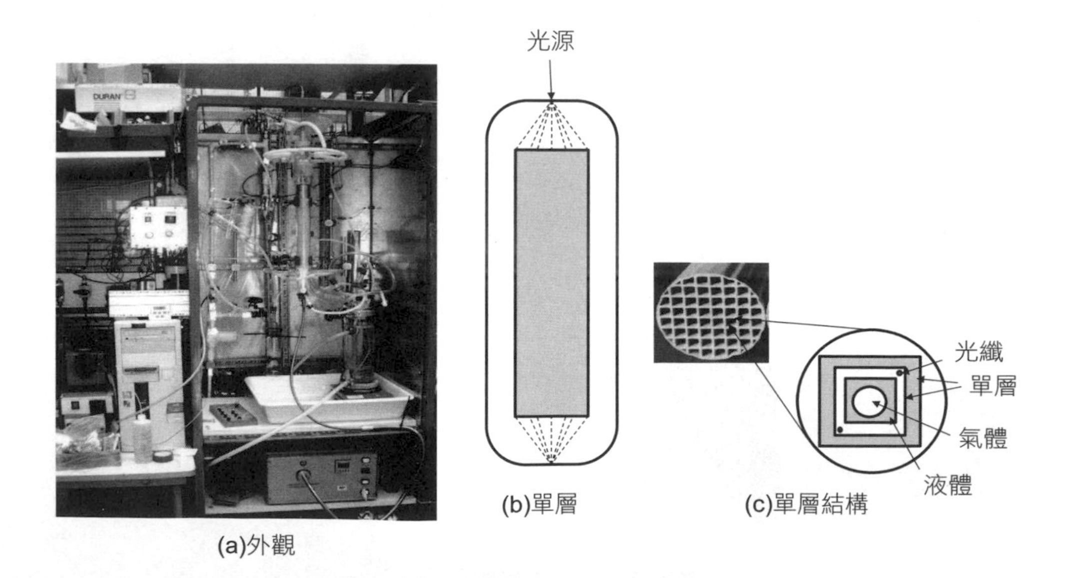

圖5-17　內部照明式單層反應器[24]

三、光觸媒微反應器

連續式的微反應器與微光源的結合最適於光化學的轉換。雖然市場上已經有許多商業化的光觸媒或光微反應器，但是許多研究者仍使用自行設計的系統。**圖5-18**顯示三種商業化微反應器[26]。

封閉式微反應器內含裝置在固體模具上的玻璃、塑膠或金屬微材料所製成的蛇形或降膜式（Falling Film）的反應導管。蛇形導管的長度不一，有的僅幾釐米，有的不僅長達數米，還可能有好幾個入出口。有些甚至安裝冷卻系統。降膜式微反應器是特別為氣液反應所開發的工具，包括一個反應板與平行反應導管。液體以薄膜方式沿反應板向下流動，而氣體經反應管由液體表面上流動。每立方米的反應接觸面積可高達20,000平方米，可確保氣體與液體的接觸[27]。開放式反應器應用靈活微毛細管作為反應導管。

未來化學公司（Future Chemistry, Inc.）所開發的微反應器包括一個微晶片與一個設置於冷卻系統上方的封閉的UV-LED裝置（**圖5-18(c)**）。反應管的薄層厚度小於1毫米，即使在光吸收效率高的狀態下，仍可確保光線穿透至反應介質的內部。由於影響反應的參數如光照時間、反應物的流速與停留時間、溫度、壓力等皆經過精確的控制，因此反應物不會因光照時間過長而分解或產生副反應，即使是高放熱或爆炸性反應也能在安全條件下操作[28]。

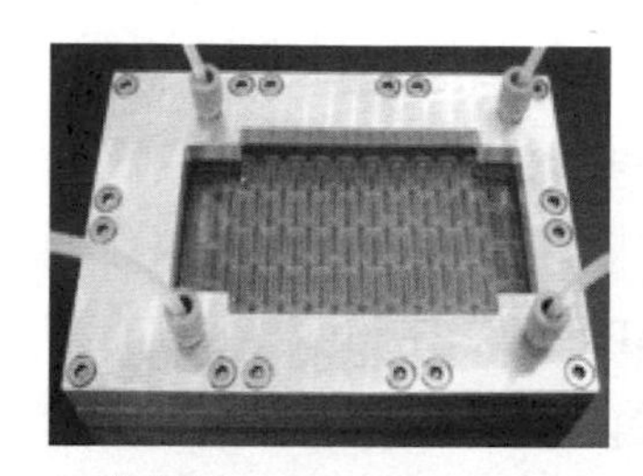

(a)德國Mikroglas Chemtech微反應器

(b)圓柱型與其標準平板型微反應器

(c)未來化學公司微反應器

圖5-18　微光觸媒反應器[26]

5.6 微藻光合作用

由於微藻可將光合作用產物轉化成生質柴油的主要原料——三酸甘油酯，因此能源危機發生後，微藻的相關研究與應用一直受到再生能源界的重視。1978～1996年間，美國能源部所推動的水生植物作為替代能源原料的開發計畫（Aquatic Species Program, ASP），即以微藻作為開發對象。該計畫曾篩選出近300種以綠藻和矽藻為主，適合作為生質柴油原料的微藻，發現藉由適度控制，產油量可高達40～60%。2007年，美國LiveFuels與Sandia及再生能源等國家實驗室合作，應用基因工程技術，開發出可作為生質柴油原料的海藻油。

5.6.1 微藻培養方式

微藻人工培養可分為開放池與密閉反應器等兩種方式。開放池培養成本較低，但無法有效控制環境因子，以致產率低、水蒸發量大；密閉反應器產率高、不易被雜藻侵染，水蒸發量小等，但投資與操作成本高[29]。

微藻光生物反應器可分為管道、平板與圓柱型等三種（**圖5-19**），優缺點如**表5-3**所顯示。設計考量因子為光照效率、氣舉及氣體交換效率與攪拌效率。

2007年，紐西蘭梅西大學（University of Massey）的齊斯蒂教授曾評估生產一萬公秉生質柴油所需設備，約需170公頃的生產面積[30]。如應用荷蘭AlgaeLink公司系統，僅需125公頃。GreenFuel公司在美國Arizona州所進行的培養系統估計，則約需217公頃的培養面積。目前每公斤的藻類培養最低成本大約為1.5美元，換算製造每公升藻油的成本高達1.8美元，其生質柴油的成本大約為2.1美元。與化石柴油的售價大約0.6～0.8美元相比，仍有很大的差距[33]。

(a)管道光生物反應器

(b)平板式光生物反應器

(c)圓柱型光生物反應器

圖5-19　光生物反應器[29]

表5-3　應用於微藻培養的光生物反應器的比較[29,30]

反應器	優點	缺點
垂直式圓柱型	高質傳、在低剪應力下具有較佳的混和、低能耗、規模放大可行性高、易於滅菌處理、易於藻類固定化之應用、減低光抑制與光氧化作用	較低光照面積、建構需較複雜之材料、藻類培養之剪應力較高、規模放大會降低光照面積
平板式	較大光照面積、適於戶外培養、易於藻類固定化之應用、光徑較短、較佳的生物質產率、相對較便宜、易於清理、較低溶氧累積	規模放大需較多間隔與支撐材料、培養溫度控制困難、藻類具沿反應器壁生長問題、流體剪應力會傷害部分藻種
管道式	較大光照面積、適於戶外培養、較佳的生物質產率、相對較便宜	具pH梯度、氧及CO_2溶解易僅沿管壁發生、發生積垢、藻類具沿反應器壁生長問題、需較大的土地空間

5.6.2 優缺點

應用微藻生產生質柴油較大豆沙拉油、菜籽油有下列幾個優點[29]：

1.微藻非糧食作物，對民生問題產生衝擊極小。
2.生長快速，單位面積的產率較植物油高出數十倍（**表5-4**）。
3.含油量可高達70%。
4.可應用鹽鹼地、荒漠等地區與海水、鹽水進行培養，不必與農作物爭地、爭水。
5.可應用工業廢氣中的二氧化碳或處理後的農漁牧或工業排放水養殖，兼具汙水處理功效與水資源再利用。
6.微藻成分含有不飽和脂肪酸與特定蛋白質，可作為健康食品及飼料使用。

缺點為設備成本過高，依據美國能源部的估計，每公升高達3～4美元，所生產生質柴油無法與化石柴油競爭。

表5-4　不同原料每公頃土地可生產生質柴油的數量[32]

原料	產量（公升／公頃）
藻類	16,837
麻	9,354
烏桕	4,700～9,073
棕櫚油	4,752
椰子	2,151
油菜籽	954
大豆	554～922
花生	842
向日葵	767

參考文獻

1.介壽國中（2014）。教學圖片：光合作用過程。

2.Wikipedia (2014). Giacomo Luigi Ciamician. http://en.wikipedia.org/wiki/Giacomo_Luigi_Ciamician

3.Ciamician, G., Dennestedt, M. (1881). Synthesis of pyridines from pyrroles. *Chem. Ber., 14*, 1153.

4.Ciamician, G., Silber, P. (1901). Photodisproportionation. *Chem. Ber., 34*, 2040.

5.Ciamician, G. L. (1912). The photochemistry of the future. *Science, 36*(926), 385-394. doi:10.1126/science.36.926.385. ISSN 0036-8075.

6.Pape, M. (1975). Industrial applications of photochemistry, BASF AG, Hauptiaboratorium, 67 udwigshafen, GFR. www.iupac.org/publications/pac/pdf/1975/pdf/4104x0535

7.Alsters, P. L., Jary, W., Nardello-Rataj, V. R., Aubry, J. M. (2010). Dark singlet oxygenation of β-citronellol: A key step in the manufacture of rose oxide. *Organic Process Research & Development, 14*, 259. doi:10.1021/op900076g.

8.Monnerie, N., Ortner, J. (2001). Economic evaluation of the industrial photosynthesis of rose oxide via lamp or solar operated photooxidation of citronellol. *J. Sol. Energy Eng., 123*(2), 171-174.

9.Ichihashi, H. (2003). Study on Environmentally Benign Catalytic Processes for the Production of ε-Caprolactam, Sumitomo Chemical Co., Japan.

10.Reay, D., Ramshaw, C., Harvey, M. (2013). *Process Intensification: Engineering for Efficiency, Sustainability and Flexibility*, 2nd Edition, Butterworth-Heinemann/IChemE., Woburn, MA, USA.

11.Funker, K., Becker, M. (2001). Solar chemical energy and solar materials into the 21st century. *Renew. Energ*., 469-474.

12.白崢鈺（2010）。〈淺談奈米光觸媒於室內空氣汙染物之應用〉。財團法人台灣產業服務基金會。

13.Advance Medical & Health（2008）。何謂光觸媒。 http://photocatalyst.holisticphysio.com/mechanism.html

14.黃耀輝（2004）。〈光觸媒降解水汙染物應用〉，成功大學化工系，台南。

15.USEPA (1994). Volatile organic compounds removal from air streams by Membrane separation-EPA/540/F-94/503.

16.Kudo, A., Kato, H., Tsuji, I. (2004). Strategies for the development of visible-light-driven photocatalysts for water splitting. *Chemistry Letters, 33*(12), 1534.

17.Martijn, B. J., Kamp, P. C., Kruithof, J. C. (2004). UV/H_2O_2 treatment an essential barrier in a multibarrier approach for organic contaminant control. *PWN Technologies*. Velserbroek Netherlands.

18.Trojan Technologies (2014). TrojanUVSwift system, London, Ontario, Canada.

19.高肇郎（2009）。〈奈米光觸媒應用〉。國立勤益科技大學，台中市。

20.維基百科（2014）。光導纖維。

21.Lin, H., Valsaraj, K. T. (2005). Development of an optical fiber monolith reactor for photocatalytic wastewater treatment. *J. Appl. ElectroChem., 35*(7-8), 699-708.

22.Wang, W., Ku, Y. (2003). The light transmission and distribution in an optical fiber coated with TiO_2 particles. *Chemosphere, 50*(8), 999-1006.

23.Du, P., Carneiro, J. T., Moulijn, J. A., Mul, G. (2008). A novel photocatalytic monolith reactor for multiphase heterogeneous photocatalysis. *Applied Catalysis A: General, Vol. 334*, No. 1-2, 119-128.

24.Van Gerven, T. (2014). Process intensification using light energy, KU, Leuven, Belgium.

25.Sun, R. D., Nakajima, A., Watanabe, I., Watanabe, T., and Hashimoto, K. (2000). TiO_2-coated optical fiber bundles used as a photocatalytic filter for decomposition of gaseous organic compounds. *J. Photochem. Photobio. A: Chem., 136*, 111-116.

26.Oelgemöller, M., Shvydkiv, S. (2011). Recent advances in microflow photo-chemistry. *Molecules, 16*, 7522-7550.

27.Hornung, C. H., Hallmark, B., Baumann, M., Baxendale, I. R., Ley, S. V., Hester, P., Clayton, P., Mackley, M. R. (2010). Multiple microcapillary reactor for organic synthesis. *Ind. Eng. Chem. Res,. 49*, 4576-4582.

28.Marre, S., Baek, J., Park, J., Bawendi, M. G., Jensen, K. F. (2009). High-pressure/high-temperature microreactors for nanostructure synthesis. *J. Assoc. Lab. Autom., 14*, 367-373.

29.林志生、邱聖壹（2012）。〈光生物反應器於微藻培養之研究與產業化的進展〉。《農業生技產業季刊》，22，44-51。

30.Ugwu, C. U., Aoyagi, H., and Uchiyama, H. (2008). Photobioreactors for mass cultivation of algae. *Bioresource Technology, 99*, 4021-4028.

31.Chisti, Y. (2007). Biodiesel from microalgae. *Biotechnology Advances, 25*, 294-306.

32.維基百科（2014），生質柴油。

33.Rapier, R. (2012). Current and projected costs for biofuels from algae, pyrolysis. Energy trends report, May 7.

Chapter 6

能量強化三：超重力技術

6.1 前言

超重力技術（Higee或High g）係應用高速旋轉所產生100倍以上的重力場，以提升製程中不同相態間質傳效率的創新技術。由於適用性廣泛，且具有體積小、質量輕、能量消費低、操作與維修容易、風險低、可靠度高、靈活與對環境友善等優點，自1970年代末期問世以來，已經受到相當的重視，在化工、環保、材料與生物技術等領域的應用潛力很大。超重力技術集中於氣／固流態化與氣／液質傳兩個領域。

超重力技術係應用多相流體系在超重力條件下所呈現的獨特流動行為，以加強相態與相態之間的相對速度與接觸，進而達到高效率質傳、傳熱與化學反應過程。超重力可經由轉動設備的輔助，形成離心力場。

6.2 發展歷史

應用離心力場於固液分離、抽泵與壓縮上已有很長的歷史，但一直到1945年，才由帕德賓理雅克（W. J. Podbielniak）將其應用於液／液分離技術——盤尼西林的分離上。1970年代末期，英國卜內門化學公司（ICI）蘭姆蕭博士所領導的新科學小組將其應用於質量傳輸的成果發表後，超重力場才引起了廣泛的興趣。當初，蘭姆蕭等人為了應徵美國太空署所主導的專案計畫，進行了一系列的與微重力相關的研究。由於兩個相態間質傳過程的驅動因子——浮力（$\Delta\varrho g$）是兩個相態的密度差（$\Delta\varrho$）與重力加速度（g）的乘積（$\Delta\varrho g$），在微重力的條件下，重力加速度趨近於零（$g\rightarrow 0$）時，浮力也會接近於零，因此兩個相態不會因為密度差而產生相態間流動。在此狀況下，分子力如表面張力會成為質量傳輸的主導作用，導致液體分子團聚、接觸面積銳減與質量傳輸效果急速下降。當重

力加速度增加時，浮力隨之增加，導致流體間相對滑動速度、剪力與相態間接觸介面積的提高，進而大幅強化質傳速率。此結論導致了超重力技術的誕生。

此後十年內，卜內門公司連續提出多項專利，並將此技術應用於精餾分離的領域。應用高速旋轉的填料床所產生的強大離心力（超重力），可大幅提高氣、液間的流速與填料的比表面積。液體在高分散、高湍動、強混和以及介面急速更新的情況下，與氣體以極大的相對速度在彎曲孔道中逆向接觸，大大的強化了質傳速率。由於質傳單元高度可降低1～2個次元，一個高度不到2米的超重力機即可取代數十米高的蒸餾塔。**表6-1**列出旋轉填料床與傳統填料床的比較[13]。旋轉填料床具有質傳速率高、低滯留量、低液泛可能性、滯留時間短等優點，導致設備空間需求小、重量輕、操作容易、換裝和維修便利、停工的時間短、達到穩定狀態的時間短與能量消費低等效果[13]。

表6-1　旋轉填料床與傳統填料床的比較[13]

項目	傳統填料床	旋轉填料床
液相推動力	重力	離心力 10～103g
液相流動型態	厚膜、大液滴	薄膜、細絲、微滴 0.1～0.001mm
氣液雙向流動速度	慢，0.1～10 米 / 秒	快，10～100米 / 秒
液泛速度	低	高
氣液兩相停留時間	長，1～10秒	短，0.01～0.1秒
填料比表面積	小 ，10～100 m^2/m^3	大， 100～1000m^2/m^3
質傳比表面積	小	大
氣液表面更新速率	慢，0.01～1秒	快，0.00001～0.001秒
質傳單元高度	高，1～2米	低，0.01～0.03米
設備體積與重量	大	小

6.3 基本原理

6.3.1 構造

圖6-1顯示一個簡化的氣液對流式旋轉填料接觸器。液體由旋轉器中心由上進入，經旋轉器離心力加速後，向法線方向擴散，最後由底部排放。氣體則由旁邊進入接觸器內，在填料床與液體接觸，然後由旋轉器中心排放。液液對流式旋轉填料接觸器如**圖6-2**所顯示，重質液體由上而下，而輕質由下而上進入接觸器中。由於離心力的作用，重質液體向邊緣擴散後，由底部排出；而輕質液體向中央集中，然後由旋轉器中心向上流動排出。

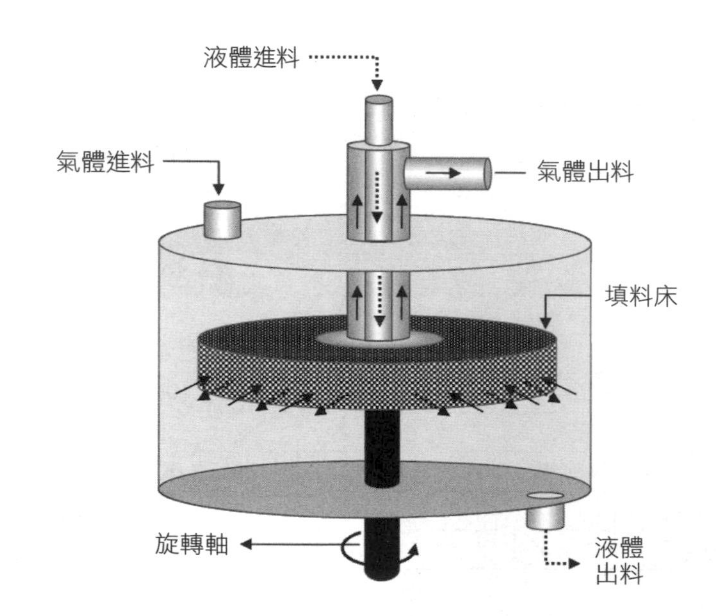

圖6-1　氣液超重力機的基本結構[1]

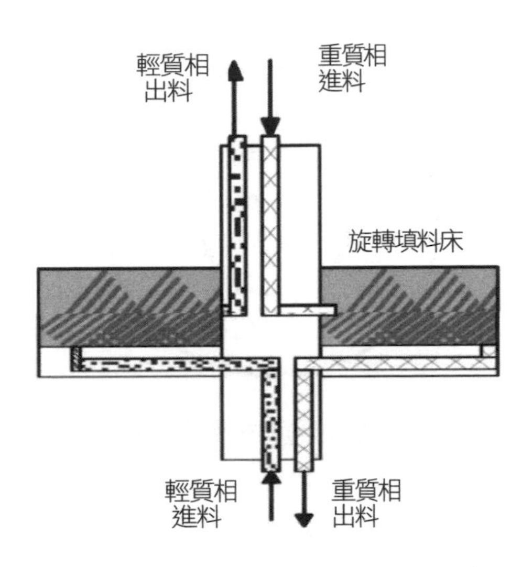

圖6-2　液液超重力機的基本結構[1]

6.3.2 水動力學

液體進入填料後，向法線方向流動，僅有少量液體向切線或軸心方向散布（**圖6-3**）。液體的法線流動會受到轉速、液體黏度、填料或液體流速影響而偏離。絕大部分的液體在填料7～10毫米的深度時，不僅已達旋轉器的速度，而且已潤濕了填料。混和與質傳強度與填料與液體特性、轉速與液體分配器設計有關，最高的地方則在填料的入口[2]。

氣體由填料外緣進入後，受到轉速影響會向中心集中。氣體的切線方向速度會受到填料特性影響而改變。氣體在孔隙度、大表面積與高阻力的填料內流動時，方向直接且路徑較短（**圖6-4(a)**）。氣體在平行平板填料流動時，由於摩擦力低，會以螺旋方式流動，所走的路徑較長（**圖6-4(b)**）。

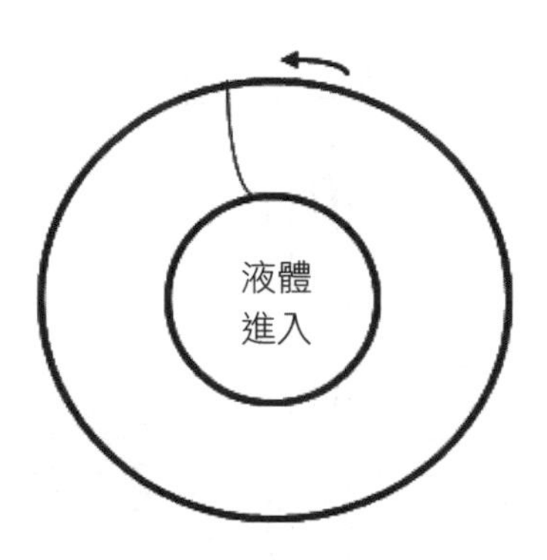

圖6-3　氣液接觸器中液體流動方向[1]

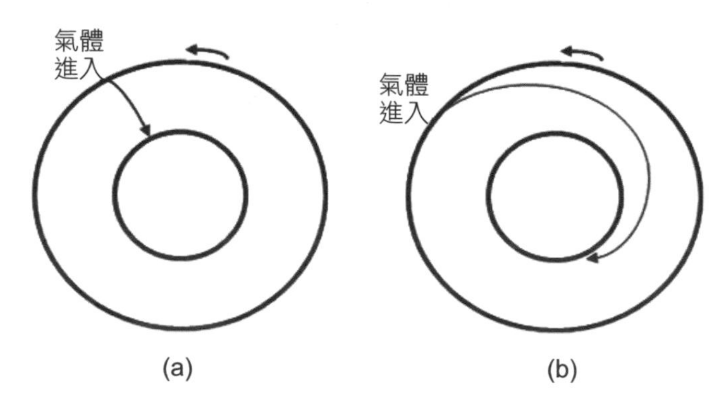

圖6-4　氣液接觸器中氣體流動方向[1]

旋轉填料床上液體薄膜會受轉速、填料特性、液體流速與液體物理特性的影響。薄膜厚度與轉速的0.8次方成反比。液體薄膜在金屬泡棉上的厚度約為20～80微米，在金屬網上僅10微米。由於液體薄膜厚度直接影響質量傳輸，因此調整轉速或選擇適當的填料，即可調整質傳速率。薄膜流動為層狀流動[3]。

6.3.3 停留時間

液體在填料中的停留時間與填料高度、型式、轉速及液體特性有關。由於流體在填料中的流動狀態與傳統填料不同，因此液體在填料床內的停留時間與體積與液體流動的量測無關。液體停留時間介於0.2～1.8秒之間，轉速與液體流速愈快時，停留時間愈短。氣體流速與液體的黏度對停留時間的影響很低[2]。

柏恩斯與蘭姆蕭（J. R. Burns and C. Ramshaw）等曾量測一個高孔隙度旋轉填料床的環狀部分的電阻，以作為估算液體在填料床的停留時間與總液體量的依據[5]。他們發現填料中液體量約與所在位置距軸心的距離成反比，但與液體黏度與氣體速度關係不大。轉速愈大，液體分率愈低（**圖6-4**）。液體以每秒1米流速經過填料，停留時間非常短暫。液體泛溢時氣體流速與轉速成正比[5]。

6.3.4 質量傳輸

高轉速或超重力所產生的大表面積、薄膜與強烈混和大幅提高流體間的質量傳輸。質傳效率與轉速及氣液比成正比，但與液體流速成反比（**圖6-5(a)**）。

旋轉填料床的質傳單位高度（Height of Transfer Unit, HTU）約1.5～4釐米，約為傳統固定填料床（15～150釐米）10～100倍。液體以噴霧方式噴入接觸器中，霧滴表面積大，直接提升質傳速率。因此，在旋轉填料床中，低表面積的填料與高表面積填料的體積質傳績效相當，由於低表面積填料價格低，且還具有壓差低與高流通量的優點，應用此類填料還可提升處理量。**圖6-6**顯示，由不同偵測點所得的結論相同。

旋轉床中氣體的質量傳輸並不具有相同的優勢。在網狀填料中，氣體的總質傳係數與氣體速度成正比，但與轉速成反比（**圖6-5(b)**）。當氣

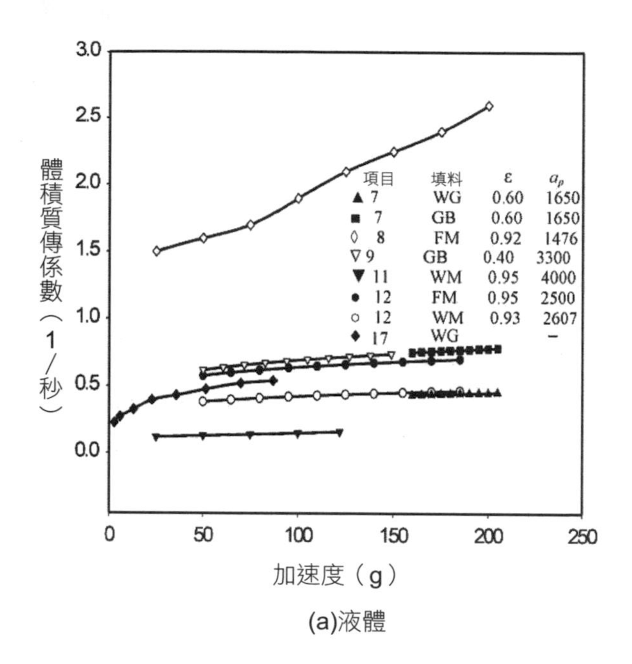

(a)液體

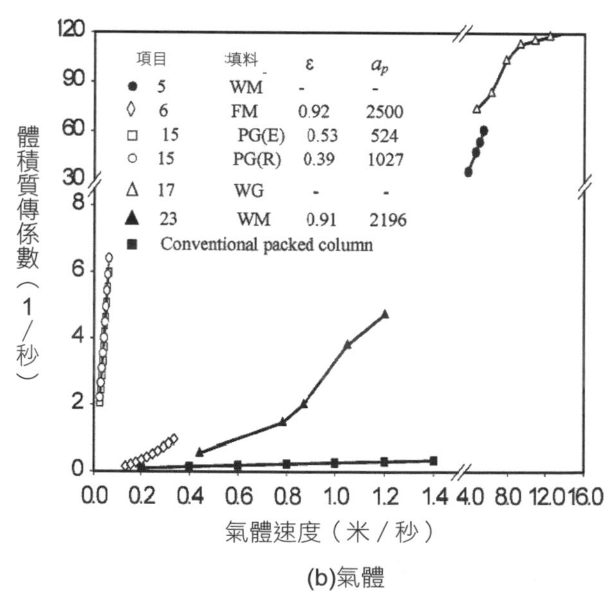

(b)氣體

圖6-5　氣液旋轉填料床中的質傳係數[4]

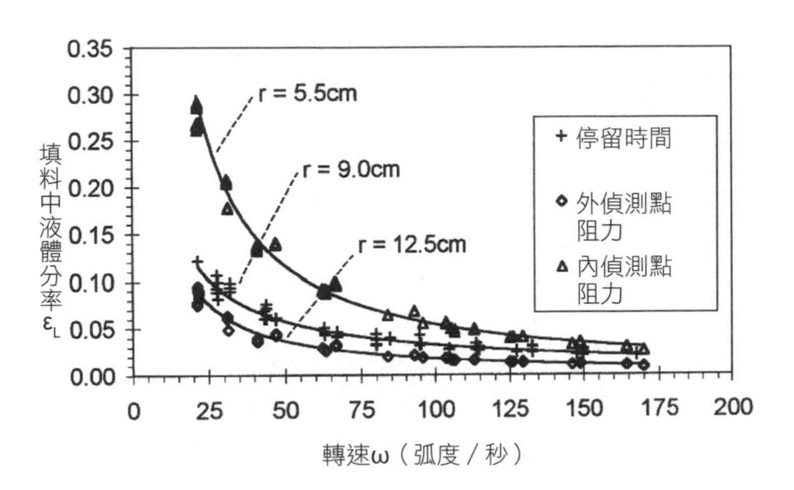

圖6-6　填料中液體分率與轉速的關係[5]

體以低於1米／秒速度在旋轉填料床中進行時，質傳係數約為1～8／秒。此數值與氣體在傳統固定填料床中類似。當氣體速度增至4～12公尺／秒時，氣體質傳係數增至45／秒。在商業化旋轉金屬網床中，氣體速度約4～5米／秒，氣體質傳係數約40～50／秒。由**圖6-7**可知，旋轉填料床的質傳績效與混和所需時間優於靜止混合器、脈衝塔等相關混和設備。

液液質量傳輸與氣液質量傳輸類似，會隨轉速、溶劑比、比重差等參數增加而提升。填料的特性孔隙度、尺寸大小與表面積直接影響質傳績效。單一離心萃取器即可達到10個萃取平衡段，如果應用適當的旋轉馬達，績效甚至可高達20段。

旋轉填料床中的固液質傳的研究較少。一個旋轉碟上的電化學電池中的質量傳輸會隨轉速及碟間距離增加而提高，但所增加的碟數愈多，質傳愈差。水經過萘丸（naphthalene pellets）的體積質傳係數約為在同樣條件下流經傳統填料的4～6倍[6]。

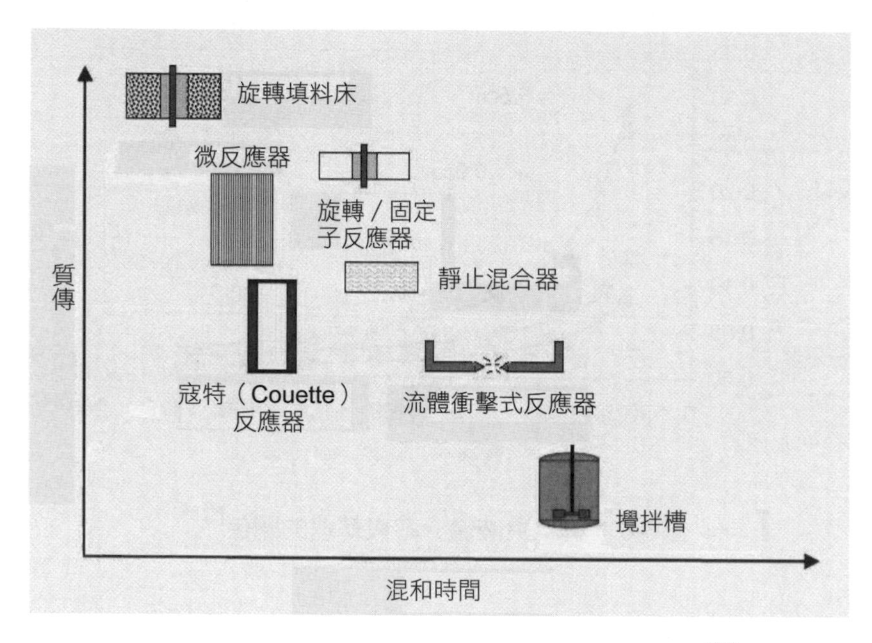

圖6-7　各種混和設備的質傳與混和時間比較[27]

6.3.5 壓差

氣／液旋轉填料床的壓差會隨著轉速與氣體流速增加而上升（**圖6-8**）。壓差與轉速的平方成正比。與傳統填料床相比較，每個質傳單位間的壓差較低，但是泛溢時壓差卻高達15倍[7]。

在液／液旋轉填料床中，壓差是由輕質相的液體所決定。重質液體在常壓下進入，經轉輪加速至排放壓力。輕質液體的壓力受比重差、轉速、轉輪直徑與主要相介面的位置等因素所影響[8]。

6.3.6 熱能傳遞

研究顯示一個平滑轉碟的熱傳係數隨轉速增加而上升，可高達20kW/m^2K。由於液體在碟入口處加速後所產生的干擾影響，熱傳係數在入口處

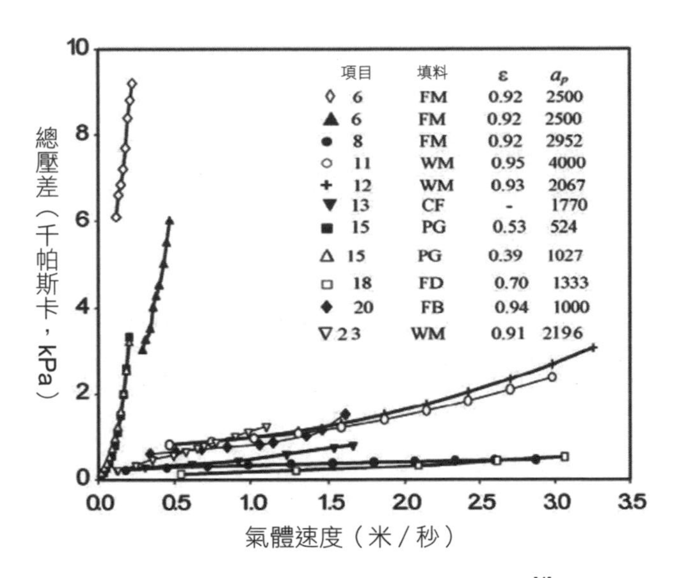

圖6-8　壓差與氣體速度的關係[4]

的最高，但隨著法線方向的距離增加而減少。熱能傳輸的主要挑戰為：

1.由於熱能可應用渦流、微波或超音波等方法傳遞，因此，理論上旋轉填料床可應用於蒸發、氣提與吸熱反應等製程單元上。

2.由於反應所產生的熱能難以傳遞出去，因此在轉輪中的放熱反應必須以絕熱方式處理。

3.將填料與傳熱板交替排列，可能可以解決熱傳問題。

4.如果蒸發與化學程序相容時，可以應用於蒸發程序。

6.4 應用

旋轉填料床的用途與一般填料床類似，可應用於吸收、氣提、化學反應與蒸餾等製程上。

6.4.1 吸收

由於旋轉填料床的質傳係數遠高於固定填料床，如應用於吸收製程上，可以大幅減少設備體積、危害物質暫存量、啟動與停俥的時間[9]。旋轉填料床適用於化學反應快速地吸收製程，例如：

1.無機氣體的吸收：如NH_3、SO_2、NO_2、NO、H_2S、CO_2、O_2等。
2.有機揮發性氣體：如醋酸乙酯、異丙醇、甲苯、二甲苯等。
3.除塵應用：輔助或取代靜電除塵器。
4.高等氧化程序：吸收與反應程序結合。

一、二氧化硫

排放氣體中的二氧化硫可以應用水、石灰水或苛性鹼溶液吸收。在以水為吸收劑的案例中，水與二氧化硫的反應會因質傳而受氣體／膜與液體／膜的阻力影響，因此總質傳速率與氣體流速及轉速成正比，但與液體流速成反比[9]。

以石灰水為吸收劑時，由於石灰水與二氧化硫的反應快速，總吸收速率受限於氣體與液體薄膜間的質量傳輸，與氣體或液體流速無關，僅與加速度成正比，但其影響低於以水為吸收劑的案例。如以苛性鹼為吸收劑、金屬網為填料時，旋轉填料床的質傳係數低於固定填料床；然而，以兩個平行旋轉板取代金屬網時，則可大幅提高質傳係數[11]。

2011年，安徽銅陵的華興硫酸公司應用北京化工大學所研製的超重力脫硫裝置，取代原有的尾氣吸收塔。該裝置是首次應用於中國大型硫酸生產工廠的尾氣處理。轉輪直徑為3.2公尺，為亞洲最大的超重力裝置[15]。**表6-2**列出排氣中二氧化硫去除方法的比較。

圖6-9顯示中國浙江巨化公司硫酸工廠內的兩組超重力去除二氧化硫設備，總處理量為140,000立方米／時，可將排氣中二氧化硫濃度由6,000毫克／立方米降至200毫克／立方米之下[33]。

表6-2　排氣中二氧化硫去除方法的比較[13]

處理方法	吸收效率 %	吸收效率差值 %	優缺點
旋轉填料床+ Mn++ 介質	99～99.9		比相介面積與質傳係數大、脫硫效率高、體積小、結構簡單、操作容易、易於商業化
旋流塔	30～4	59～69	脫硫效率低
泡沫塔	85	14	
螺旋型吸收塔+ Mn++介質	90～95	4～9	
石灰石／石膏法	70～80	19～29	結垢、堵塞管道
海水脫硫	90	9	受地域影響、尚在開發階段
電子束法	70～80	19～29	需用高能電子束
吸附劑噴射法	50～70	29～49	脫硫效率低
噴霧法	70～95	4～29	結垢、堵塞管道

圖6-9　中國浙江巨化公司硫酸工廠內的超重力去除二氧化硫設備[45]

二、硫化氫

旋轉填料床亦可應用於油氣中硫化氫的去除。含硫天然氣超重力脫硫技術是中國石化重點研發計畫之一，由勝利油田勝利工程設計諮詢公司與北京化工研究院、南化集團研究院等合作執行。此該技術不僅將天然氣中的硫化氫轉化為硫磺，還可大幅減少油氣田含天然氣淨化處理費用。自2008年5月20日起，此技術已成功地應用於勝利油田渤南集氣站。1,000小時的連續地測試結果顯示，整個系統操作平穩，可將600～11,000毫克／立方公尺硫含量，降至20毫克／立方公尺以下。每日處理量約2萬立方公尺天然氣[14]。

福建石油公司以甲基甲酰胺為吸收劑，應用一個直徑1.2公尺、高1.4公尺的旋轉填料床，即可取代一個高33公尺、直徑1.2公尺的傳統填料吸收塔，將每小時11噸的廢氣中的2.27%的硫化氫降至20毫克／標準立方公尺左右（**圖6-10**）[27]。

圖6-10　福建石油公司煉油廠內旋轉填料床除硫設備[27]

三、次氯酸

依據陶氏化學公司專利（US Patent #6048513），次氯酸（HOCl）的合成反應為：

$$2Cl_2(g)+2NaOH(aq)\rightarrow 2NaCl(aq)+HOCl(aq) \qquad (6\text{-}1)$$

$$6HOCl(aq)+Cl\text{-}(aq)\rightarrow ClO_3\text{-}(aq)+3Cl_2(aq)+3H_2O(aq) \qquad (6\text{-}2)$$

其中（6-1）反應為主要反應，（6-2）為次要反應。

以水吸收次氯酸是一個典型的液液質傳限制的案例，傳統噴淋塔的直徑為6米，塔高30米，回收率約80%。以三個直徑3米、長度3米的旋轉填料床取代，質傳單位僅4釐米，而且與液體速度有很大的關係，不僅回收率高達93～96%，壓降僅原來的50%，且易於維修與操作。**圖6-11**中，框線內的二個旋轉填料床的總吸收處理容量與右邊的傳統吸收塔相同[10]。

圖6-11　旋轉填料床與傳統吸收塔比較

四、二氧化碳

蘭姆蕭曾應用**圖6-12**所顯示的旋轉填料床於一乙醇胺吸收二氧化碳的製程單元中[12]。他成功地以兩個串聯的旋轉填料床所組合的外徑1米、內徑0.5米、軸長1.25米與0.25米深的填料設備（**圖6-13**），取代一個高達

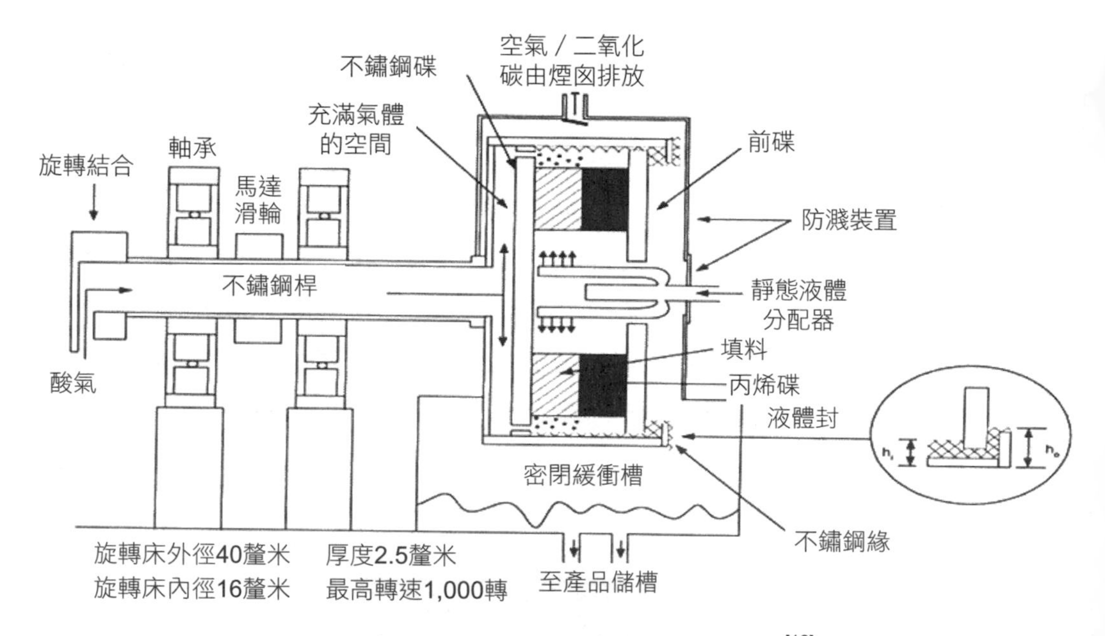

圖6-12　應用於二氧化碳吸收的超重力裝置[12]

(a)轉輪上的金屬網　(b)轉輪中心的分配器

圖6-13　應用於二氧化碳吸收的超重力裝置[12]

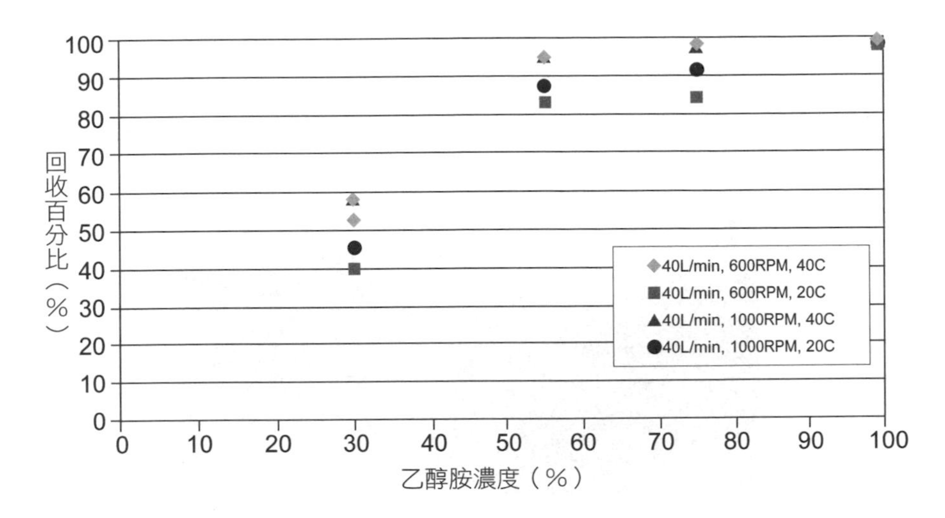

圖6-14　回收百分比與液體濃度、轉速的關係[12]

40米、直徑4.4米的傳統填料吸收塔。每秒氣體與液體的流量分別為24立方米與121公斤。

二氧化碳的回收率與乙醇胺在溶液中的濃度與轉速成正比（**圖**6-14）。

6.4.2 氣提

旋轉填料床可應用於氣提法，以去除地下水或廢水中的氧氣、有機揮發物質，如甲苯、二甲苯、氯化物等。

一、脫氧

北京化工大學超重力中心曾成功的在中國勝利油田安裝了一座以超重力技術去除地下水中的空氣裝置（**圖**6-15）[13]。設備規格如下：

圖6-15　中國勝利孤東採油廠超重力注入水脫氧裝置[13]

1.處理量：300噸／時。

2.轉輪：內徑600毫米；外徑1,000毫米；長度700毫米。

3.填料種類：金屬網；孔隙度：92%；表面積：500平方米／立方米。

4.轉速：750轉／分。

北京化工大學亦曾在勝利油田的外海產油平台上，安裝兩座每小時可處理250噸水的除氧的裝置（**圖6-16**）。設備規格除了轉速為860轉／分、長度500毫米外，其餘與上述300噸／時相同[16]。由**表6-3**所列舉的數據可知，兩個高3米、總重20噸的超重力裝置足以取代一個高14米、空重60噸的巨型真空氣提塔。

鍋爐進水脫氧亦可應用超重力技術。以一個每小時產生10噸高壓水蒸氣的鍋爐為例，每公升鍋爐進水中的含氧量必須低於0.007毫克。一個在8巴壓力與130度溫度下操作的傳統脫氧塔，僅能將水中的含氧量降至0.02毫克。然而，北京燕山石化二廠於2002年應用北京化工大學所研製

(a)

(b)

圖6-16　(a)中國勝利油田埕島二號中心平臺；(b)脫氧裝置[27]

表6-3　超重力脫氧裝置與傳統真空氣提塔的比較[16]

項目	真空氣提塔	超重力旋轉床
處理量（噸／天）	10,000	6,000
平台面積（平方米）	30	2x10
高度（米）	14	3
重量（噸）		
空重	60	2x10
操作重量	130	2x10.5
滿水重量	180	2x11
處理後水中氧含量（ppm）		
夏天	1	0.8
冬天	2.3	<0.05
投資比	1	<0.05
功率需求（千瓦）	155	2x160

的、在4巴與110度下操作的超重力裝置，可將含氧量降至0.007毫克。設備重量與高度僅為傳統裝置的10%，場地面積僅20%，而且可節省能源與設備投資約20%與40%[17]。

二、揮發性有機物脫除

高分子聚合物合成後，必須將殘餘的單體與溶劑去除。以聚苯乙烯為例，傳統真空吸附法僅能將濃度降至500ppm，應用水蒸氣氣提可降至200ppm。由於旋轉填料床不僅可降低投資成本、能源消費與設備規模，還可避免水蒸氣與聚合物產生的副作用，亟適用於此類用途。由一個以加速器為名的原型機與示範單元的操作數據可知，質傳速率非常快速，足以在短時間內達到所需去除效率。聚苯乙烯受熱熔融後，會變得非常黏稠，必須應用在高速下所產生的較高的重力才能產生薄膜流動，因此必須使用能耐高壓、高孔隙度（90%）與大表面積（500平方公尺／立方公尺）的網狀金屬泡棉填料[18]。**表6-4**顯示，應用旋轉填料床可在20分鐘內將高分子聚合物中86～99%的揮發性有機物去除[40]。

旋轉填料床亦可應用於地下水的淨化，以氣提方式去除地下水中所含的揮發性有機物。由於地下水淨化技術眾多，必須審慎評估成本與效益。目前，已有實驗證明金屬網與金屬網狀泡棉等填料皆可有效去除苯、二甲苯、1,2,4-三甲基苯與萘，約需十二個質傳單位，每單位高度約2～3釐米[19]。

圖6-17顯示一個在美國德州達拉斯市近郊以旋轉填料床脫除地下水中揮發性有機物的裝置。

表6-5列出一些以日本住友公司的填料所得的數據。僅使用空氣，在

表6-4　超重力旋轉床與攪拌反應器應用於去除聚合物中揮發性有機物的比較[40]

設備	壓力（Pa）	時間（分）	效率（%） 單／雙
超重力旋轉床	2,300 666	20 20	86/92 90/99.2
攪拌反應器	3,300 550	600 600	2 92

圖6-17　美國達拉斯近郊的地下水脫除揮發性有機物旋轉填料床[11]

表6-5　以旋轉填料床去除揮發性有機物的測試數據[13]

項次	系統大小	操作條件	去除率
1	內徑：12.7 cm	住友填料	甲基環己烷：99.7%
	外徑：22.9 cm	2,500 cm^2/m^3, 0.95	苯：98.78%
	軸向高度：12.7 cm	液體流量：2.2 L/s	甲苯：98.73%
	轉速：1,000 rpm	氣體流量：21.8 L/s	鄰二甲苯：95.54%
	（199g）	溫度：17℃	間二甲苯：97.92%
			1,2,4三甲苯：96.03%
2	內徑：12.7 cm	住友填料	甲基環己烷：100%
	外徑：30.5 cm	2,500 cm^2/m^3, 0.95	苯：99.2%
	軸向高度：12.7 cm	液體流量：2.2 L/s	甲苯：100%
	轉速：1,000 rpm	氣體流量：22.2 L/s	鄰二甲苯：98.04%
	（242g）	溫度：21℃	間二甲苯：99.56%
			1,2,4三甲苯：98.62%
3	內徑：12.7 cm	住友填料	甲基環己烷：99.53%
	外徑：38.1 cm	2,500 cm^2/m^3, 0.95	苯：100%
	軸向高度：12.7 cm	液體流量：2.2 L/s	甲苯：100%
	轉速：1,000 rpm	氣體流量：22.9 L/s	鄰二甲苯：99.73%
	（284g）	溫度：19℃	間二甲苯：99.64%
			1,2,4三甲苯：99.42%

表6-6　各種不同揮發性有機物（VOC）去除技術的比較[24]

處理技術	濃度範圍 ppm	處理量 CMM	去除效率 %	設備成本 NT$/CMM	操作成本 NT$/1,000CMM
焚化	100～1000	30～14,000	95～99	50,000～80,000	7～40
冷凝	5,000～10,000	3～550	70～85	20,000～40,000	13～48
活性碳吸附	700～10,000	3～1,700	90～98	7,500～15,000	5～20
傳統吸收塔	500～15,000	60～3,000	90～98	3,000～5,000	17～50
生物濾床	10～5,000	10～2,500	80～99	18,000～30,000	10～30
超重力技術	10～10,000	1～1,000	95～99	4,500～6,000	8～20

199～284倍重力加速度下，即可將數百ppb的苯、甲苯、鄰二甲苯等降至幾個ppb之下[11]。

旋轉填料床亦可應用於製程排氣中揮發性有機物的去除，**表6-6**列出各種不同處理技術的比較，旋轉填料床地去除效率、設備與操作成本皆具有競爭力。

6.4.3 蒸餾

將旋轉填料床與冷凝器及再沸器組合，即可作為蒸餾塔[20]，且被應用於下列案例中：

1.1983年，蘭姆蕭曾應用一個直徑為800毫米的轉輪，證明其功效與一個具有20個理論盤板的蒸餾塔相當[21]。

2.蘭姆蕭在一個3噸實驗裝置中，可成功地將乙醇與丙醇從混合溶液中分餾出來；除了冷凝器及再沸器外，他們應用兩個旋轉填料床，一個負責精餾，另一個作為氣提之用[22]。

3.1993年，德州大學的凱勒赫（T. Kelleher）與菲爾（J. R. Fair）等僅應用一個旋轉填料床與冷凝器及再沸器即可成功地完成環己烷／正戊烷混合物的分餾。此系統的填料厚度為23釐米，質傳單位為6，每小時處理量為9噸。轉速是影響分離程度的主要變數[23]。

表6-7　超重力旋轉填料床與傳統填料床蒸餾系統的比較[24]

類別	系統	填料	α_t m²/m³	壓力 kPa	F-因子 $kg^{1/2}$ $m^{1/2}s$	HETP cm	參考文獻
傳統填料床	甲醇／乙醇	RMSR25-3	191	101	0.3～1.7	38～40	25
	環己烷／正庚烷	Montz B1-250.60	245	414	0.5～1.5	30～40	26
旋轉填料床	甲醇／乙醇	金屬網	519	101	1.2～2.8	3～9	24
	環己烷／正庚烷	住友填料	2,500	414	0.4～0.8	4～6	23

表6-7顯示超重力旋轉填料床與傳統靜置填料床蒸餾系統比較，無論表面積、氣體動能因子（F-因子）與理論板相當高度（HETP），旋轉填料床皆有絕對的優勢[24]。

目前超重力蒸餾已應用甲醇、甲醛、甲苯、乙醇、乙二醇、丙酮、乙酸乙酯、乙腈、四氫呋喃、二甲基亞碸、甲縮醛、正丁醇、二氯甲烷、矽醚、環乙烷、異丁烷、異丙醇、冰醋酸、醋酐、DMF、DMSO、DMAA、DMDA等有機溶劑的精餾與回收。其優點為：

1.設備高度低、土建成本低、占地面積小：質傳效率可提高十倍，不到2米高的超重力旋轉床可取代幾十米高的蒸餾塔。
2.節能：超重力床由於體積小，散熱面積小，在相同的條件下，超重力床可以比傳統精餾塔節省5%～40%能源。
3.更適應熱敏性物料：高速旋轉容積較小，滯留的物料少，停留時間僅1～2分鐘，熱敏性物料不會在設備內揮發或改變性質。
4.操作方便：減輕操作者勞動強度、節約人工成本，並提高安全程度。
5.檢修方便、維修費用低。
6.廢液排放少：在相同的條件下，一般蒸餾塔的廢液排放約在3%，而超重力床的排放可控制於0.5%以下。

6.4.4 吸附

離心吸附技術（Centrifugal Adsorption Technology, CAT）係應用離心力增加微米級粒狀吸附劑與液體質傳速率，可應用於離子交換、水中揮發性有機物去除、藥用蛋白質回收與精細化學品生產等製程。其優點為容量低、接觸時間短、穩態操作與設備體積小[28]。固體吸附劑進入離心吸附器後，會被離心力驅動由內沿著法線方向向外移動，由外緣收集器收集後，經管線送往軸心排放，而轉輪外緣的液體與吸附劑以對流方向向軸心移動後排放。由活性碳吸附水中的丁醇實驗可知，轉速、相態密度差與顆粒直徑是影響吸附績效的主要因素[28]。

6.4.5 液／液萃取

1945年，帕德賓理雅克即將離心力應用於液／液分離技術上。當時，盤尼西林的分離是一個困擾業界的大問題。由於盤尼西林與溶劑會形成乳化狀態，傳統的溶劑萃取只能在低pH的情況下有效，但是酸性會造成產品退化。他以一個多孔、螺旋狀的通道作為旋轉輪填料，然後裝置在一個已獲得專利的氣液接觸器，成功地解決了盤尼西林的分離問題[1]。由於此設備所需的液體容量低、比重差異小（0.2）、接觸時間短、離心力大與高達十個理論萃取階段的液液對流接觸，此技術可以回收98%的產品。此後，離心萃取已成為化工業普遍使用的方法。

6.4.6 結晶

離心力可應用於反應結晶的製程中。以二氧化碳與氫氧化鈣溶液化合反應、以產生奈米級的碳酸鈣為例，主要控制反應的步驟為二氧化碳的吸收與固體氫氧化鈣的溶解。溶液過飽和的程度受反應速率與顆粒大小影響。由於旋轉填料床可加強混和與質傳程度，不僅可產生平均直徑30奈米的碳酸鈣產品（**圖6-18(a)**），還可降低反應時間4～10倍。轉速、氣液比與初始氫氧化鈣的濃度是決定反應速率的主要因素。產品顆粒大小與轉速有關，轉速愈大，顆粒愈小[29]。1997年完成40噸／年原型機，四年後完成10,000噸／年生產工廠（**圖6.18(b)**）。**表6-8**列出不同規模的體積與生產量。

其他案例為：

1.氫氧化鋁：由偏鋁酸鈉、水與二氧化碳的反應中沉澱，形成1～10奈米直徑、50～300奈米長的纖維狀氫氧化鋁。轉速、氣體與液體流速與初始濃度是控制顆粒大小的主要參數[30]。

2.碳酸鍶：平均直徑40奈米的碳酸鍶可由硝酸鍶與碳酸鈉反應後沉澱而形成。蒸發沉澱過程可應用蒸氣壓縮與旋轉碟強化。蒸氣先經壓縮後，在旋轉碟底部冷凝，可提供熱能加熱沉澱溶液，因此可提高

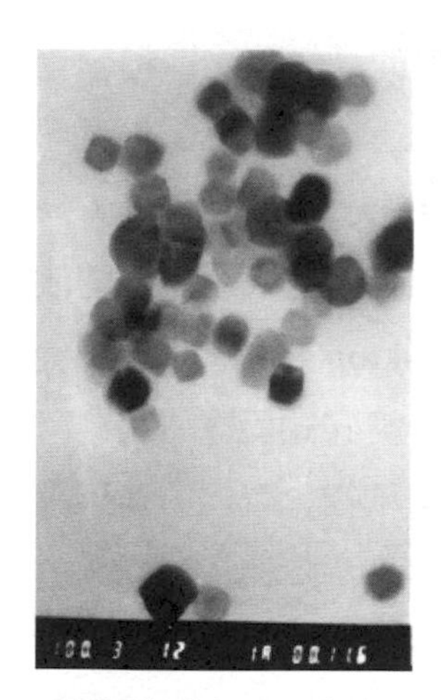
(a)平均直徑：30奈米

(b)10,000噸／年工廠

圖6-18　以旋轉填料床生產奈米級碳酸鈣

製程溫度、降低所需表面與縮短沉澱時間[31]。

3.原料藥的沉澱：將固體原料藥在旋轉碟中，重新溶解後再快速沉澱，可產生1～15奈米級的產品[32]。

6.5 旋轉碟反應器

傳統批式攪拌式反應器最大的缺點是物料的混和程度與反應器的體積有密切的關係。由於攪拌器所產生的旋渦中間的循環速度與攪拌器轉速有關，而停留時間與反應器的直徑成正比，因此當反應器體積增加時，如果攪拌器的速度不變，則停留時間會增加。如果維持同樣的停留時間，就必須降低攪拌器的速度。因此當一個新製程由實驗室規模放大時，就會產生嚴重的問題。美國食品與藥物署堅持藥物的開發必須經過嚴謹的實驗室、原型工場與實體工場的程序驗證。由於法規繁瑣與行政效率的耽誤，新藥開發速度慢且費時[41]。

藥物的價格高、產量小。以一個年產只有500噸的高價藥物或精密化學品而言，假設反應物與溶劑約為產品的4倍，若以連續式反應器生產，每年操作時間以8,000小時估算，則每秒流速只有70毫升（4.2升／分）。因此只要將這種規模的連續式製程在實驗室中開發出來，即可避免製程放大所需的行政管理與監督的問題。這種案頭式（Desktop）生產方式適於新藥物的開發與客製品的生產。一個直徑30釐米的旋轉碟式反應器每秒可處理30公克的原料，每年可生產900噸聚合物或216噸精細化學品。若以批式反應器生產，反應器體積高達2,000公升。

由於超重力旋轉填料床已成功的應用於吸收、蒸餾、冷凝、結晶、萃取與反應等化工製程單元，因此將離心力應用於化學反應器中是大勢所趨，旋轉碟式就在這種情況下產生。

6.5.1 構造

圖6-19顯示一個旋轉碟反應器的外觀與構造。它與旋轉填料床類似，具有一個由馬達驅動的高速旋轉桿所帶動的轉盤，可促進流體間的接觸與混和。

液體由反應器上端的管線進入旋轉碟的中心，經旋轉碟的作用，形成高剪力的液體薄膜，由中心沿切線方向向外流動，最後由反應器底部排放（**圖6-20**）。流過旋轉碟表面的液膜很不穩定，內膜會被破裂成螺旋狀的紋波，可加強質傳與熱傳績效（**圖6-21**），最適於會產生高熱流或高黏度流體的化學反應[1]。

6.5.2 流體停留時間

假設在穩定、無波紋的流動、旋轉碟與液體表面沒有滑溜現象與氣液介面沒有剪力存在的條件下，停留時間可用下列公式表示：

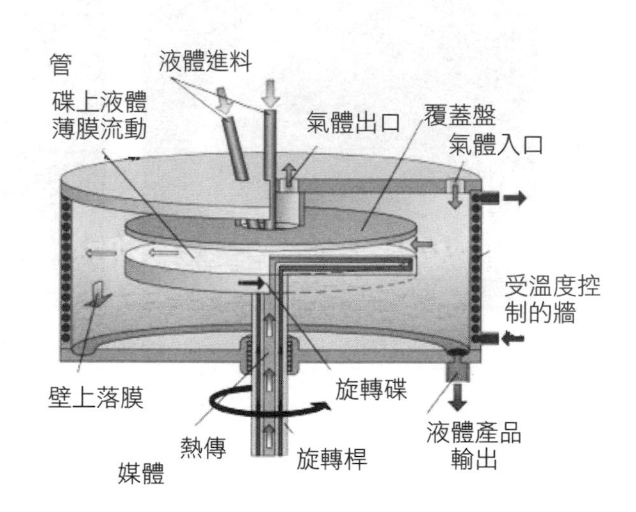

圖6-19　旋轉碟反應器的外觀與構造[1]

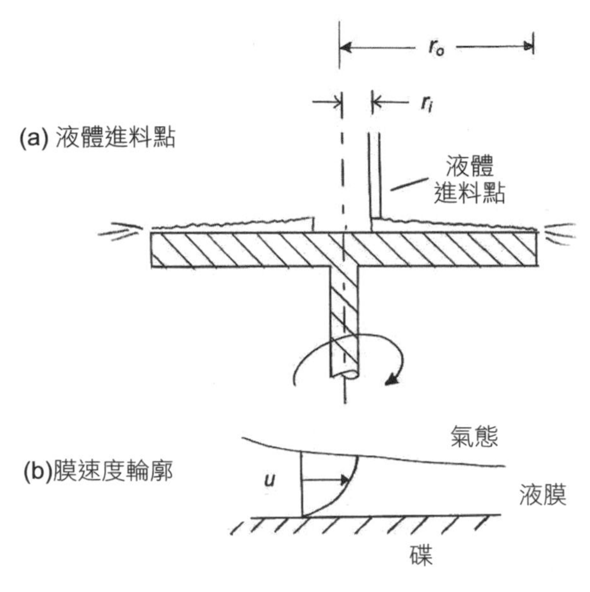

圖6-20　(a)液體膜在旋轉碟示意圖；(b)細圖

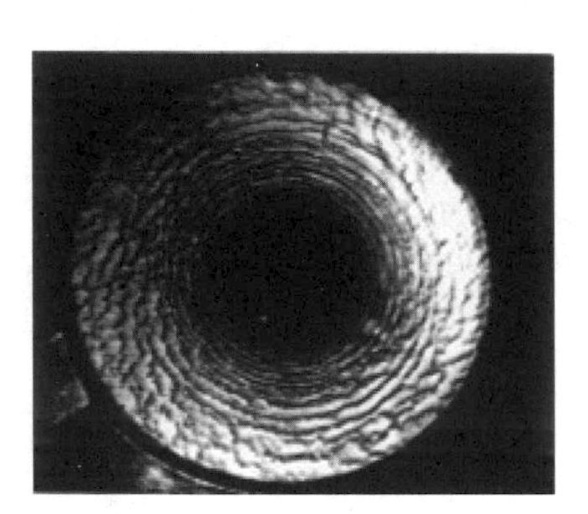
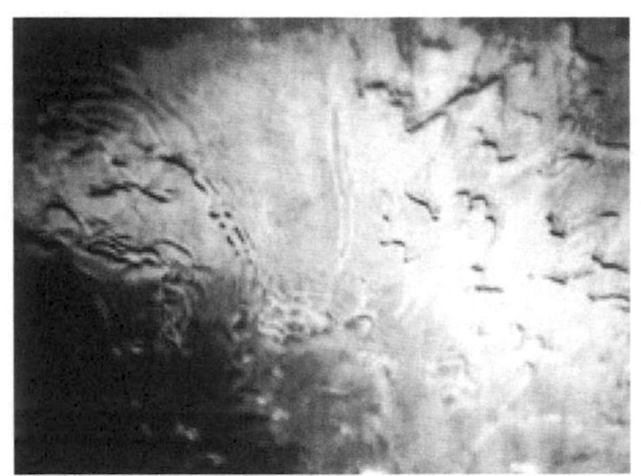

圖6-21　旋轉碟上液膜的波紋[1]

$$t=\int_{R_i}^{R_0}\frac{dr}{U_o}=\frac{3}{4}\left(\frac{12\pi^2\rho\mu}{M^2\omega^2}\right)^{1/3}\left(r_o^{4/3}-r_i^{4/3}\right) \quad (6\text{-}3)$$

公式（6-3）中，t為停留時間（秒）、r_0、r_1為旋轉碟與液體入口處的半徑（公尺）、M為液體質量流速（公斤／秒）、ϱ密度（公斤／公秉）、ω角速度（弧度／秒）、μ黏度（N-s/m^2）。

以水流過一個直徑250毫米的旋轉碟為例，應用下列數據：

r_0=0.05公尺、r_1=0.25毫米、ω=100／秒、M=0.03公斤／秒、ϱ=1,000公斤／公秉、μ=0.001N-s/m^2，則停留時間為0.25秒，膜厚度為28微米。高分子聚合物的黏度高（約101N-s/m^2），停留時間較長，約5秒，膜厚度為600微米[1]。

6.5.3 質傳與熱傳

旋轉碟反應器的質傳係數與碟的半徑關係如**圖6-22**所顯示，轉速愈高、半徑愈大，質傳係數愈高。由實驗所得的質傳係數遠比應用下列Higbie的模式所計算出的係數高[42]：

$$k_L=\left(\frac{D}{\pi}\right)^{1/2}\left(\frac{2M^2\omega^2}{3\pi^2\rho\mu}\right)^{1/6}\left(\frac{r}{r_1}\right)^{2/3}\frac{1}{\left(r^{4/3}-r_1^{4/3}\right)^{1/2}} \quad (6\text{-}4)$$

熱傳係數與碟半徑的關係如**圖6-23**所顯示，熱傳係數遠比一般熱交換器高出5～15倍之多[42]。

6.5.4 案例

總化學反應速率會受質傳速率與分子間的微觀反應速率影響。當分

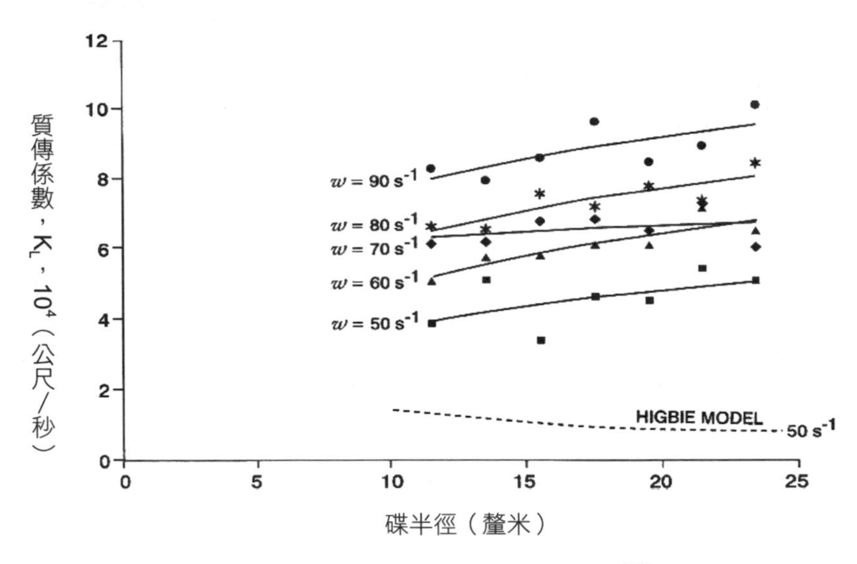

圖6-22　質傳係數與碟半徑的關係[42]

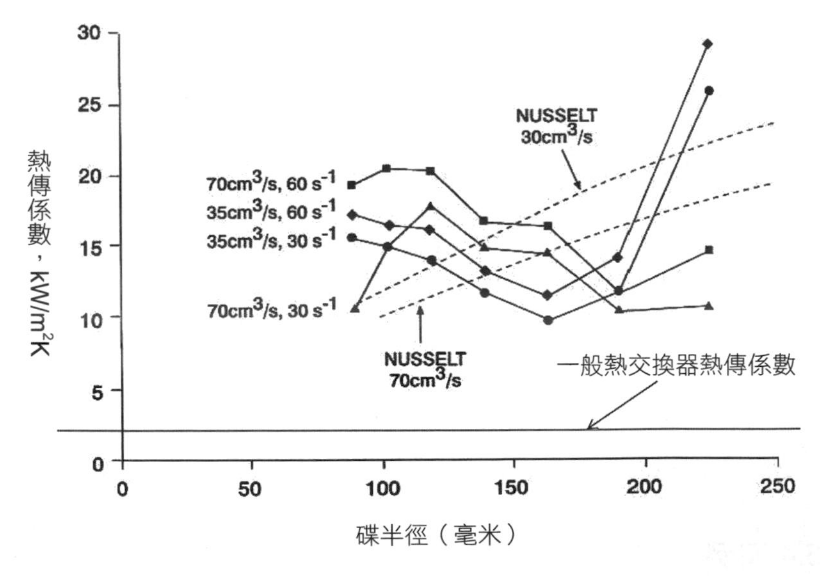

圖6-23　熱傳係數與碟半徑的關係[42]

子間化學反應速率快速時，總反應速率快慢受質傳速率的控制。由於超重力旋轉碟反應器可大幅增加質傳與熱傳速率，因此亟適用於快速或放熱化學反應的製程上[21]。

一、聚苯乙烯

聚苯乙烯的合成是一個很好的範例，因為離心力可以將高黏度的聚合物混和均勻，可以大幅縮減反應時間。蘭姆蕭等曾應用**圖6-24**所顯示的旋轉碟反應器進行聚苯乙烯的合成反應，發現轉化率愈高，所節省的時間愈長。當轉化率接近80%時，約可節省100分鐘的反應時間（**圖6-25**）[34]。

二、聚酯

聚酯（Polyesters）是由馬林酐與乙二醇經聚縮合反應所產生的。在反應過程中，必須將所產生的水由分子量愈來愈大、黏稠度愈來愈高的

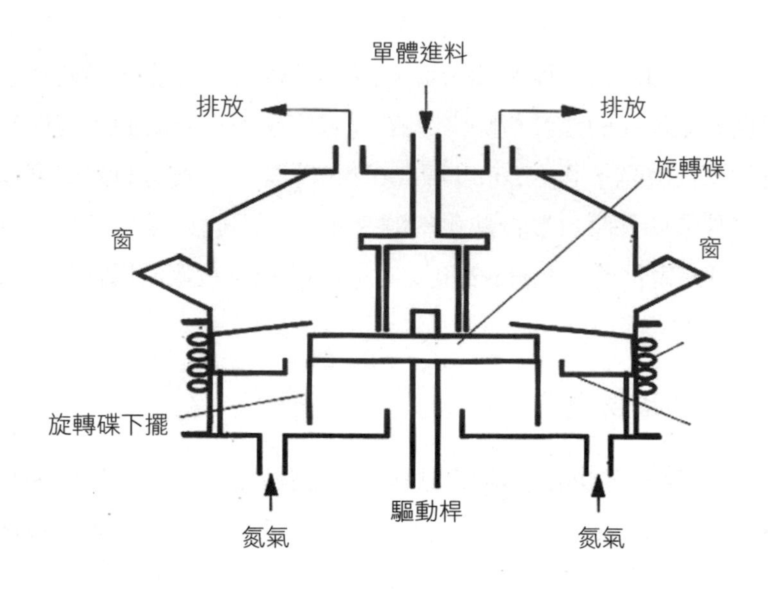

圖6-24　合成聚苯乙烯的旋轉碟反應器構造[41]

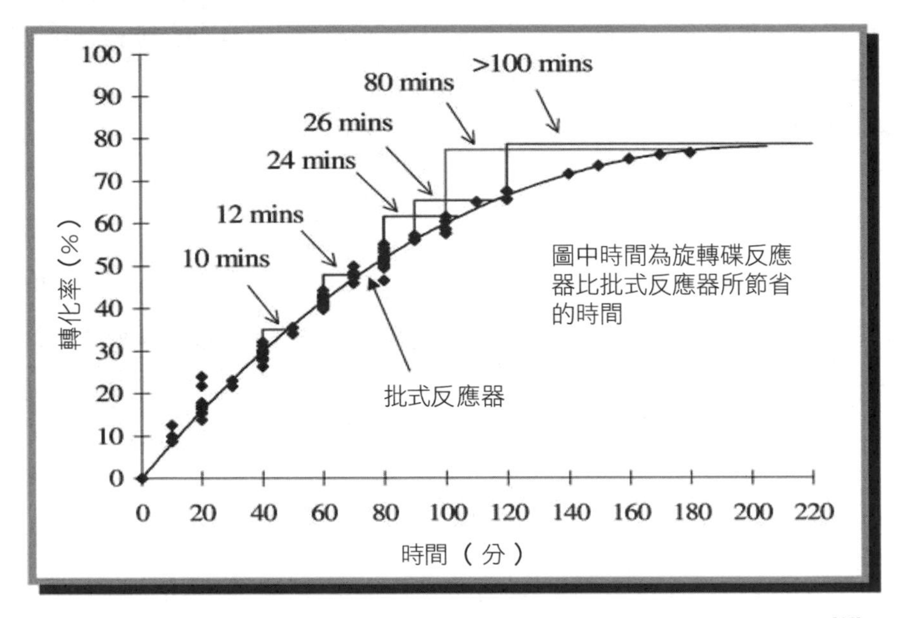

圖6-25　旋轉碟反應器與批式反應器應用於聚苯乙烯合成的比較[41]

聚合物中移除，否則轉化率會受到化學平衡的限制。旋轉床中物質的質傳速率高，不僅可縮短反應時間，而且離心力會將高黏度液態產物形成薄膜，可促成副產品的蒸發移除[33]。蘭姆蕭等應用一個表面上有凹槽的銅製的旋轉碟反應器，可在200度與100rpm轉速下，成功的完成聚酯的合成。由於酸價降低時，聚合轉化率隨之上升，因此只需量測酸價的變化，即可換算出轉化率。由**圖6-26**可知，旋轉碟所需反應時間比傳統批式反應器約減少190分鐘。

三、精密化學品合成

Darzens反應又名Darzens縮合或縮水的酯類縮合反應，是俄國化學家Auguste Georges Darzens於1904年所發現的。它的反應式如**圖6-27**所顯示，係將酮類或醛類有機化合物與α-氯化聚酯在鹼性溶液中混和，以產生$\alpha\beta$-環氧聚酯（縮水甘油酸酯）的反應[35]。2000年，英國葛蘭素史克

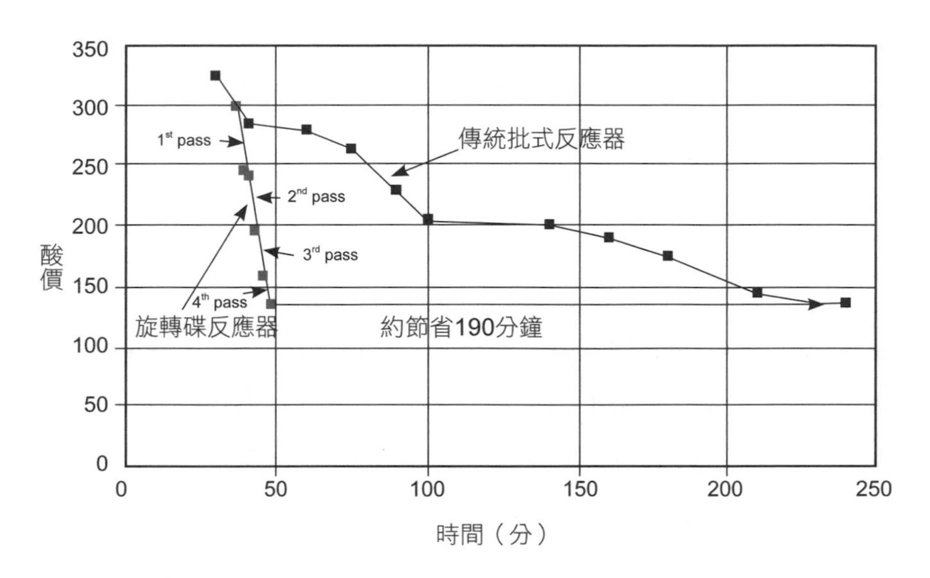

圖6-26　聚酯合成反應中，酸價與反應時間的關係[33]

圖6-27　Darzens反應

（GlaxoSmithKline）公司的研究人員曾應用旋轉碟可將所需的反應物容量與不純物分別降低99%與93%[43]。

2001年，一個直徑20公分旋轉碟曾被應用於α-氧化蒎烯（α-pinene Oxide）的重組，以產生龍腦烯醛（Campholenic Aldehyde）的反應。連續式旋轉碟反應器的反應時間僅1秒鐘，約為傳統批式反應器的三百分之一，因此它每小時可處理209公斤的原料，遠比批式高175倍。龍腦烯醛是

檀香為合成香料的重要中間體香水製造的中間產物，如每年生產時間以8,000小時估算，這種桌上型旋轉碟每年即可生產1,300～1,500噸產品，已具商業化規模。

四、發酵反應

德國慕尼黑工業大學的沃特教授等（H. Voit, F. Gotz, A. B. Mersmann）應用一個離心生化反應器以提高肉葡萄球菌（Staphylococcus carnosus）生產脂肪酵素的生產力。他們發現旋轉床對微生物成長或蛋白質沒有影響，但氧氣的傳輸速率為傳統搖擺式反應器中10倍[36]。

五、異丁烯異戊二烯橡膠聚合

異丁烯與異戊二烯所產生異丁烯異戊二烯橡膠的聚合反應是一次反應，具有反應速率快、低溫（攝氏零下100度）與高放熱量等特點。在傳統的攪拌式反應器中，反應時間約5～50毫秒。北京化工大學陳建峰教授等應用一個轉輪外徑258毫米、內徑150毫米、高度50毫米的旋轉碟，可在較低的壓力（100kPa）下，將反應時間縮減0.01～0.1毫秒間[37, 38]。

六、MDI生產

MDI是4,4-二苯基甲烷二異氰酸酯（4,4'-diphenylmethane Diisocyanate，化學式$4,4\text{-}CH_2(C_6H_4NCO)_2$），其同份異構物與聚合物的通稱。MDI的合成程序是先以苯胺為原料，與甲醛在酸性溶液中縮合反應，再經鹼中和、蒸餾等步驟，產生二氨基二苯甲烷，最後與碳醯氯反應與精餾精製。由於縮合反應不僅速率快，而且還會放出大量熱能。如果甲醛與苯胺無法快速在酸性溶液中快速地均勻混和，或溫度控制不良，很容易產生2-甲基苯胺、2-甲基複合物等副產品，不僅產率低，而且可能造成管線的堵塞。應用旋轉碟不僅可促進反應物分子間的快速混和，而且還可快速將所產生的熱能移出，因此將產能由每年16萬噸提高至24萬噸，並節省

圖6-28　山東煙台萬華公司MDI工廠[39]

20%能源需求。副產品減少30%後，管線的堵塞問題也隨之解決。

西元2000年，煙台萬華公司與蘇州海基環保科技公司合作，興建了三條30萬噸／年的工廠（圖6-28）。

6.6 結語

超重力旋轉填料床已成功的應用於吸收、蒸餾、沉澱、氣提與奈米級顆粒製造等化工或環工製程中，而旋轉碟反應器也成功地應用於快速與高放熱聚合反應或精密化學品的合成。此技術亟適於受限於質傳的化工單元操作或速率快速的化學反應上。

商業化的應用已有十五年以上的歷史，但是由於化學相關產業為資本與技術密集的產業，技術的更新需要很長的試用期。一般工程師態度保守，除了不願意接受新觀念與技術外，對於高速離心機的放大與操作的安全性仍然存疑。有機化學師從中學起即已習慣使用燒杯、攪拌器與試管執行化學反應的任務，很難放棄既有的習慣而使用高速率與高產能的旋轉碟

式反應器，反而在現代工業化起步不到三十年歷史的中國，商業化的應用案例遠多於歐、美、日本等先進國家。

參考文獻

1.Trent, D. (2003). Chemical processing in high-gravity fields. In *Re-Engineering the Chemical Processing Plant*. Marcel Dekker, New York, USA.

2.Guo, K., Guo, F., Feng, Y., Chen, J., Zheng, C., Gardner, N. C. (2000). Synchronous visual and RTD study on liquid flow in rotating packed-bed contactor. *Chem. Eng. Sci. 55*(9), 1699-1706.

3.Basic, A., Dudukovic, M. P. (1992). Hydrodynamics and mass transfer in rotating packed bed. In Heat and Mass Transfer in Porous Media Conference Proceedings, 651-662.

4.Rao, D. P., Bhowal, A., Goswami, P. S. (2004). Process intensification in rotating packed. *Che. Engr. Res., 43*, 1150-1162.

5.Burns, J. R., Ramshaw, C. (2000). Process intensification:operating characteristics of rotating packed bedsdetermination of liquid hold-up for a high void agestructured packing. *Chem Eng Sci, 55*, 2401-2415.

6.Munjal, S., Dudukovic, M. P., Ramachandran, P. (1989). Mass transfer in and gravity flow. *Chem. Engr. Sci., 44*(10), 2257-2268.

7.Liu, H-S, Lin, C-C, Wu, S-C, Hsu, H-W (1996). Characteristics of a rotating packed bed. *Ind Eng Chem Res, 35*, 3590-3596.

8.Jacobsen, F. M., Beyer, G. H. (1956). Operating characteristics of a centrifugal extractor. *AIChE J., 2*(3), 283-289.

9.Gardner, N., Keyvani, M., Coskundeniz, A. (1993). Flue gas desulfurization by rotating beds. U. S. Department of Energy, DOE#DE-FG22-87PC 79924.

10.Trent, D., Tirtowidjojo, D. (2001). Commercial operation of a rotating packed bed (RPB) and other applications of RPB technology. In Gough, M., ed. 4th International Conference on Process Intensification in Practice. London: BHR Group, 11-19.

11.Sandilya, P., Rao, D. P., Sharma, A., Biswas, G. (2001). Gas-phase mass transfer in a centrifugal contactor. *Ind Eng Chem Res, 40*, 384-392.

12.Jassim, M. S., Rochelle, G., Eimer, D., Ramshaw, C. (2007). Carbon dioxide absorption and desorption in aqueous monoethanolamine solutions in a rotating packed bed. *Ind. Eng. Chem. Res., 46*, 2823-2833.

13.林佳璋（2004）。〈超重力技術原理與應用〉。長庚大學。

14.田錦川、李清方（2008）。〈含硫天然氣超重力脫硫技術成功應用〉。《中國石化報》（2008年6月11日）。

15.中國化工報（2011年8月30日）。〈亞洲最大尾氣吸收脫硫裝置投用〉。

16.Zheng, C., Guo, K., Song, Y., Zhou, X., Ai, D. (1997). Industrial practice of higravitec in water deaeration. In Semel J, ed. 2nd International Conference on Process Intensification in Practice. London: BHR Group, 273-287.

17.陳建銘、宋云華（2002）。〈用超重力技術進行鍋爐給水脫氧〉。《化工進展》，6。

18.Cummings, C. J., Quarderer, G., Tirtowidjojo, D. (1999). Polymer devolatilization and pelletization in a rotating packed bed. In Green A, ed. 3rd International Conference on Process Intensification for the Chemical Industry. London: BHR Group, 147-158.

19.Singh, S. P. (1989). Air Stripping of Volatile Organic Compounds from Groundwater: An Evaluation of a Centrifugal Vapor-Liquid Contactor. Ph. D dissertation, The University of Tennessee, Knoxville.

20.Kelleher, T., Fair, J. R. (1996). Distillation studies in a high-gravity contactor. *Ind Eng Chem. Res, 35*(12), 4646-4655.

21.Ramshaw, C. (1993). The opportunities for exploiting centrifugal fields. *Heat Recovery Systems CHP, 13*(6), 493-513.

22.Ramshaw, C. (1983). Higee distillation-An example of process intensification. *Chem Eng, 389*, 13-14.

23.Kelleher, T., Fair, J. R. (1993). Distillation studies in a high-gravity contactor. Separations Research Program, University of Texas, Austin.

24.Lin, C. C., Ho, T. J. and Liu, W. T. (2002). Distillation in a rotating packed bed. *J. Chem. Eng. Jpn., 35*(12), 1298-1304.

25.Linek, V., Moucha, T., Rejl, F. J. (2001). Hydraulic and mass transfer characteristics of packings for absorption and distillation columns. *Rauschert-Metall-Sattel-Rings,Trans IchemE, 79*, 725-732.

26.Fair, J. R., Seibert, F., Behrens, M., Saraber, P. P., Olujić, Ž. (2000). Structured packing performance-experimental evaluation of two predictive models. *Industrial & Engineering Chemistry Research, 39*(6), 1788.

27.Chen, J. F. (2009). The recent development in Higee technology. Green Process

Engineering Congress and the European Process Intensification Conference (GPE-EPIC), Venice, Italy, June 14-17.

28.Bisschops, M. A., van der Wielen, L., Luyben, K. (1997). Centrifugal adsorption technology for the removal of volatile organic compounds from water. In Semel J, ed. 2nd International Conference on Process Intensification in Practice. London: BHR Group, 299-307.

29.Chen, J., Wang, Y., Jia, Z., Zheng, C. (1997). Synthesis of nanoparticles of $CaCO_3$ in a novel reactor. In Semel J, ed. 2nd International Conference on Process Intensification in Practice. London: BHR Group, 157-164.

30.Chen, J-F, Wang, Y-H, Guo, F., Wang, X-M, Zheng, C. (2000). Synthesis of nanoparticles with novel technology: high-gravity reactive precipitation. *Ind Eng Chem Res, 39*, 948-954.

31.Ramshaw, C. (1984). Process intensification-incentives and opportunities. In L. K. Doraiswamy, R. A. Mashelkar, eds., *Frontiers in Chemical Reaction Engineering*, *Vol. 1*, 685-697, Wiley, New York.

32.Oxley, P., Brechtelsbauer, C., Ricard, F., Lewis, N., Ramshaw, C. (2000). Evaluation of spinning disk reactor technology for the manufacture of pharmaceuticals. *Ind Eng Chem Res, 39*, 2175-2182.

33.Higee Energy And Environmental Technology (2014). So_2 Removal. Pittsburgh, PA, USA.

34.Boodhoo, K. V. K., Jachuck, R. J., Ramshaw, C. (1997). Spinning disc reactor for the intensification of styrene polymerization. In Semel J, ed. 2nd International Conference on Process Intensification in Practice. London: BHR Group,125-133.

35.Darzens, G. (1904). Method generale de synthese des aldehyde a l'aide des acides glycidique substitues. *Compt. Rend., 139*, 1214.

36.Voit, H., Gotz, F., Mersmann, A. B. (1989). Overproduction of lipase with Staphylococcus carnosus (pLipPS1) under modified gravity in a centrifugal field bioreactor. *Chem Eng Technol, 12*, 364-373.

37.Chen, J. F., Gao, H., Chu, G. W., Zhang, L., Shao, L., Xiang, Y., Wu, Y. X. (2010). Cationic polymerization in rotating packed bed reactor: Experimental and modeling. *AIChE Journal, Volume 56*, Issue 4, 1053-1062.

38.Zhao, H., Shao, L., Chen, J. F. (2010). High-gravity process intensification technology and application. *Chemical Engineering Journal, 156*(3), 588-593.

39.海機環能（2014）。〈三條30萬噸／年超重力MDI生產線〉。

40.陳建峰（2007）。中國專利200710120712.7。

41.Ramshaw, C. (2003). The spin disc reactor. In *Re-Engineering the Chemical Processing Plant*. Marcel Dekker, New York, USA.

42.Anoue, A., Ramshaw, C. (1999). *Int. J. Heat &Mass Transfer, 42*, 2543-2536.

43.Oxley, P., Brechtelsbauer, C., Ricard, F., Lewis, N., Ramshaw, C. (2000) Evaluation of spinning disk reactor technology for the manufacture of pharmaceuticals. *Industrial & Engineering Chemistry Research, Vol. 39*, 2175-2182.

44.Vicevic, M., Jachuck, R. J., Scott, K. (2001). Process intensification for green chemistry: Rearrangement of pinene oxide using a catalyzed spinning disc reactor. 4th International Conference on Process Intensification for the Chemical Industry, Brugge, Belgium, Sept. 10, 2001.

Chapter 7

功能強化一：觸媒、多能源整合

7.1 前言

功能強化係將幾個不同功能的設備經整合後，產生「一加一大於二」的效果，也就是企業管理中所謂的協同效應（Synergy）或著名的武俠小說作者梁羽生所說的「雙劍合璧、天下無敵」的意思。首先介紹Synergy這個字給美國管理界的學者是戰略管理的鼻祖——伊戈爾・安索夫（H. Igor Ansoff, 1918-2002）（**圖7-1**）。他認為朋友間的互補聯盟會產生「一加一大於二」的效果（安索夫當初以2+2等於5為例）。目前，企業界普遍認為兩個互補的企業合併後，會產生更大的利潤。

圖7-1　伊戈爾・安索夫

協同效應在醫藥、人事管理、電腦程式、傳媒等領域中的案例眾多，例如：

1.將麵粉、水、酵母混和後，再送進烤箱加熱，可以做出好吃的麵包。
2.兩種或兩種以上的毒物混和後，毒性增加，死亡率高於預期的百分比。

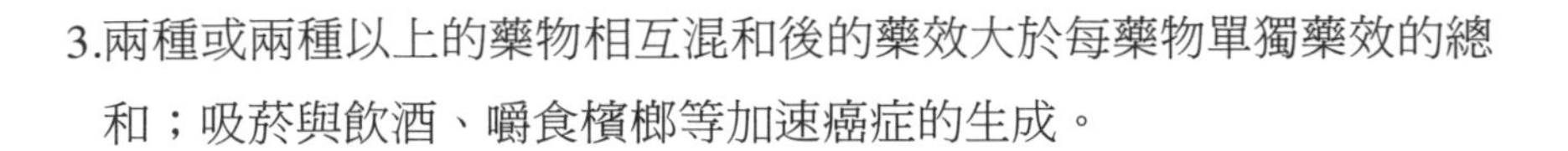
3.兩種或兩種以上的藥物相互混和後的藥效大於每藥物單獨藥效的總和；吸菸與飲酒、嚼食檳榔等加速癌症的生成。

傳統化學製程係以混和、反應、能量交換（加熱、冷卻、冷凍等）、分離（蒸餾、吸收、吸附、結晶等）等物理或化學程序為單位，再以管線連結與幫浦、壓縮機等驅動設備所組合而成的。由於每一個製程設備或單元皆有其特殊功能，不僅設計與製造模組化，而且易於操作與維護。然而，從製程強化的角度而言，以此種設計理念所設計出的工廠製程設備多而複雜、投資成本高，能源使用低，而且風險高。如能將不同的功能整合在一個多功能的反應器或設備中，可能會產生降低投資成本、能源回收或效率提升、改善產品的選擇性、降低原料損耗等成效。

傳統的化學製程中偶有協同效應的案例出現，例如煉油廠中的流體觸媒裂解（Fluid Catalytic Cracking, FCC）製程就是一個很好的案例。早在1940年代，美國紐澤西標準石油公司（Exxon-Mobil石油公司的前身）的工程師就將熱能管理、觸媒傳送、裂解與觸媒再生等設計在一個由反應器與再生器所組合的孿生反應器中（**圖7-2**）。然而，這種功能整合的設計理念並未普遍為化學工程師所認同，一直到了二十世紀的末期，才開始受到重視。

製程的協同效應可分成下列幾個類型（**圖7-3**）[1,2]：

1.觸媒層次：觸媒功能的整合。

2.多元能源應用：光、電場、超音波、微波等組合。

3.製程單元的整合：化學反應、熱能交換或分離程序的整合。

圖7-2所顯示的流體觸媒裂解反應器就是應用固體觸媒的循環以結合反應與再生的功能。本章僅介紹觸媒與多元能源型式的應用，製程整合則在第八章與第九章內探討。

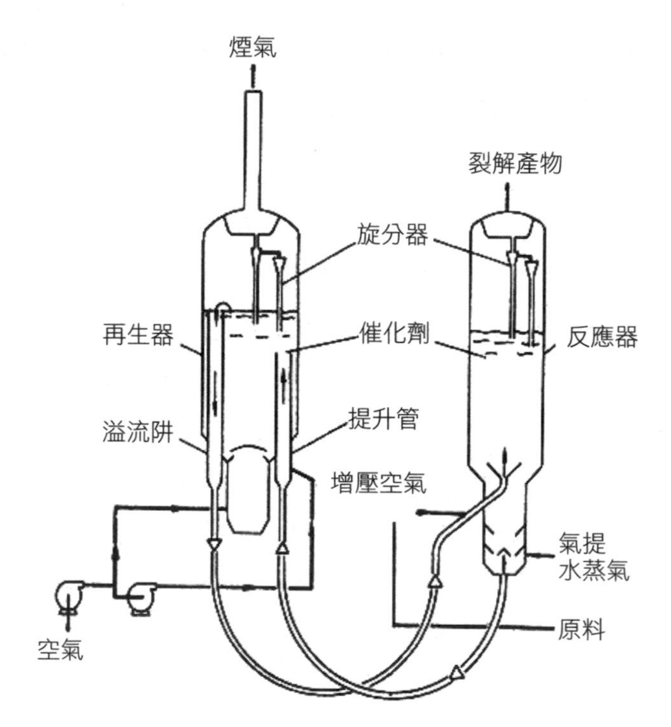

圖7-2　流體化觸媒裂解反應器

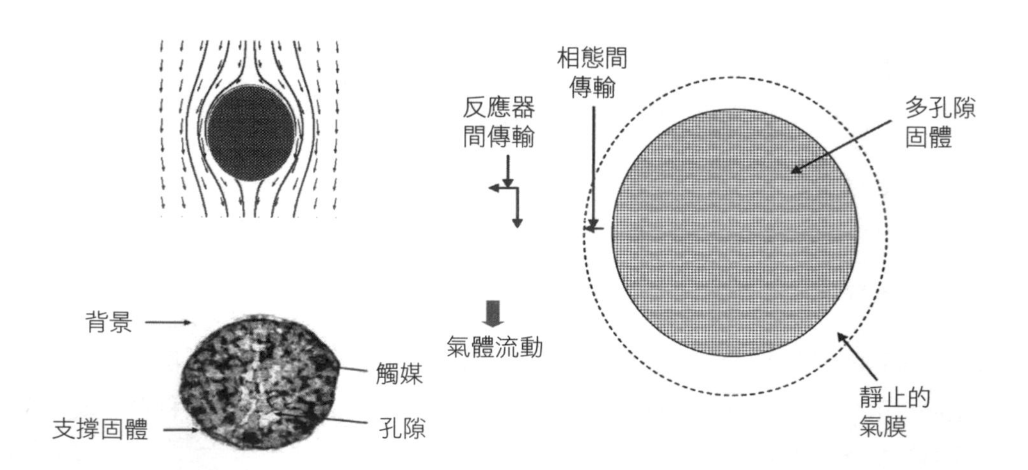

圖7-3　反應介質中的觸媒顆粒[1]

7.2 觸媒層次協同作用

化學反應器的績效與觸媒有很大的關係。相關研究發現將觸媒功能與下列功能結合可以產生驚人的協同效應[1]：

1.次級催化作用（雙功能觸媒）。
2.傳輸特徵的加強。
3.新奇的觸媒型態。
4.能量傳輸特性。
5.反應物傳輸特性。

表7-1列出一些可以產生協同效應的多功能觸媒的案例。

7.2.1 雙功能觸媒

雙功能觸媒為兼具金屬與酸觸媒的催化功能的觸媒。常見的雙功能觸媒為應用於觸媒重組工場中的鉑／氧化鋁或鈀／沸石觸媒。觸媒重組是將低辛烷值輕油轉化成高辛烷值汽油的製程，也是苯、甲苯、二甲苯的

表7-1　多功能觸媒應用案例[1]

應用案例	功能一	功能二	效益
觸媒重組	催化	催化	高時空產率
	除氫	分子結構重組	
丁烷氧化	催化	增加磨損物停留時間	溫度控制與選擇性強化
	氧化		
烯類的加氫甲醯化	催化	封裝	易於將產品與觸媒分離
	反應	均勻相觸媒	
烴化	催化	強化擴散與穩定度	提升品質與延長觸媒壽命
	石蠟的烯烴化		
流體觸媒裂解	觸媒裂解	提供能量傳輸	節省能源

上游工場。它的主要反應為先將直鏈碳氫化合物的部分氫原子脫除，再經異構化與環化作用，以產生苯、甲苯、二甲苯等環狀芳香族化合物。為了促使這幾個反應發生，必須應用一個脫氫與環化的金屬觸媒與異構化的酸性觸媒。兼具金屬與酸觸媒的催化功能的鉑／氧化鋁或鈀／沸石雙功能觸媒，較鉑金屬與礬土酸性觸媒的混合物的活性高與壽命長[3]。兼具酯化與部分氧化雙功能的鈀／苯乙烯與二乙烯苯共聚物（Pd/SDB）觸媒，可將含水酒精催化反應生成乙酸乙酯，部分氧化反應會造成鈀金屬的聚集，而且酸觸媒的加入，有利於酯化反應的產生[4]。

7.2.2 耐磨損觸媒

循環式流體化床中的觸媒不斷地在幾個桶槽中快速流動，所受的磨損力遠較在一般固定床中高，因此耐磨性是評估觸媒的一個重要的效標。耐磨觸媒案例如下：

1. 美國杜邦公司研究人員以噴霧乾燥方式將矽水凝膠塗布在應用於四氫呋喃製程中的磷酸釩觸媒的表面上，可將磷酸釩封閉於矽膠殼內，以防止活性位置受損。由於矽膠的孔隙多，可允許反應物與生成物由孔隙進出，與觸媒活性位置作用[5]。
2. 浙江萬里大學滕立華曾經將矽溶膠黏結劑以噴霧乾燥方式塗布在催化甲醇合成反應的$CuO/ZnO/Al_2O_3$觸媒與甲醇脫氫的HZSM-5觸媒上。研究結果顯示，耐磨性與矽溶膠的濃度成正比、0～20%間矽溶膠的濃度對觸媒活性幾乎沒有影響、一氧化碳轉化率與二甲基醚產率隨矽溶膠濃度增加而降低[6]。
3. 美國再生能源研究所研究團隊開發出一種具耐磨特性的水蒸氣重組觸媒，可以降低生質物氣化產氫觸媒在流體化床中的損失。他們首先製造出一種顆粒狀陶瓷擔體，再以金屬鹽前驅物塗布，最後煅燒塗布的陶瓷擔體，將金屬鹽類氧化為金屬氧化物[7]。

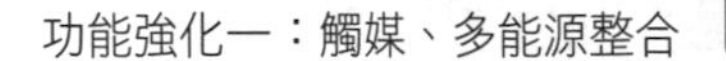

7.2.3 封閉式均勻相觸媒

均勻相觸媒（Homogeneous Catalyst）與反應物的相態相同，可以均勻混和，因此在催化過程中不受觸媒與反應物接觸表面積的限制。其缺點為觸媒回收困難，無法重複使用。如果能將均勻相觸媒固定或封裝於多孔狀的外殼上，則可解決回收的問題。

1. 戴維斯（M. E. Davis）曾將應用於加氫甲醯化反應的以銠金屬為基礎的均勻觸媒在1奈米直徑的空心二氧化矽微球體內合成。由於銠金屬複合物過於龐大，無法從微球的孔隙中擴散出去（圖7-4）。一氧化碳至液體的擴散也因此受到限制，有益於產品的選擇性[8]。
2. Abb Lummus Global公司的墨瑞爾等人（L. L. Murrell, R. A. Overbeek, Y. F. Chang, N. van der Puil, C. Y. Yeh）應用界面活性劑製造出奈米級微胞結構，可將均勻相觸媒包覆在內（圖7-5）。
3. 美國勞倫斯柏克萊國家實驗室（Lawrence Berkeley National Laboratory）將催化環丙烷反應的鉑、鈀、銠等金屬均勻相觸媒封

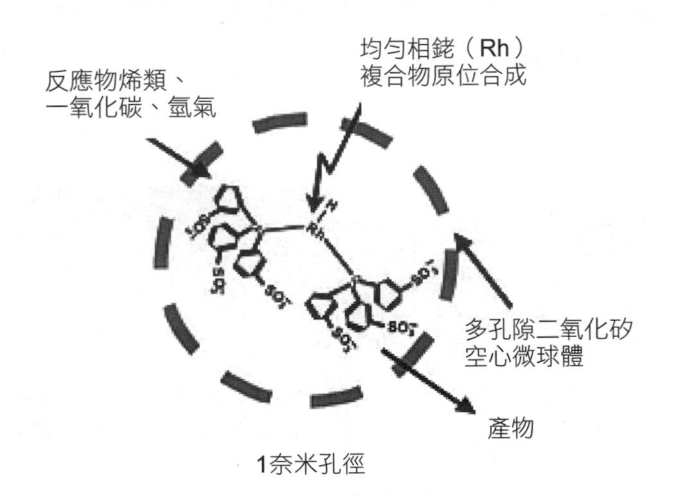

圖7-4　封裝於1奈米的微球內的均勻相觸媒[1]

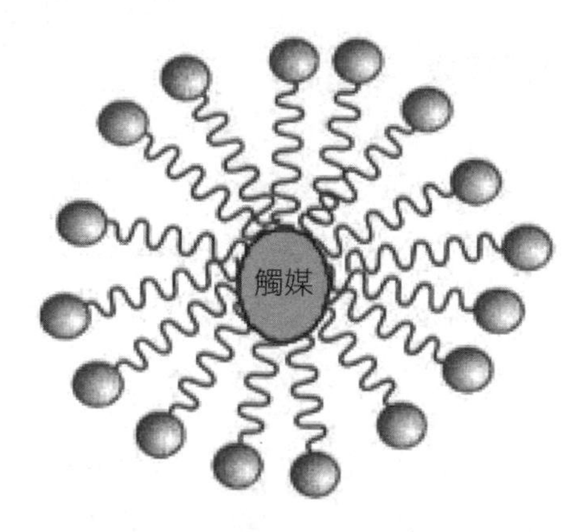

圖7-5　微胞奈米觸媒[9]

裝於奈米級的樹枝狀高分子聚合物內，可增加其活性與選擇性。由**圖7-6**的透視電子顯微鏡圖可知，反應前（左圖）與反應後（右圖）的封裝於樹枝狀高分子聚合物內的金觸媒（白點）沒有顯著的改變[10]。

4.英國蘇格蘭聖安德魯斯大學的安德生教授曾將加氫甲酰化反應的銠金屬觸媒封裝於沸石中，他發現沸石擔體的結構與配位基（Ligands）對於產品的選擇性影響很大。可見工業觸媒的開發，也會促進對於基礎化學的理解[11]。

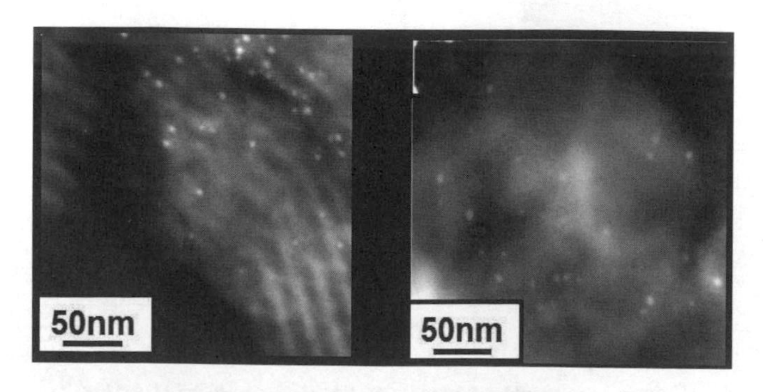

圖7-6　反應前後的結構比較[10]

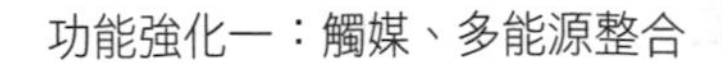

7.2.4 兼具吸附功能的觸媒

將非均相觸媒（Heterogeneous Catalyst）封裝於形狀選擇性的多孔隙的碳分子篩中，可以增加轉化率與產品選擇性。將應用於甲醇氨化反應的矽／鋁氧化物觸媒封裝孔隙直徑約0.5奈米的碳分子篩後，由於三甲基胺的分子太大，無法自分子篩的孔隙中擴散出去，導致甲基胺與二甲基胺的產率由67%增加至80%（**圖7-7**）。

7.2.5 薄膜觸媒

薄膜觸媒（Thin Film Catalyst）是將一層活性觸媒薄膜沉積在二氧化鋁固體擔體上，但不會穿透至擔體的內部。由於觸媒厚度非常薄，反應物擴散的阻礙相對地降低薄膜觸媒的應用如後：

1.美國Abb Lummus Global公司的墨瑞爾等人（L. L. Murrell, R. A. Overbeek, A. M. Khonsari）曾將烴化觸媒分散於膠體泥漿中，然後將膠體泥漿以噴霧方式噴在懸浮於流體化床中的多孔隙固體擔體

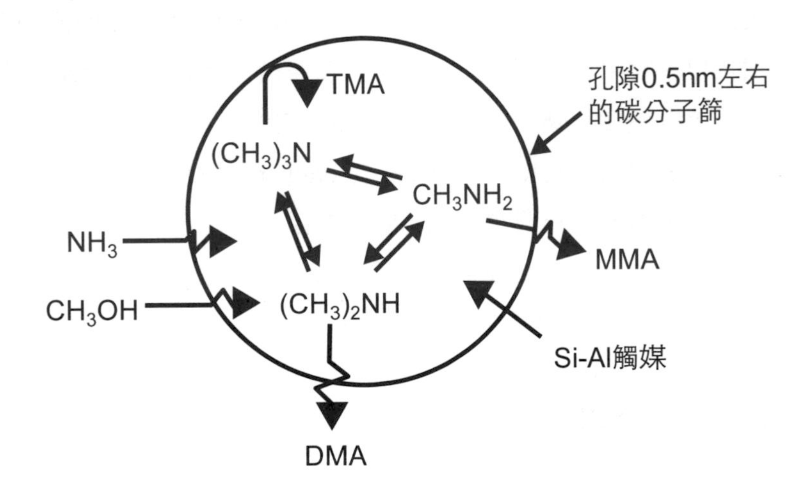

圖7-7　封裝於碳分子篩的Si-Al觸媒[17]

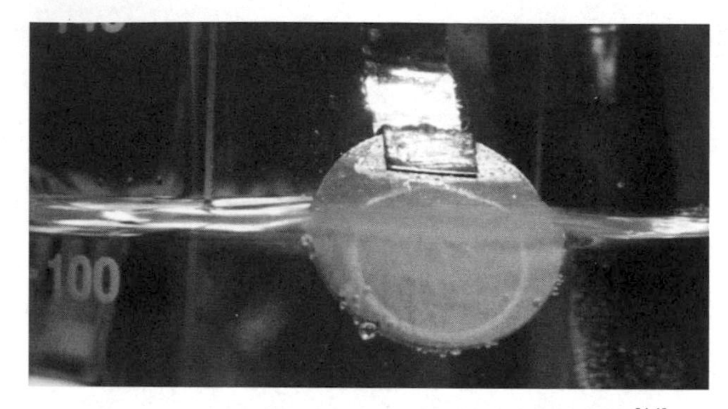

圖7-8　二硫化鉬為原料所製成的薄膜觸媒[14]

上，可在擔體表面塗布一層微薄的觸媒膜。實驗結果顯示，此種薄膜觸媒可延長壽命與產品選擇性[12]。

2.美國洛斯阿拉莫斯國家實驗室（Los Alamos National Laboratory）電子化學研究團隊開發出一種應用於高分子電解燃料電極的鉑／碳薄膜觸媒，可以提高觸媒效率[13]。

3.美國北卡羅萊納州立大學（North Carolina State University）曹林有博士開發出一種應用於以水解方式生產氫氣的薄膜觸媒（**圖7-8**）。這種以二硫化鉬（Molybdenum Disulfide, MoS_2）為原料所製成的薄膜觸媒的產氫率雖然不如鉑觸媒，但是價格低廉，頗具經濟價值。實驗結果顯示，績效與薄膜厚度成反比，單層原子的績效最高，每增加一層原子，成效降低5倍之多[14]。

4.美國奧瑞岡大學化學系Shannon Boettcher教授應用溶液合成方法，製造出極薄的以鎳與氧化鐵為原料的薄膜觸媒。此薄膜觸媒與半導體組合後，可以在太陽光照射下將水分解為氫氣與氧氣。最有效的薄膜厚度為0.4奈米[15]。

7.2.6 乾式沸石觸媒

小型實驗證明，觸媒的體積愈小，反應速率也愈高；然而，由於製

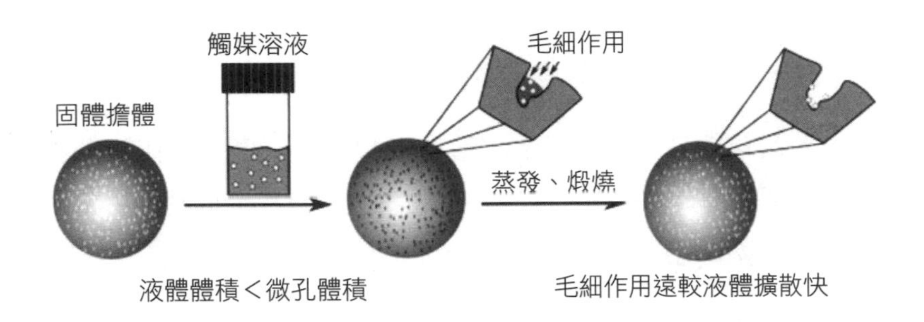

圖7-9　初濕含浸法

程與觸媒生產的限制，觸媒顆粒的縮減一直難以實現於工業界中。美國Abb Lummus Global公司的墨瑞爾等人（L. L. Murrell, R. A. Overbeek, Y. F. Chang, N. van der Puil, C. Y. Yeh）開發出一種乾式觸媒製造方法，可以製造出微孔體積大但顆粒小的沸石觸媒。他們先在多孔隙的二氧化矽—鋁沸石表面塗布上一層金屬氧化物，再將沸石以初濕含浸法（Incipient Wetness Impregnation）（**圖7-9**）浸漬於孔隙產生的液體中，最後再將沸石加熱乾燥之。由於浸漬液體量低，今僅能將固體濕潤，但無法進入固體的孔隙中，因此乾燥後的沸石觸媒仍能保持原有的微孔與孔隙度。此觸媒體積僅為一般觸媒的10～30%，但其活性卻高達2～3倍。

7.3 能源型式的結合

7.3.1 超音波與紫外光

一、光觸媒缺點

光觸媒中有下列兩個主要缺點：

1.表面吸附了汙染物與紫外光活性位置受到堵塞，而導致效率的降低。如欲維持光觸媒的高效率操作，必須經常清除觸媒的表面。

2.光觸媒氧化技術受到質量傳輸的限制。

由於液體經超音波可以產生大量聲波微流，不僅適於作為光觸媒表面清除，還可強化質傳速率。此外，當超音波與紫外光同時照射時，會產生更多的自由基，可以加速反應速率。

二、協同效應

超音波與紫外線的協同效應為[18]：

1.空化效應導致微泡附近的溫度與壓力的增加。

2.超音波所產生的聲波微流可清洗光觸媒的表面，提高觸媒效率。

3.震波的傳導可加強觸媒表面反應物與形成物的質量傳輸。

4.觸媒受到超音波的影響而破碎與斷裂，可增加表面積。

5.空泡效應所產生的自由基直接參與有機物的消除。

6.有機物直接與光照射所產生的表面孔洞與空泡條件下的電子反應。

圖7-10顯示一個連續式超音波與光觸媒組合的反應器。

三、案例

1.超音波與光觸媒的組合對於汙染物的去除可產生互補效應。由**表7-2**可知，兩者組合後，可有效去除極性、非極性有機物，而且還可將有機物完全礦化。

2.10%與20%強度的超音波與紫外光結合後，可在五小時內將水中的三氯化酚分別去除30%與40%，遠超過兩者分別處理時的效率（**圖7-11**）。

3.超音波可以大幅促進與簡化環己酮與環己烯的光化學反應，並且以同質化方式影響激化的中間產物。

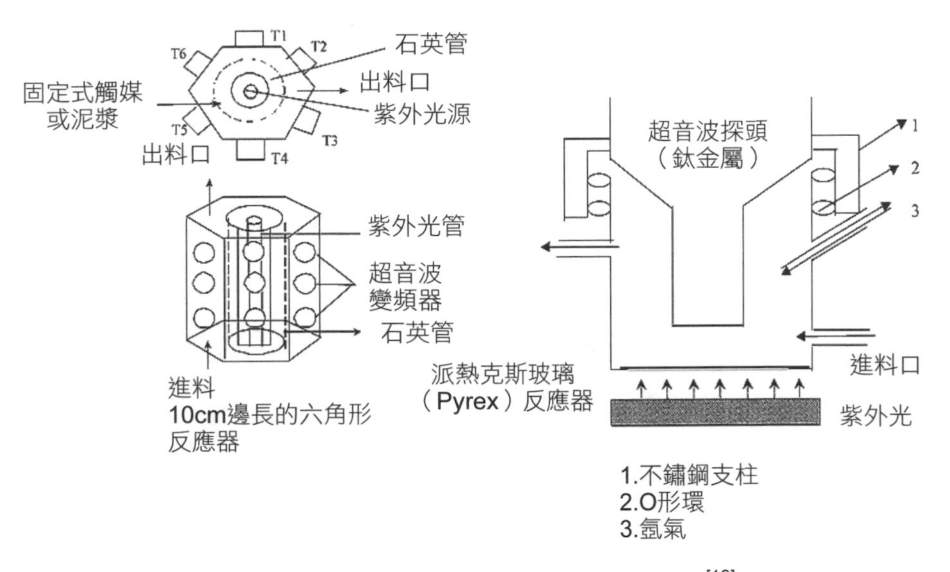

圖7-10　連續式超音波／光觸媒反應器[18]

表7-2　超音波與光觸媒對於汙染物去除的個別與協同效應[27]

有機汙染物	超音波	光觸媒	超音波與光觸媒的協同效應
非極性有機物質	佳	不一定	極佳
極性有機物質	差	佳	極佳
礦化	差	佳	極佳
避免毒性中間物的產生	佳	差	極佳
是否需要觸媒	否	是	是，少量

4.超音波不僅可增加乙基乙烯基醚與丙酮以合成氧雜環丁烷（Oxetane）的帕特諾—比希反應速率（The Paterno-Buchi Reaction），而且還可改變同分異構物順反的比例（**圖7-12**）。

5.兩者必須同時應用，以維持光觸媒表面的清潔。

6.使用前，考慮光觸媒的形狀、大小、分子結構與擔體是否能承受超音波的震動。

7.協同效應與紫外光的照射方式（直接或間接照射）無關。

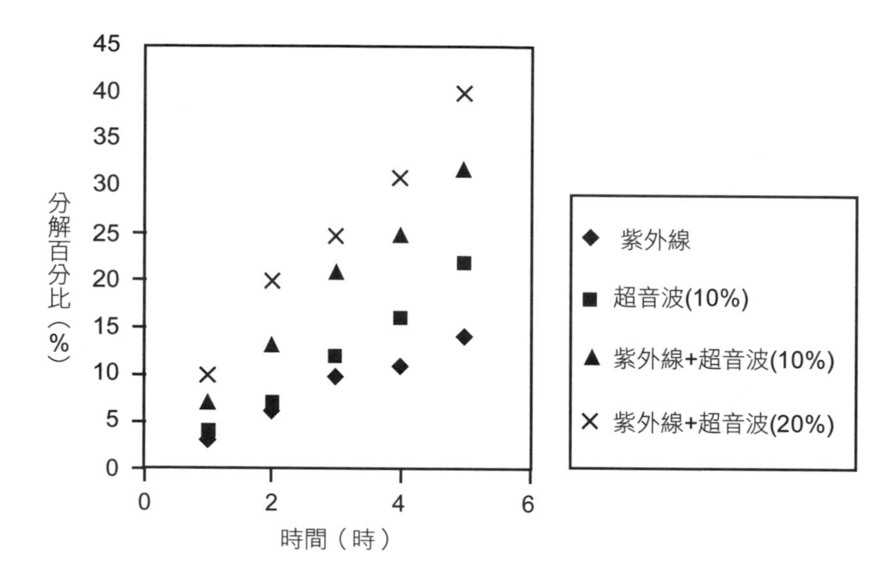

圖7-11　超音波、紫外光／光觸媒對2,4,6-三氯酚的分解的個別與協同效應[18]

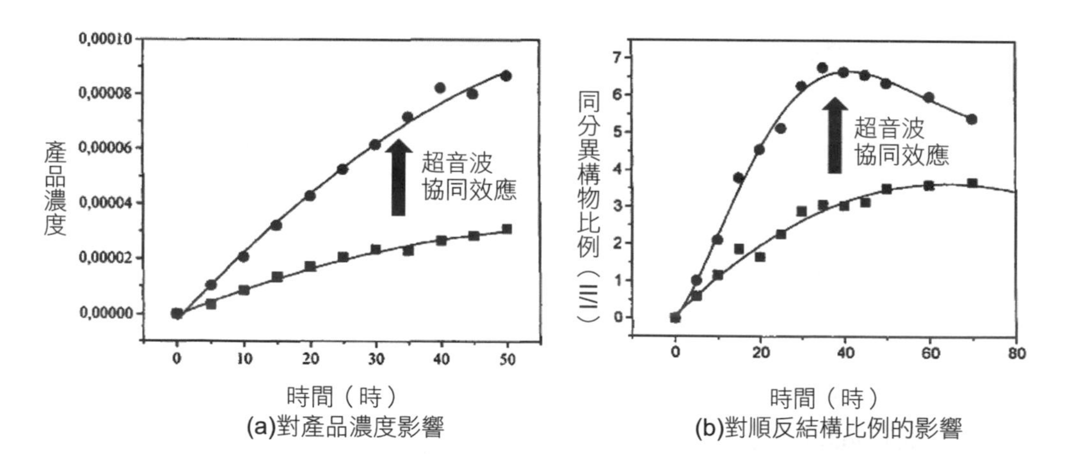

圖7-12　超音波對氧雜環丁烷的光化學合成反應的影響[20]

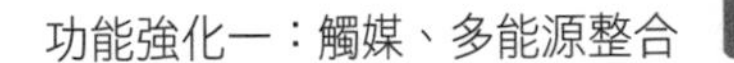

8.超音波可增加曝氣效果。

9.pH值增加，會降低酚與硝基酚等有機物的分解速率。

10.過氧化氫會增加超音波／光觸媒分解速率。

7.3.2 超音波與微波

微波加熱技術已成功地應用於生物技術、製藥、石油、化學與塑膠等工業的化學分析與合成上。以微波作為化學反應的熱源，可以提升反應速率、產率與產品純度。超音波在液體中產生空化效應，會引發的物理、化學變化、加速化學反應、降低反應條件、改變反應途徑與產品分配比率等。由於微波會引起極性分子的振盪而加熱，而超音波所產生的空穴效應會如**圖7-13(a)**所顯示，產生局部高溫與高壓。如能將兩種能量供應方式組合起來，可能會產生意想不到的效果。**圖7-13(b)**顯示一個批式超音波／微波反應器。

一、提高反應速率

1.熱解與酯化反應：微波／超音波組合對於尿素熱解與醋酸與丙醇所產生的酯化反應速率有顯著成效。在1小時的反應時間內，兩者協同作用約可增加25%的產率（**表7-3**）。在尿素熱解反應中，由於反應介質為均勻相，微波無法誘發任何特殊的效應；然而，超音波所產生的機械式的振盪可協助介質中的氨氣釋放，因而提升熱解反應速率。在酯化反應中，固體觸媒的表面會受到微波的照射而加熱，而超音波可以增加觸媒表面的質量傳輸，因而提高反應速率[21]。

2.聯胺酯合成：酯類比較穩定，難以將OR基以聯胺基取代，以產生聯胺酯。以水楊酸甲酯（Methyl Salicylate）為例，若直接以水合聯胺（Hydrazine Monohydrate）與其反應（**圖7-14**），約需9小時，才可轉化79%的反應物。以超音波（20kHz, 50W）與微波

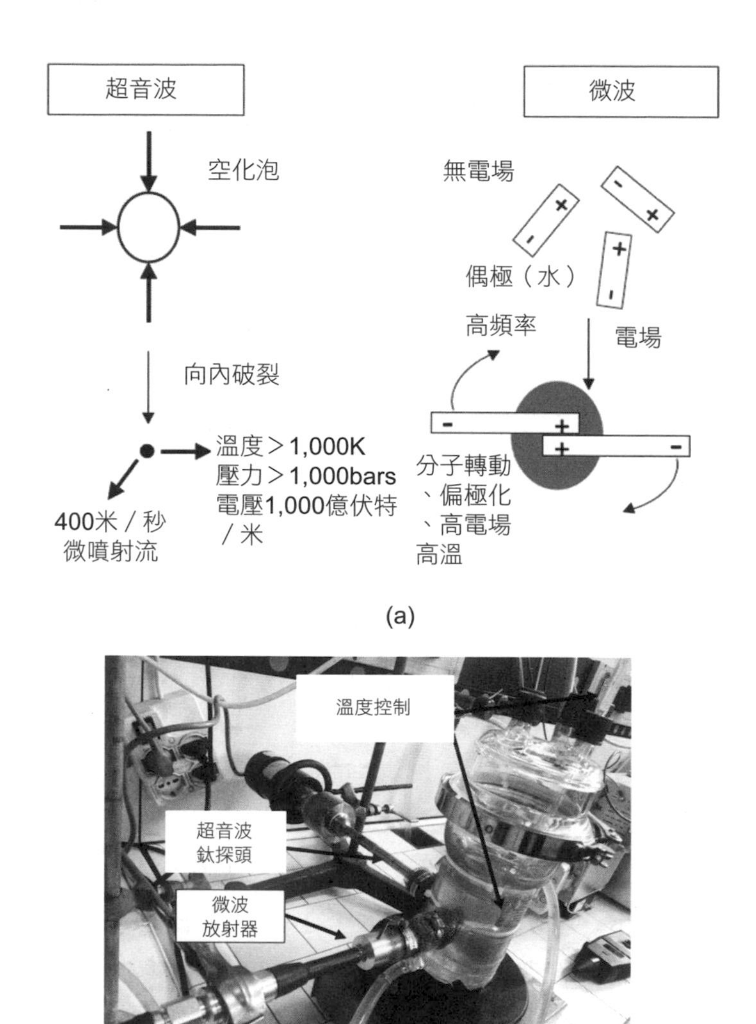

(a)

(b)

圖7-13　(a)超音波與微波效應；(b)批式超音波／微波反應器[29]

表7-3　微波與超音波對於熱解與酯化反應的協同效應[29]

加熱系統	尿素熱解產率（%）	酯化產率（%）
傳統方式	45	80
微波	46	91
微波＋超音波	57	99
微波＋超音波／傳統效率比較	1.25	1.24

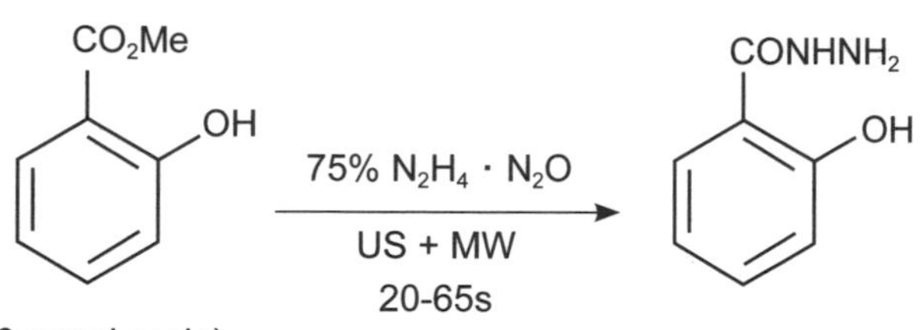

MW: 2.45GHZ, 150W
US: 20kHz, 50W

圖7-14　水氧酸甲酯與水合聯胺的化學反應方程式

（2.45GHz, 200W）個別照射後，雖可加速反應，但仍需1.5小時與18分鐘，才可達到80%左右。然而，將兩者同時應用時，可在40秒內達到更高的轉化率（84%）。而在很短的時間內（20～65秒），達到79～94%的轉化率。上海華東理工大學彭延慶教授的研究團隊曾探討過13種酯類的水合聯胺化，實驗結果顯示以微波（2.45GHz, 150W）與超音波（20kHz, 50W）同時照射，可分別在20～65秒內，達到79～94%的轉化率[23]。

3.威廉遜醚類合成：以威廉遜醚類合成（Williamson Ether Synthesis）法，將酚類、氯苯或芳香族氯化物合成醚類，可應用相同的策略，在1～2分鐘內達到80%的轉化率[24]。

4.肉桂酸合成：在水溶液與不均勻相態中，以克瑙文蓋爾類似反應（Knoevenagel-like Reactions）以合成肉桂酸（Cinnamic Acid）與其衍生物時，亦可應用超音波與微波加速其反應（**表7-4**）。以反應速率而論，兩者的協同效應為微波照射的30倍、超音波的140倍[24, 25]。

5.鈴木類偶合反應（Suzuki-type Coupling）[24]：轉化率提升50～180%。

6.硝基芳香烴的還原偶合（**表7-5**）[24]。

表7-4　以微波／超音波以激化克瑙文蓋爾反應，以合成肉桂酸衍生物的數據[24, 25]

芳香基	時間（秒）	產率（%）
C_6H_5	65	87
$4\text{-}ClC_6H_4$	60	92
$4\text{-}MeOC_6H_4$	95	85
$4\text{-}NO_2C_6H_4$	70	91
C_4H_3O（Furyl）	60	73

表7-5　應用超音波／微波於硝基芳香烴的還原偶合反應所產生的協同效應[24]

化合物	超音波（60℃）		微波（120℃）		超音波／微波（95℃）	
	azo	azoxy	azo	azoxy	azo	azoxy
$4\text{-}ClC_6H_4NO_2$	26	40	46	25	57	13
$4\text{-}NO_2C_6H_4COOH$	18	49	9	62	27	–
3-nitropyridine	22	73	18	70	69	23
1-nitronaphthalene	30	45	33	57	40	45
chloramphenicol	–	83	–	78	微量	85

二、消化

超音波與微波的協同效應應用於加速分析步驟中固體與液體的消化與溶解。可在不需任何前處理下，直接與感應偶合電漿原子發射光譜儀（ICP-AES）結合。案例如下：

1. 在兩者協同作用下（超音波：20 kHz, 150 W；微波：2.45 GHz, 150 W），橄欖油中的二價銅可在30分鐘內消化出來，比微波消化少10分鐘。
2. 陶瓷中的四氧化三鈷則需60分鐘即可被溶解出來，遠比微波消化所需的180分鐘短。

3.僅需10分鐘，即可將固液體或高黏度食品樣本中的氮或食用油中的微量金屬消化出來，僅為微波消化的1/3或傳統加熱方式所需的1/18。

三、萃取

適於在天然物中萃取生物活性物質，如植物油脂、中藥材或土壤中多苯環汙染物。萃取速率遠較傳統索式法快速10倍以上。

1.由大豆胚芽中萃取油脂：與傳統索式萃取法相比較，萃取時間可縮短10倍，萃取率增加50～500%[26]。

2.由土壤中萃取多環芳烴：以40毫升正己烷／二氯甲烷（1：1）為溶劑、應用開放式微波（100W）與超音波振盪（50W）結合，可在9分鐘內，將土壤中多環芳烴萃取出來，回收率高達86.9%。與傳統索氏抽提、常規超聲波、直接超聲波、開放式微波和密閉微波等方法相比，此方法具有快速、高效、安全、樣品容量大、萃取時間短、萃取效率高、重現性佳等優點[27]。

3.萃取竹葉中的類黃酮：應用先超音波（400W）、後微波（600W）方式萃取，可得到最高類黃酮含量（9.15mg/g）。最佳萃取條件為溫度70℃、乙醇濃度30%、固液比1：50、超音波與微波照射時間各3分鐘。應用500W超音波與800W微波同時萃取時，其最佳條件為溫度70℃、乙醇濃度40%、固液比1：30、共同萃取時間2分鐘，類黃酮含量僅6.77mg/g[28]。

參考文獻

1.Dautzenberg, F. M., Mukherjee, M. (2001). Process intensification using multifunctional reactors. *Chem. Eng. Sci., 56*, 252-267.

2.Stefanidis, G. (2014). Process intensification, course notes, chapter 7, Synergy I, Delft University of Technology, Delft The Netherlands.

3.Antos, G., Aitani, A., Parera, J. (1995). *Catalytic Naphtha Reforming: Science & Technology*, 1st edition, Marcel Dekker, New York.

4.邱明豐（2001）。《酯化／部分氧化雙功能觸媒之特性分析》。中正大學化學工程研究所碩士論文。

5.Haggin, J. (1995). Innovations in catalysis create environmentally friendly THF process. *C &E News*, April 3.

6.Teng, L. H. (2008). Attrition resistant catalyst for dimethyl ether synthesis in fluidized-bed reactor. *Journal of Zhejiang University Science, 9*(9), 1288-1295.

7.NREL (2010). Attrition resistant catalyst materials for fluid bed applications, national renewable energy laboratory, http://techportal.eere.energy.gov/technology.do/techID=102

8.Davis, M. E. (1994). Reaction chemistry and reaction-engineering principles in catalyst design. *Chem Eng Sci, 49*, 3971-3980.

9.Murrell, L. L., Overbeek, R. A., Chang, Y. F., van der Puil, N., Yeh, C. Y. (1999) Catalyst and method of preparation. US 5,935,889.

10.Yarris, L. (2012). The Best of Both Catalytic Worlds, News Center, Lawrance Berkely Lab., October 10. http://newscenter.lbl.gov/2012/10/10/the-best-of-both-catalytic-worlds/

11.Andersen, J. M. (1997). Zeolite-encapsulated rhodium catalysts: The best of both worlds? *Platinum Metals Rev., 41*(3),132-141.

12.Murrell, L. L., Overbeek, R. A., & Khonsari, A. M. (1999). Catalyst and method of preparation. US Patent 5,935,889.

13.Wilson, M. S., Gottesfeld, S. (1992). Thin-film cataslyst layers for polymer electrolyte fuel cell electrodes. *J. App. Electroche., 22*, 1-7.

14.Clark, D. (2014). Thin-Film catalyst promises cheaper hydrogen production.

ChEnected, AIChE, January 22.

15.University of Oregon (2013). Hydrogen fuel? Thin films of nickel and iron oxides yield efficient solar water-splitting catalyst. *Science Daily*, March 20.

16.Science (2013). Your mom is like a heterogeneous catalyst solid support. Science, February, 17. https://yourmomislike.wordpress.com/tag/wetness/

17.Agar, D. W. (1999). Multifunctional reactors: Old preconceptions and new dimensions. *Chem. Eng. Sci., 54*, 1299-1305.

18.Gogate, P. R., Pandit, A. B. (2004). A review of imperative technologies for wastewater treatment II: hybrid methods. *Advances in Environmental Research, 8*, 553-597.

19.Peller, J., Wiest, O., Kamat, P. (2003). *Environ. Sci . Technol., 37*, 1926-1932.

20.Gaplovsky, A., Donovalova, J., Toma, S., Kubinec, R. (1997). Ultrasound effects on photochemical reactions, Part 1: photochemical reactions of ketones with alkenes. *Ultrasonics Sonochemistry, 4*(2), 109 115.

21.Chemat, F., Poux, M., Di Martino, J-L, Berlan, J. (1996). An organic microwave-ultrasound combined reactor suitable for organic synthesis: application to pyrolysis and esterification. *J. Microwave Power and Electromagnetic Energy, Vol. 31*, No. 1, 19-22.

22.Chemat, S., Lagha, A., Ait Amar, H., Chemat, F. (2004). Ultrasound assisted microwave digestion. *Ultrason Sonochem. Jan., 11*(1), 5-8.

23.Peng, Y. Q., Song, G. H. (2001). Simultaneous microwave and ultrasound irradiation: a rapid synthesis of hydrazides. *Green Chem., 3*, 302-304.

24.Cravotto, G., Cintas, P. (2007). The combined use of microwaves and ultrasound: New tools in process chemistry and organic synthesis. *Chem. Eur. J., 13*(7), 1902-1909.

25.Peng, Y. Q., Song, G. H. (2003). Combined microwave and ultrasound accelerated Knoevenagel-Doebner reaction in aqueous media: A green route to 3-aryl acrylic acids. *Green Chem., 6*, 704-706.

26.Cravotto, G., Boffa, L., Mantegna, S., Perego, P. (2008). Improved extraction of vegetable oils under high-intensity ultrasound and/or microves. *Ultrasound Sonochemistry, 15*, 898-902.

27.劉春娟（2008）。《超聲、微波及其協同萃取技術性能評價研究》。分析化學碩士論文，中山大學，廣州市。

28.鄭偉倫（2013）。《以超音波微波萃取竹葉類黃酮成分》。環境工程研究所碩士論文，崑山科技大學，台南市。

29.Ragaini, V., Pirola, C., Borrelli, S., Ferrari, C., Longo, I. (2012). Simultaneous ultrasound and microwave new reactor: Detailed description and energetic considerations. *Ultrasonics Sonochemistry, 19*, 872-876.

30.Khassin, A. A. (2005). Catalytic membrane reactor for conversion of syngas to liquid hydrocarbons. *Energeia, Vol. 16*, No. 6.

Chapter 8

功能強化二：反應、混和與熱交換

- 8.1 前言
- 8.2 反應與混和
- 8.3 反應與熱能交換

8.1 前言

將不同的製程單元整合在一個設備中，不僅可以降低製程單元所占的空間與設備的製造成本，還可減少失誤與洩漏的風險。製程單元的整合可分為下列幾個類別：

1.反應與混和。

2.反應與熱能交換。

3.反應與分離。

4.多種分離功能整合等。

本章僅介紹反應與混和與反應與熱能交換等兩部分，其餘列入第九章中討論。

8.2 反應與混和

反應與混和的整合可分為相態間（Inter-phase）與反應器內（Intra-reactor）的整合等兩類。相態間的整合手段是在反應器中加裝促進混和的裝置，以促進不同相態間反應物的質量傳輸。反應器內的整合則為在反應器內加裝設備，以促進反應器內物質的混和與質量傳輸。

8.2.1 相態間的整合

兩個反應物相態不同時，混和的均勻與否直接影響相態間的質量傳輸與反應速率。以碳氫化合物的氧化為例，整體反應速率與觸媒的活性關係不大，而是被流體的雷諾數所控制。雷諾數愈大，亂流程度愈高，空氣或氧氣與液態碳氫化合物的接觸機會愈大，反應速率也隨之增加。

一、液體氧化反應器

在碳氫化合物的氧化反應中，氧氣必須以加壓方式噴入與分散於液態碳氫化合物中。液體中氣泡的分散與氣泡中氧氣的濃度直接影響氧化反應速率。然而，當氧氣濃度過高、超過碳氫化合物的爆炸下限時，即會引燃爆炸。由於常見液體碳氫化合物的爆炸下限約8±9vol%，因此氧氣濃度的上限訂為4±5%。為了安全起見，絕大多數的此類反應皆使用空氣，而避免直接使用氧氣。

美國普萊克斯公司開發出一種應用於直接以氧氣氧化對位二甲苯，以產生對苯二甲酸的液體氧化反應器（LOR），產品品質較以空氣為氧化劑的傳統反應器佳[2,3]。此反應器的構造與傳統機械攪拌式反應器類似，只是在攪拌器外加裝一個通風套筒與一個阻擋氣泡進入液體上層的擋板（**圖8-1**）。純氧由導管直接進入攪拌器的底部，而液體表面上的氣體空

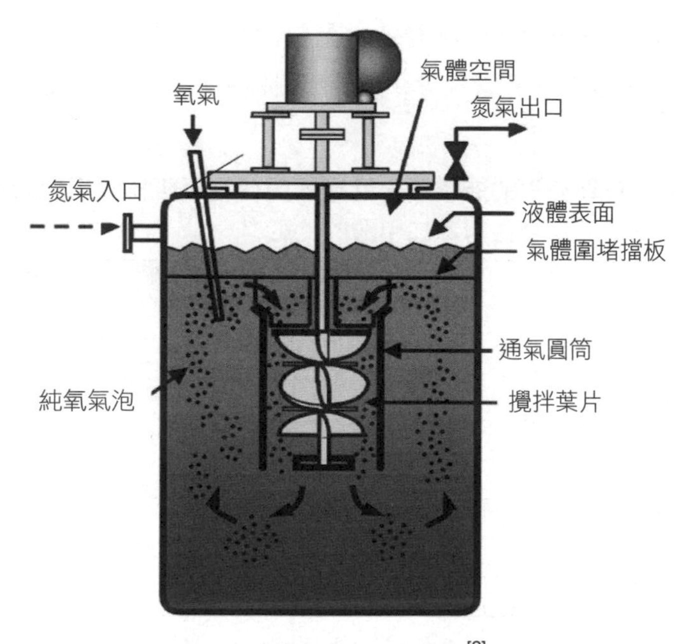

圖8-1　液體氧化反應器[2]

間則由氮氣盲封，以維持氧氣的濃度遠低於碳氫化合物的爆炸下限[4]。

此反應器比傳統空氣氧化器具有下列幾個優點（**表8-1**）：

1.在較低的反應溫度下操作。
2.醋酸產生量低。
3.水產量低。
4.有機與多苯環有機物等副產品產量低。
5.對苯二甲酸產量高。
6.操作壓力低。
7.排氣量低。
8.對環境友善。
9.風險低。

二、噴射反應器

噴射反應系統除了反應器外，還包括多管型熱交換器、氣體分散器（噴嘴或噴射器等）與管線等。由於噴射器所噴出的氣體速度快，所產生

表8-1　普萊克斯公司的液體氧化反應器與傳統反應器應用於對位二甲苯氧化反應以產生對苯二甲酸的比較[2]

參數	液體氧化反應器	傳統反應器
氧化劑	純氧	空氣
溫度（℃）	180	200
壓力（atm）	9	17
時間（時）	1	1
轉化率	100	100
產品選擇性	98.2	96.2
醋酸損失（kg/100kgPTA）	<3	5～7
4-CBA	1,500	3,000
340nm光密度	0	1

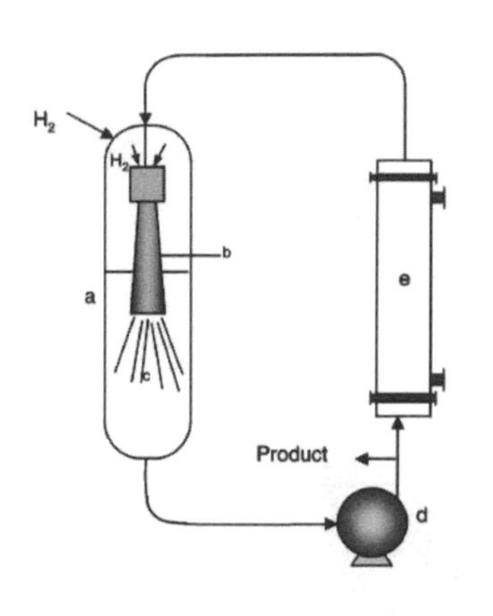

a.反應器
b.噴射器
c.反應液體
d.循環幫浦
e.熱交換器

圖8-2　氣體噴射式反應器[1]

的混和效果遠大於機械式攪拌器，可以大幅加速反應、降低反應器的體積與投資成本。**圖8-2**所顯示的Buss環狀反應器就是以這種理念為基礎所設計的反應器[1]。

其優點為：

1.連續操作模式。
2.反應物體積彈性化，液面高低可隨需求而變化[5]。
3.每立方米的氣液介面面積高達400,000～700,000平方米[5,6]。
4.每立方米反應器的接觸面積高達500～2,500平方米[5,6]。
5.適用於受限於液體質傳速率的快速反應，如液體碳氫化合物氫化、氧化、烴化、羧化、乙氧基化等反應[5,6]。

圖8-3為東聯化學在台灣林園所設立的環氧乙烷衍生物的工廠，反應器為瑞士Buss公司所設計的32立方公尺的環狀反應器。

圖8-3　環氧乙烷衍生物的工廠內的32立方公尺的環狀反應器[7]

8.2.2 反應器內的整合

反應器內整合可分成下列類型：(1)放熱反應與混和；(2)反應與動量；(3)觸媒反應與混和；(4)反應與質量傳輸。

由於蒸餾、吸附與沉澱結晶等分離程序雖屬於質量傳輸，但由於篇幅與本書分類考量，放在第九章內討論。

一、放熱反應與混和

放熱反應係指參與反應的物質在進行反應時，會放出熱量。大部分的放熱反應，如燃燒、氧化等皆為自發性反應。為了確保反應在穩態下進行，反應器必須及時移除所產生的熱量，否則反應會因溫度不斷的升高而失控、爆炸。因此，反應器內的混合裝置可兼具熱交換功能。**圖8-4**所顯示的靜態混合裝置，皆由冷卻水管所構成，可迅速將反應熱移除。另外一種設計為反應物質在管殼式熱交換器的管中反應，除了在管中加裝靜態混合裝置，以促進反應物質間的質量傳輸外，並殼側以冷卻水或冷卻劑移除反應熱。

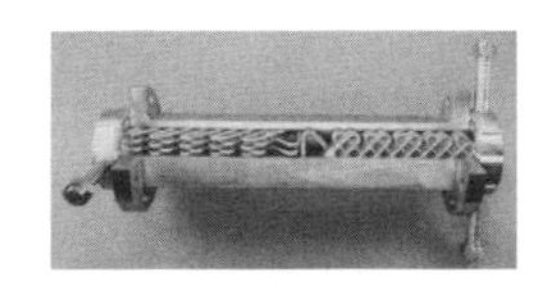

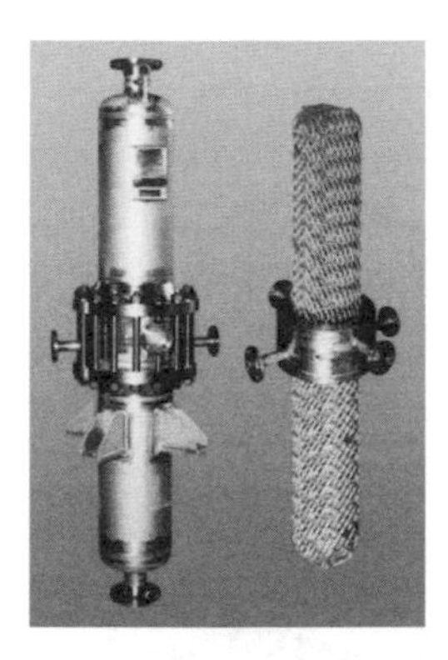

圖8-4　反應器中具熱交換功能的靜態混合裝置[8]

二、反應與動量

在氨氣的合成或由乙苯製造苯乙烯等化學製程中，皆需大量的氣體由反應器中快速地通過。由於氣體通過傳統觸媒填料床所產生的壓降過大，因此設計反應器時，必須設法降低壓降。應用下列三種反應器設計即可解決壓降問題：

(一)平行通道反應器

平行通道反應器中，觸媒或吸附劑是裝入平行的網狀的封套板內（**圖8-5**），而氣體由約10毫米寬的封套間隔中通過，以擴散方式與網內觸媒接觸。由於此設計的壓降遠低於固定觸媒床的壓降，適合應用於粉塵多的燃煤發電廠排放氣體的處理，因為粉塵不會被觸媒所收集。此類反應器曾應用於殼牌石油公司的排氣脫硫與甲烷化的製程中[1,9]。

(二)徑向流動反應器

高溫與低壓有利於苯乙烷脫氫產生苯乙烯的化學反應。在傳統苯乙烯製程中，美國Lummus與UOP的工程師應用兩個徑向流動反應器（**圖8-6**）與區間加熱器，以解決低壓問題。由於這種設計增加了流動表面

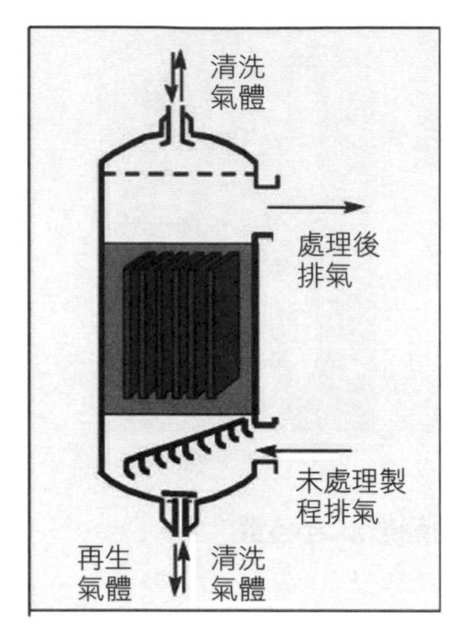

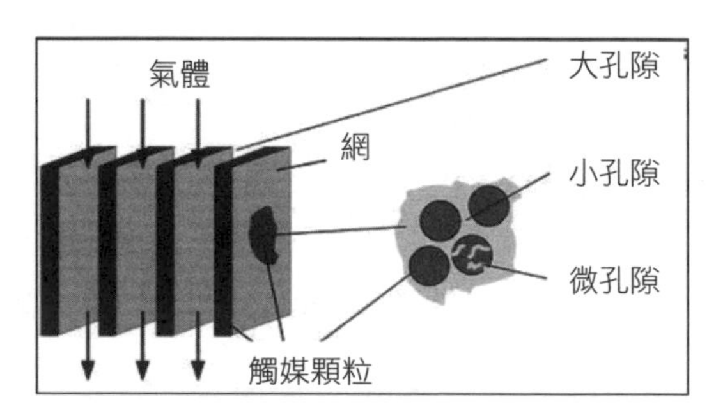

圖8-5　平行通道反應器[1]

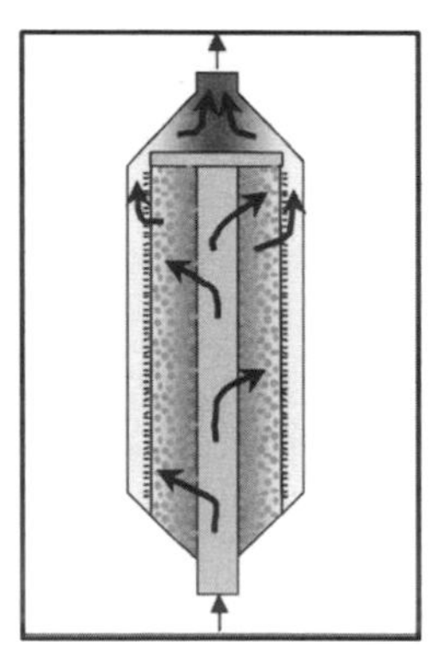

圖8-6　徑向流動反應器[1]

積，反應物質流經觸媒床的流量大幅降低，因而降低了壓降。

(三)複合結構式填料反應器

此類反應器中的觸媒如**圖**8-7(a)所顯示，是裝置於平行、垂直的封套中。當反應流體通過平行排列的觸媒床時，流體動量損失遠低於傳統隨意

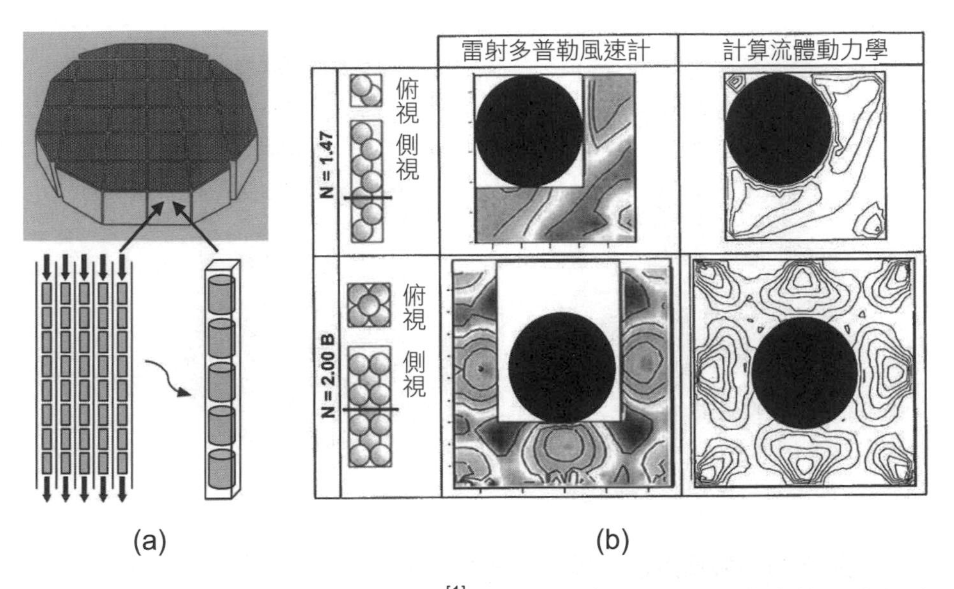

圖8-7 (a)複合結構式填料反應器[1]；(b)以雷射多普勒風速計所測試與以計算流體動力學模擬結構式填料反應器中，流體經過觸媒的輪廓圖的比較[10]

排列的觸媒床，壓降僅為十至十五分之一[10]。荷蘭台夫特科技大學與美國Lummus公司的研究人員曾應用計算流體動力學程式模擬流體經過複合結構式填料床的流動狀態，發現電腦模擬結果與實驗數據類似，誤差在10～20%之內（**圖8-7(b)**）[10]。

三、觸媒反應與混和

傳統攪拌式反應器一直是精密化學品的主要生產工具。優點是操作方便，且適用於各種不同類型的反應，缺點為反應液體中的固體觸媒不僅易於流失、磨碎或凝聚成較大的顆粒，而且回收困難。如果能將觸媒固定於攪拌器上，則可解決觸媒流失或回收的問題了。單層攪拌式反應器就是依據這種理念所發展出來的新型反應器。

圖8-8顯示一個安裝於攪拌桿上的單層觸媒裝置與反應器。由於攪拌

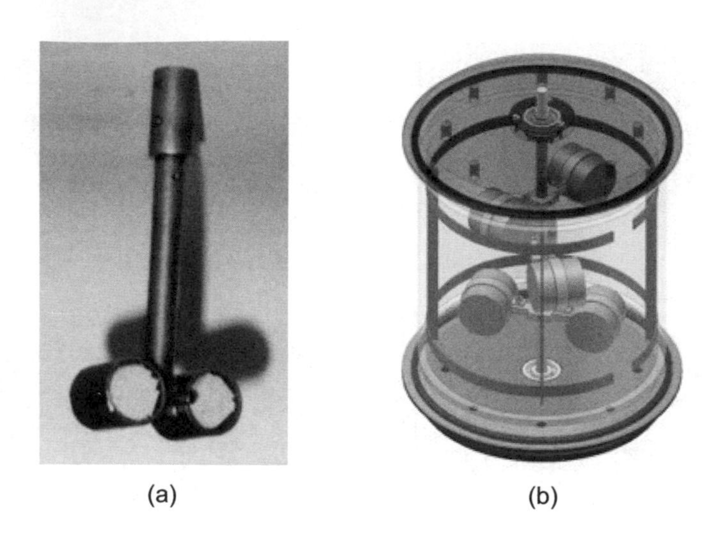

(a) (b)

圖8-8 (a)裝置於攪拌桿上的單層觸媒；(b)單層攪拌式反應器[13]

桿在反應流體內不停地擺動，固定於攪拌桿上的單層觸媒網或層不僅可以充分與反應流體接觸，而且也不會流失或凝聚，適合應用於低黏度的液體[12]、氫甲醛化反應、生化反應與食品處理。

荷蘭台夫特大學的研究團隊曾探討裝置於攪拌桿上的單層蜂巢結構上的脂肪酵素的活性，發現其活性雖然遠低於一般酵素，但不易老化[13]。在3-甲基-1-戊炔-3-醇的氫化反應中，攪拌式單層觸媒反應器的觸媒活性與轉化率與在傳統反應器相當。由於沒有回收困難與流失的問題，因此可取代傳統攪拌式反應器。

8.3 反應與熱能交換

化學反應的速率、轉化率與產品的選擇性皆受溫度、反應物濃度、觸媒活性的影響，因此反應器的設計必須同時兼顧質傳與熱傳。無論是放熱或吸熱反應，反應器內熱能的交換皆很重要。以放熱反應而言，如果所產生的熱能無法及時移除，會造成局部過熱與反應失控的後果。對於吸熱反應而言，如果反應器無法提供足夠的熱能，反應不能順利進行，很容易會導致副反應與副產品的增加。

8.3.1 優點

熱能交換與反應的整合有下列優點：

1.減少熱能損失。
2.提高轉化率與選擇性。
3.延長觸媒壽命。
4.減少反應器體積。
5.降低投資成本。

由於反應器的體積減少，危害性物質的質量隨之降低，導致風險程度降低。傳統攪拌式反應器的熱交換方式是在反應器外殼或內部加裝熱水或水蒸氣管線、電熱線等。由**表8-2**可知，當體積增加時，每單位體積的熱交換表面積會降低。因此，在實驗室或小規模的反應器中所取得的數

表8-2　攪拌式反應器的熱交換面積

容量（m^3）	0.16	0.63	1.6	2.5	4.0	6.3	8	20	40
直徑（m）	0.6	1	1.4	1.6	1.8	2	2.2	2.8	3.4
重量（kg）	640	1,500	3,200	4,150	5,900	8,070	8,600	19,200	34,500
交換面積Ω（m^2）	1.25 J	3.1 J	7.3 WC	8.3 J	13.23 WC	15.6 J	18 WC	34 J	55.2 WC
交換面積／體積 Ω/V（m^2/m^3）	7.8	5	4.5	3.3	3.3	2.5	2.2	1.7	1.4
ΩD / V	4.7	5	6.3	5.3	5.9	5	4.8	4.8	4.8
操作壓力（bar）	6	6	6	6	6	6	6	6	6
材料	ES	ES	ES	ES	ES	ES	ES	ES	ES

體積越大，交換面積越小

據，無法作為體積放大的依據。如欲改善反應器內熱能交換方式，必須從反應器內溫度與濃度的剖面著手。

8.3.2 基本策略

反應器中溫度與濃度的剖面可經由對流（Convection）、回復（Recuperation）、再生（Regeneration）與反應（Reaction）等四種策略，由外界操縱（圖8-9）：

1.對流：以部分反應流體或惰性流體注入反應器中，以調節溫度。

2.回復：例如將熱能交換與反應結合的冷卻管式反應器，或將部分反應物或生成物經由特殊功能的膜滲透出去的膜反應器。

3.再生：在反應器中加裝固定吸附劑床，經由吸附作用將熱能或物質儲存後，再以逆向方式再生；缺點為無法在穩態下進行。

4.反應：以附加反應提供或移除熱能或產品，例如氧化脫氫反應利用氧化反應所產生的熱能提供脫氫反應之用。

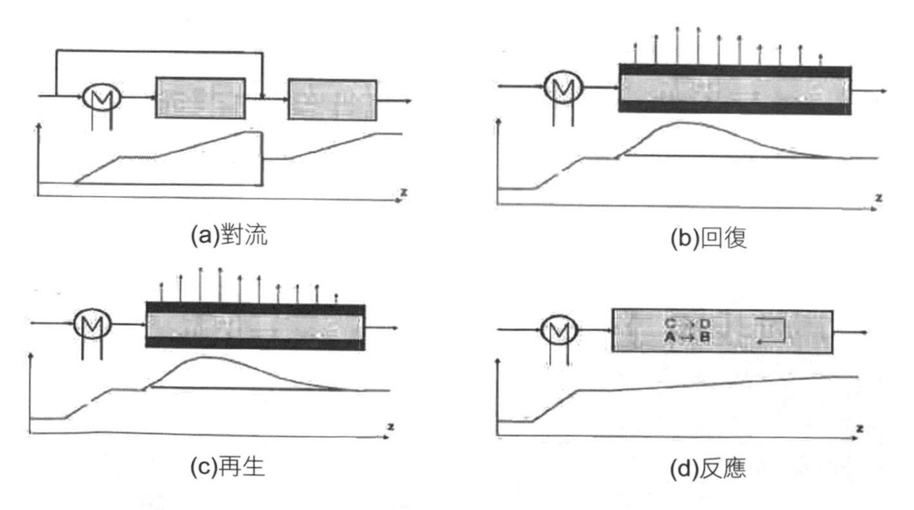

(a)對流 (b)回復 (c)再生 (d)反應

圖8-9 反應器中操縱溫度與濃度剖面的策略[15]

表8-3　對流、回復與反應等代表性的吸熱反應製程

熱交換方式	乙基苯脫氫以產生苯乙烯	水蒸氣重組	氰化氫合成
	600℃	900℃	1200℃
對流	Badger/Mobil 絕熱製程		
回復	BASF 等溫製程	傳統	Degussa BMA
反應		自熱重組 （燃料電池）	Andrussov 氨氧化製程

表8-3列出對流、回復與反應等代表性的吸熱反應製程。

一、對流

對流是最簡單的熱能交換與反應的整合方式，是將部分反應物在反應器或熱交換器前端抽取，然後在反應器後端注入，以控制溫度或改善產品的選擇性。以哈柏法合成氨氣的製程就是一個很好的例子。以氮氣與氫氣合成氨氣的反應為可逆的放熱反應，反應在200大氣壓與攝氏400度的高溫下進行。氮氣與氫氣先經混和、壓縮後，進入合成塔內，再經加熱器後，與觸媒接觸以合成氨氣。由於反應為放熱反應，為了控制溫度，可將部分未加熱的反應物或惰性氣體在不同階段的絕熱觸媒床中注入。

由**圖8-10(a)**所顯示的反應物的轉化率與溫度的變化可知，在反應器中注入部分未加熱的支氣流時，可以避免平衡對於絕熱條件下的限制，但是冷卻會導致轉化率的降低。當冷卻線的斜率接近絕熱反應路徑時，冷卻的益處隨之降低。一個可能的替代方案為應用惰性氣體，但是此舉不僅淡化反應器內氣體的濃度，而且會造成下游處理的困難。

強化此類對流的方案為在絕熱反應階段間注入惰性液體，以液體的蒸發熱吸收與降低反應器的溫度。此方法不僅可以節省冷卻劑的使用量，也可降低淡化的影響。

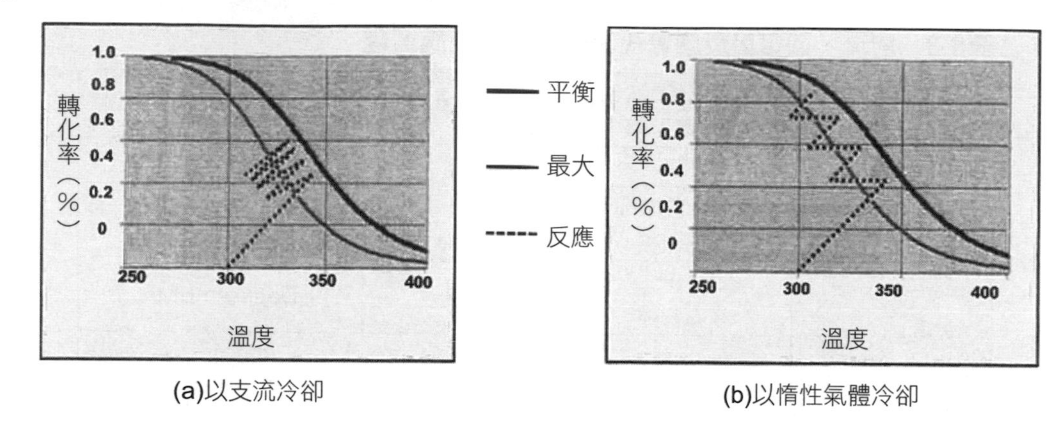

圖8-10　應用於放熱的平衡反應的階段間對流冷卻的轉化率與溫度的關係[15]

二、回復

最著名的回復型反應器是應用於碳氫化合物部分氧化製程中結合的殼管式熱交換與反應的設計（**圖8-11**）。在此類設計中，觸媒裝置在管中，而冷卻劑則由殼側通過，每立方公尺體積的熱交換面積約100平方公尺，總熱交換係數約$100 Wm^2K$[15]。

它的缺點除了製造成本高之外，由於觸媒管中的溫度分布不平均，呈拋物線形狀（**圖8-12**），在軸向與徑向都會產生熱點，導致熱傳效果不佳，而影響轉化率、產品選擇性、觸媒壽命與安全。

消除反應管內觸媒床的熱點，可以從調整熱能產生與移除的速率著手：

1.提高觸媒床的熱傳導。

2.降低反應速率：例如淡化反應物或觸媒的濃度。

3.增加熱傳面積，如德國林德等溫反應器（Linde Isothermal Reactor）。

4.增加熱傳係數，例如流體化床。

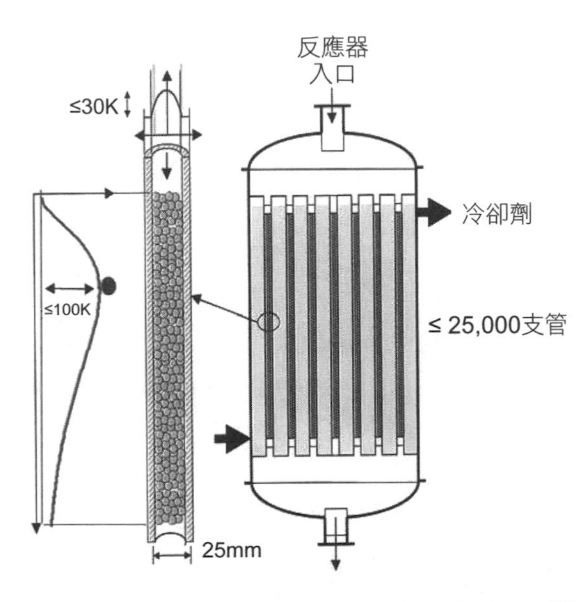

圖8-11　多管式反應器中溫度變化與熱點的形成圖[15]

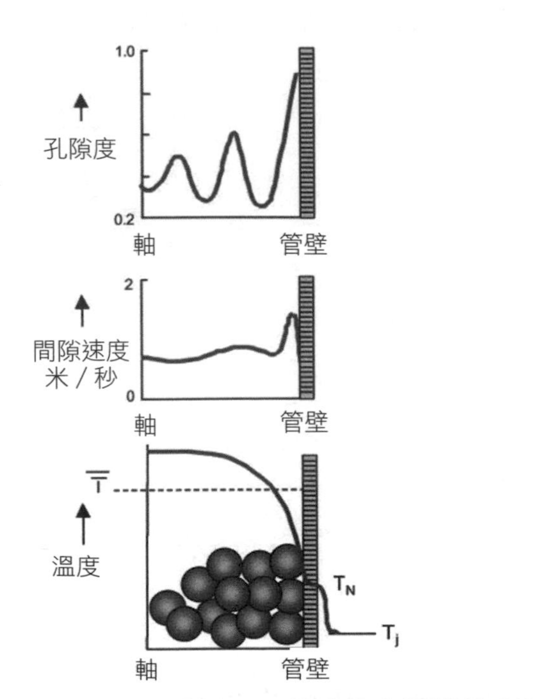

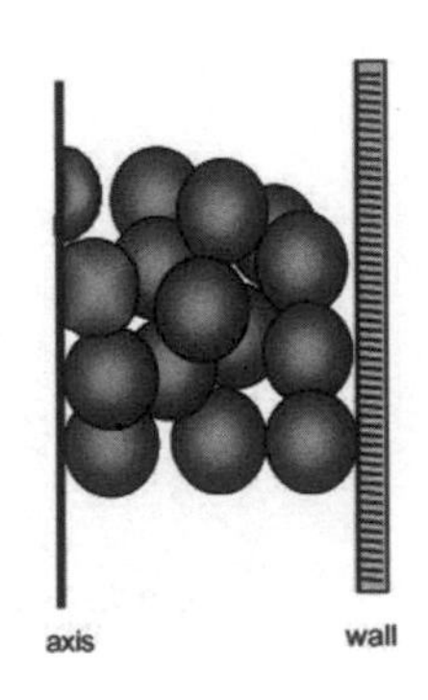

■ 反應管中的觸媒顆粒

■ 在燒結金屬反應器中觸媒顆粒燒結於管壁上

圖8-12　反應管中觸媒的孔隙度、速度與溫度[1]

5.增加熱傳面積與熱傳係數，例如毫反應器（Millireactor）與微反應器（Microreactor）。

圖8-13顯示各種不同調諧反應速率、熱交換與壓降的方法，與標竿管殼式反應的比較。

(一)燒結金屬反應器

由於金屬的熱傳導遠高於散裝的觸媒床，易於溫度的控制與熱能移除，為增加觸媒床的熱傳導，可將觸媒直接燒結於反應管上（**圖8-12**）。

(二)觸媒淡化

避免觸媒床內產生熱點，可將反應管內易於產生過熱的地方減少觸媒的數量或濃度，以平衡熱能的釋放與移除的差異。由**圖8-14**可知，當冷卻劑以對流方式進入反應器中，且其溫度與反應管內的觸媒活性維持不變時（對照組），在反應管的三分之一處，因熱能無法及時移除，產品的

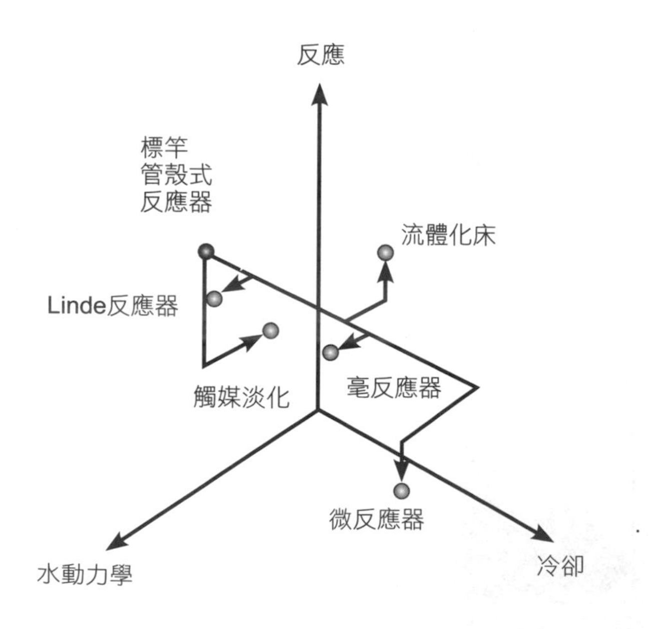

圖8-13　各種不同調諧反應速率、熱傳與壓降的方法[15]

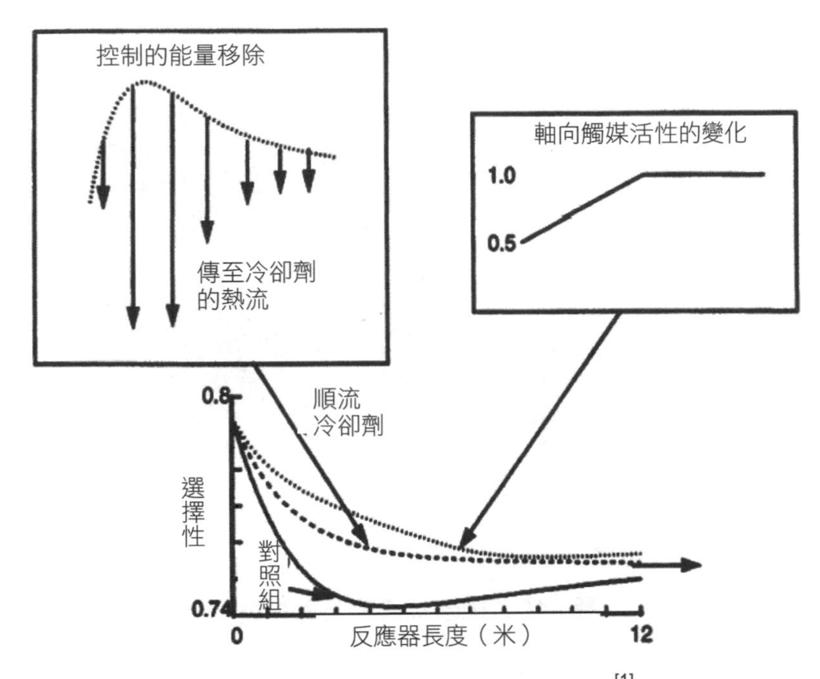

圖8-14　反應器內產品選擇性的變化[1]

選擇性會由0.8逐漸下降至0.74後，再緩緩上升。如果冷卻劑以順流方式進入，或觸媒的活性以逐漸增加的方式安排時，則可將改善選擇性的下降斜率，而維持在0.76左右。

(三)林德等溫反應器

另外一種替代方案為增加氣體側的紊流程度，以提高總熱傳係數。德國林德等溫反應器（**圖8-15**）即以此理念為基礎而設計的。在此反應器中，觸媒顆粒是以固定床方式堆積在反應器中，高壓沸水則由螺旋狀的彎曲管線中經過，總熱傳係數約150,100Wm^{2}K，比傳統管殼式反應器高50%。其優點為體積小、轉化率與選擇性高，但製造成本高，而且最高溫度僅限於550 ^{o}K。由於觸媒易在冷卻管間形成弓形結構，造成替換時的困擾。

自1986年以來，此反應器成功地應用於甲醇合成、氫化、CLINSULF硫磺回收、環氧乙烯合成、長鏈有機醇合成等19個製程中，其中8個為甲

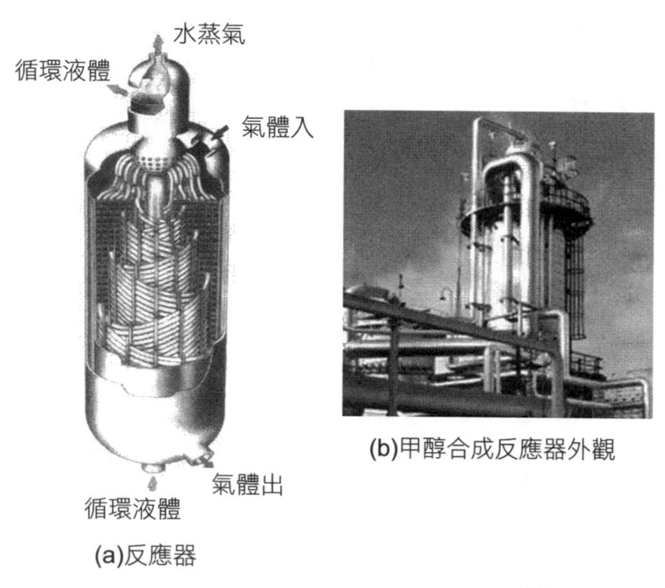

(a)反應器

(b)甲醇合成反應器外觀

圖8-15　德國林德等溫反應器[17]

醇合成。

(四)流體化床

流體化床不僅具有高熱傳效率（600W/m^{2}K）與低值傳阻力，而且易於再生或替換觸媒，極適合應用於高放熱或吸熱反應。其缺點為觸媒必須耐磨，而且不易放大。

(五)觸媒微反應器

微反應器或稱微流道反應器（Microchannel Reactors），是應用精密加工技術所製造的特徵尺寸在10～1,000微米間的微型反應器（**圖8-16(a)**）。由於反應器中包含百萬以上的微型通道，極佳的熱傳和質傳的能力，物質可在瞬間內完成均勻混和、反應與熱量交換，許多在中大規模的反應裝置中無法實現的化學反應皆可在微反應器中完成。德國拜耳—埃爾費爾德微技術公司（Ehrfeld Mikrotechnik BTS, EMB）所開發的Miprowa系列微反應器（**圖8-16(b)**），已經可以達到每小時幾萬公升的流量，普遍應用於新產品研發與高附加價值的產品與奈米材料上。2010年又與Lonza公司合作，推出符合GMP認證的Flowplate系列，流量由每分鐘1～50毫升至200～600毫升不等（圖8-17）[19,23]。

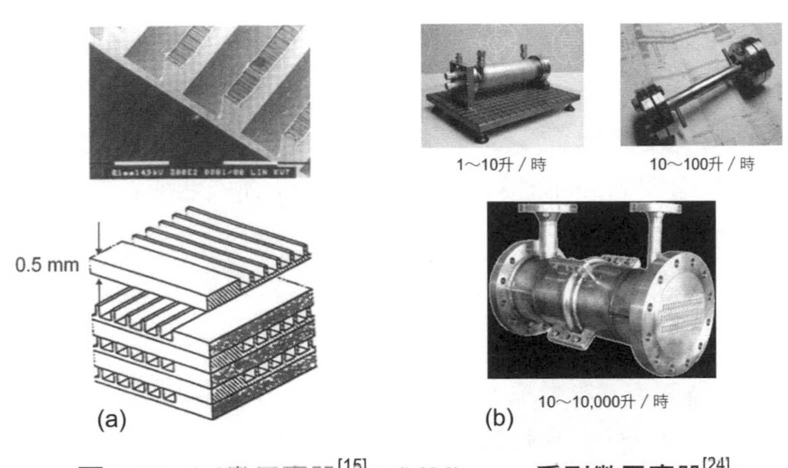

圖8-16　(a)微反應器[15]；(b)Miprowa系列微反應器[24]

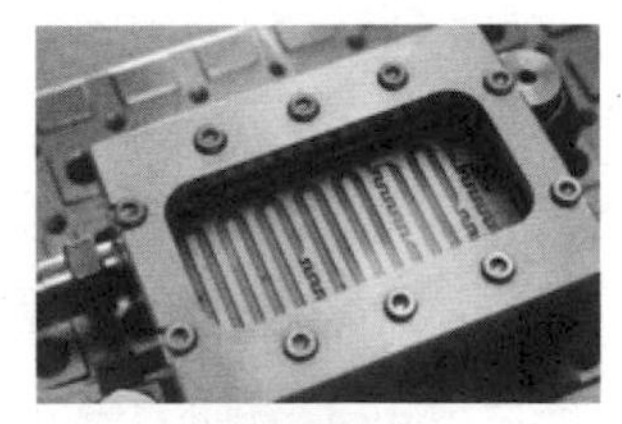

1～50 mL/min

左30～150 mL/min
右100～300 mL/min

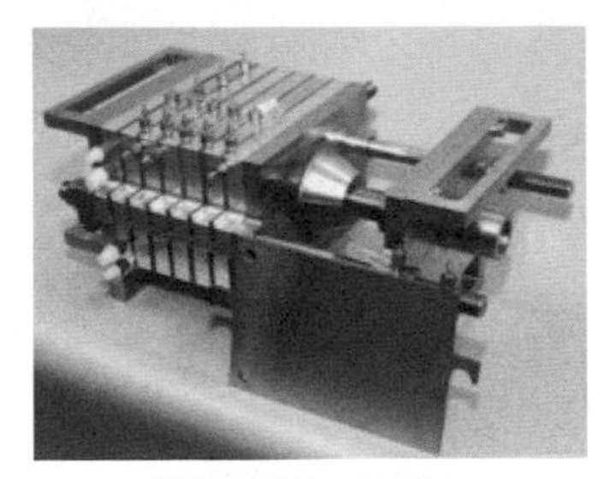

200～600 mL/min

圖8-17　Flowplate微反應器[25]

此類反應器的特點為反應通道內的流體以層流方式流動，而且僅需依據通道數目即可將規模放大。由於每立方米體積的熱交換面積高達30,000平方米，總熱傳係數約20,000W/m²K，熱傳效果佳；再加上反應器內物質的容量極低，即使是放熱反應，溫度變化很小，相當於在等溫下進行。

其缺點為構造精密複雜，不僅價格高，而且難以製造出堅固耐用的設備。反應器由金屬或塑膠材料製成，僅限於由金屬或金屬複合物類的非均勻相觸媒。雖然接觸面積大，但由於載體表面所能黏著的厚度極薄，所能裝載的觸媒量亦低。

另外一個缺點為反應導管微細，易於阻塞，導致生產無法連續進行。

微反應器適用於燃料電池所使用的氫氣產生的反應工程研究、高危害性化學品的合成、化學物質與觸媒的快速篩選或智慧型感受器的零組件。

德國美因茲微技術研究所開發了一種平行碟片結構的電化學微反應器，提高由4-甲氧基甲苯合成對甲氧基苯甲醛反應的選擇性。其他如苯胺氧化成氧化偶氮苯、一氧化碳的選擇性氧化、加氫反應、氨的氧化、甲醇氧化產生甲醛、水煤氣變換以及光催化等反應。另外，微反應器還可用於某些有毒害物質的現場生產，進行強放熱反應的本徵動力學研究以及組合化學，如催化劑、材料、藥物等的高通量篩選。

(六)毫反應器

由於一般化學反應可接受的溫差與熱傳導度分別為2度與1W/mK，每立方米的熱傳面積僅需1,000平方米即已足夠，因此微反應器所提供的高熱傳面積並沒有任何優勢。在一個典型的反應器中，反應速率愈快，所需移除的熱能與熱傳面積愈大，所需反應器的特徵長度愈小。**圖8-18**顯示在一個反應器中，特徵長度與反應速率的關係。在一般反應速率在（1/秒）左右時，特徵長度約為1毫米左右。

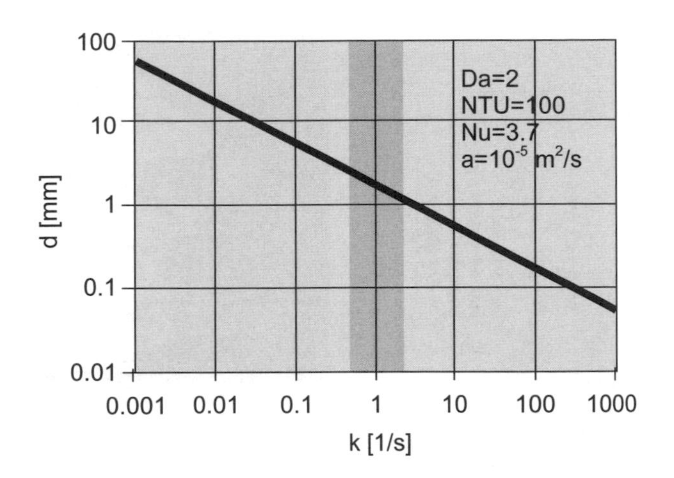

圖8-18　特徵長度與反應速率的關係[15]

圖中代號為：

Da（Damkoehler Number）：反應速率與對流熱傳速率的比值

NTU（Number of Transfer Units）：熱傳單位數

Nu（Nusselt No.）：對流熱傳速率與傳導熱傳速率的比值

a：熱擴散度

從實用觀點而論，僅將反應器的特徵尺寸由傳統反應器的釐米縮小至毫米級即可，不必縮小至次毫米級的微反應器的層次。

微反應器是將觸媒塗布在金屬的微熱反應器的表面上，熱傳面積雖大，但是受限於奈米結構的厚度限制，催化反應的效果不佳。從另一個角度思考，應用具觸媒功能或奈米孔隙的陶瓷材料以製作熱交換器，可能會得到意想不到的效果（**圖8-19(a)**）。這種毫反應器的結構與板框式熱交換器的構造類似（**圖8-19(b)**），是由一片片平板結合而成，因此又稱為陶瓷觸媒板框式熱交換器。為了避免冷卻劑與反應物接觸，可應用對流化學蒸氣沉積法（CVD）以密封反應物與冷卻流體間的隔板。

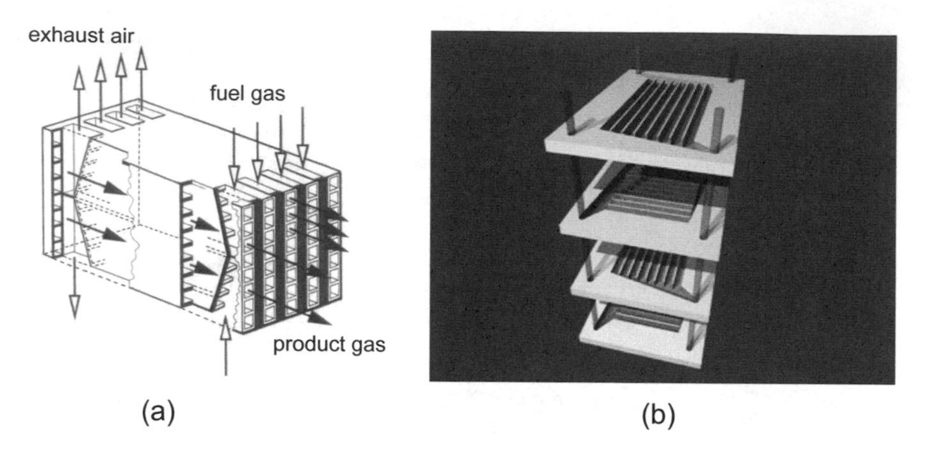

圖8-19 (a)以單層觸媒為材料所製作的熱交換器；(b)觸媒熱交換器內部觸媒平板的排列[15]

它的構造為：

1.多孔觸媒的厚度約1～2毫米。
2.平面與雷射雕刻的平板間隔排列。
3.平板疊合後黏合。
4.冷熱流體的流動可設計為順流、對流或如X形的交叉方式。
5.可依需求，將模組組合各種不同的型式。

毫反應器內流體流動模式為層流，導管內冷熱流體與溫度分布均勻（**圖8-20**），可以應用計算流體動力學電腦程式模擬管道中的流動情況。優點為：

1.高轉化率與產品選擇性。
2.產品品質佳。
3.反應易於控制。
4.連續式操作。
5.製造與操作成本皆低。

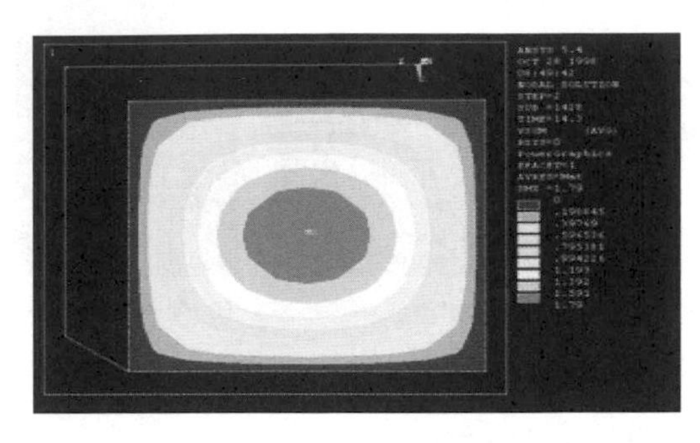

圖8-20　毫反應器內部溫度分布[8]

6.模組化設計，可視需求，自行組裝成所需的規模。

7.易於再生、回收或處置老化的觸媒。

8.不會發生熱失控狀況。

表8-4與**圖8-21**列出各種不同型式的毫反應器與微反應器、管式、批式攪拌反應器的比較，其中以微反應器的強化因了最大，為傳統批式攪拌反應器18,000倍，毫反應器約為傳統批式的400～2,500倍。

表8-4　各種不同型式反應器的比較[8]

設備型式	微反應器	熱交換反應器	熱交換反應器	熱交換反應器	熱交換反應器	管式反應器	管式反應器
製造廠家	FZK	Boostec/LGC	Shimtec	Corning	Alfa Laval		
材料		碳化矽		玻璃	不鏽鋼		
總熱傳係數，W/m^2K	2,000	700	3,000	660	2,500	500	400
最大停留時間	幾秒	幾分	幾秒	幾秒至幾分	幾分	幾分	幾小時
緊密度，m^2/m^3	9,000	2,000	2,000	2,500	400	400	2.5
強化因子，kW/m^3K	18,000	14,000	6,000	1,650	1,000	200	1

(a)FZK微反應器

(b)Boostec/LGC碳化矽熱交換毫反應器

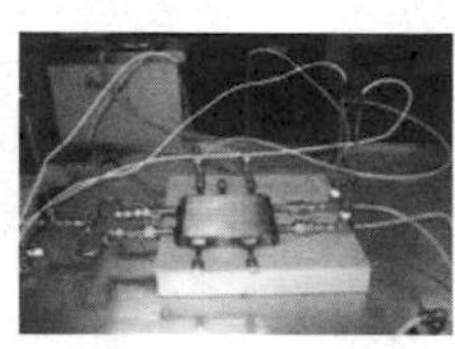
(c)Shimtec熱交換毫反應器

(d)Corning玻璃熱交換毫反應器

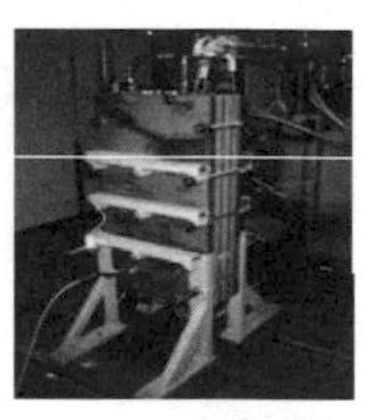
(e)Alfa Laval熱交換毫反應器

圖8-21　不同形式的微反應器與熱交換毫反應器[8]

◆碳化矽毫反應器

材質的吸熱係數（Effusivity）是影響熱交換反應器強化因子的最主要的參數。由於吸熱係數是導熱率、比熱與密度乘積的平方根，吸熱係數愈大，每單位質量的單位接觸面積所能傳導的熱量愈大。碳化矽的導熱率高達180W/mK，約為不鏽鋼的11倍與玻璃的180倍，雖然它的比重僅為不鏽鋼的40%，但其吸熱係數高達20,000，分別為不鏽鋼與玻璃的1.25與13倍（**表8-5**）。

圖8-22所顯示的一個由Boostec公司與LGC共同開發的碳化矽毫反應器，它是由11個平板，是由5個供反應流體流動的碳化矽模組（灰色）與6個冷卻或加熱流體的平板（藍色）所組成，具耐500度以上高溫。耐高壓、高磨損阻力、袖珍與可在線上以加熱或化學方式清理等優點。

表8-5　碳化矽、不鏽鋼與玻璃物理特性比較

物理特性	碳化矽	SS304不鏽鋼	玻璃
導熱率（λ）W/mK	180	16.3	1.1
比熱（Cp）j/kgK（20℃）	680	448	740
密度（ρ）kg/m^3	3,210	7,900	2,600
吸熱係數（λCpρ）$^{1/2}$	19,821	7,595	1,455

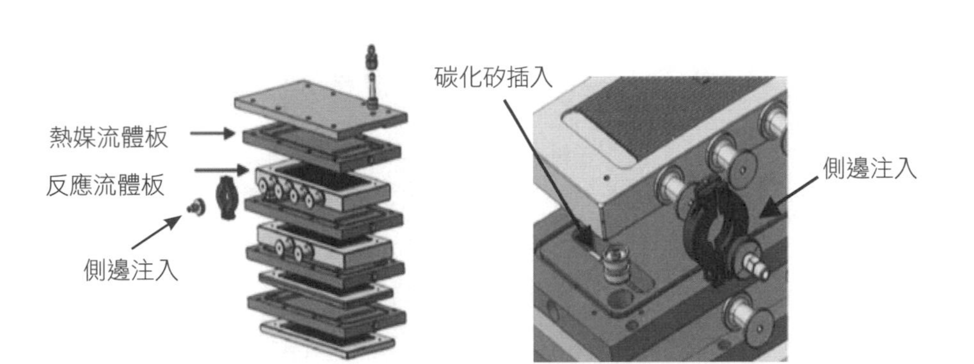

圖8-22　Boostec/LGC碳化矽熱交換毫反應器

◆BHR毫反應器

BHR集團所開發的毫反應器（**圖8-23**），曾被應用於Hickson-Welch製程〔兩階段硫醚氧化以產生碸類（sulfone）的觸媒反應〕，可將反應時間由18小時縮減至15分鐘。

◆阿法拉伐板式毫反應器

著名的熱交換器與分離設備製造公司——瑞典的阿法拉伐公司（Alfa Laval）的ART PR37板式反應器（**圖8-24**），適用於液態放熱反應。它是

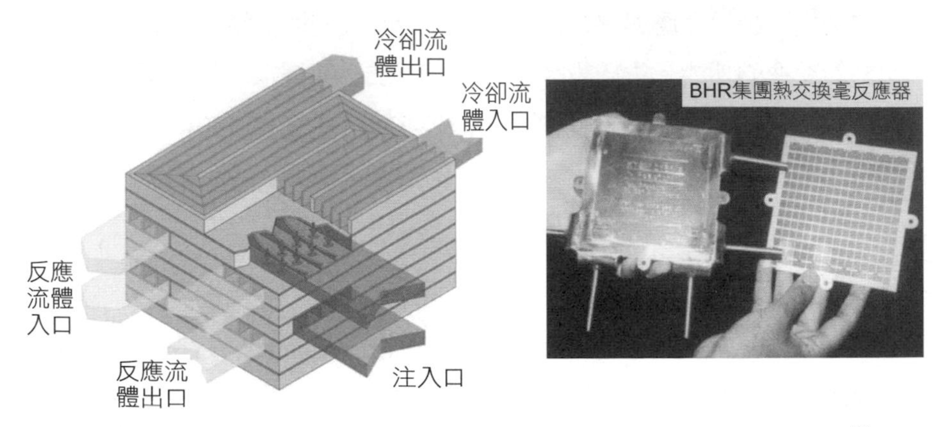

圖8-23　BHR集團所開發的熱交換毫反應器的內部構造與外觀[8]

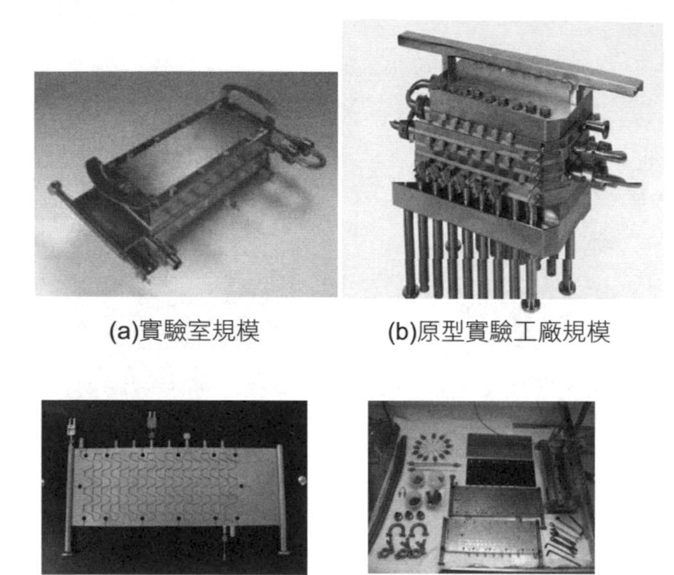

(a)實驗室規模　　(b)原型實驗工廠規模

(c)內部構造

圖8-24　阿法拉伐公司（Alfa Laval）所開發的熱交換毫反應器[8]

一種連續式毫反應器，由一連串特殊製造的匣板所組成。匣板的內部構造如**圖8-24(c)**所顯示，每個匣板上皆有微細的導管，可供反應流體與熱媒流體通過。由於反應與熱媒流體所通過的匣板密切接觸，可達到最佳混和與熱能交換的功能。由於設計模組化，可依容量需求，將不同匣板疊積組合。3片實驗工廠規模的毫反應器的容量約1.4公升。以90秒停留時間估算，每小時即可處理50公升。大型商業化工廠規模每小時可處理1～3立方公尺。

◆Velocys毫反應器

英國Velocys公司（前身為牛津觸媒，Oxford Catalysts）的毫反應器的流道介於0.1與1毫米之間，遠比傳統反應器的3～10釐米細小（**圖8-25**）。該公司所開發的以費托合成（Fischer-Tropsch Synthesis）將氫氣與一氧化

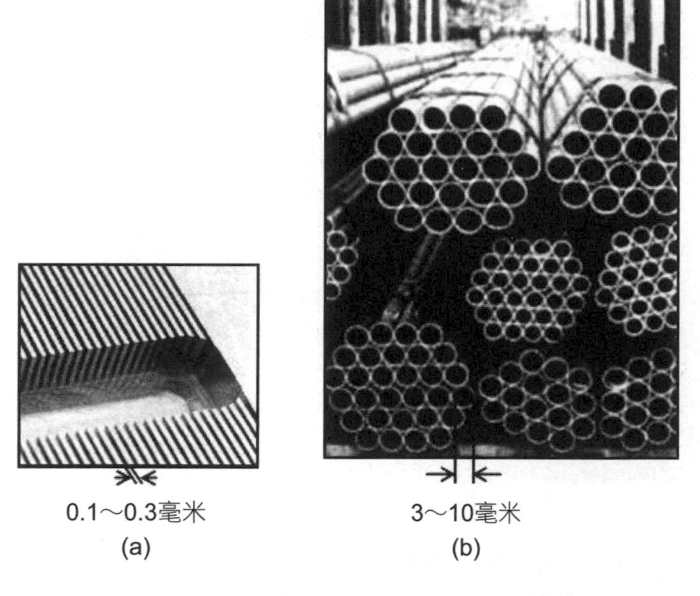

圖8-25　(a)微反應器流道；(b)傳統反應器流道

碳轉化為液態烴的反應器，包含數以萬計的充滿觸媒與冷卻水的微流道，可以迅速去除反應所釋放的大量熱能，適用高活性的觸媒反應。

2014年8月，Velocys公司宣布與美國廢棄物管理公司（Waste Management, Inc.）合作，在美國奧克拉荷馬州東橡樹掩埋場興建一座以該公司的微反應器技術、以費托合成產生汽油的工廠[26]。Velocys公司以微反應器組成的反應器的體積遠低於南非Sasol公司所使用的傳統反應器（**圖8-26**）。一個每天生產1,400桶汽油的工廠體積僅90英尺長、46英尺寬與40英尺高[26]。

◆TNO螺旋管反應器

荷蘭應用科學研究院（TNO）所開發的螺旋管反應器（**圖8-27**）具有熱能交換速率高、徑向混和佳與柱塞是流動特徵等優點，適於高放熱與含懸浮固態物質的反應。

(a) (b)

圖8-26　(a)南非Sasol公司的傳統反應器；(b)Velocys公司所開發的由微反應器組成的裝置[26]

(a)螺旋管外觀

(b)管內溫度變化

(c)反應器

圖8-27　TNO螺旋管式反應器[8]

其優點為：

1.反應器體積可縮減3倍以上，但能達到4倍產量。
2.能量需求減少75%。
3.廢棄物減少30%。
4.經常費用減少3倍以上。
5.易於放大規模。
6.投資在一年即可回收。

三、再生

以固定床作為熱能儲存與再生的工具的再生式熱回收普遍存在於發電廠與煉鋼廠內，但甚少應用於化學反應器中。此觀念一直到二十世紀的末期，才由烏克蘭科學家瑪特羅斯博士（Yurii Sh. Matros）應用於反向流動反應器上。有關反向流動反應器的說明，請參閱第二章（2.3.2）。將再生式熱交換與化學反應整合在一個反應器中，具有結構簡單、堅固、低成本與高效率等優點；其缺點為操作模式並非穩態、溫度調節困難，而且只侷限氣體處理。

四、反應

理論上將放熱反應A與吸熱反應B整合在一個反應器中，以A反應所釋放出的熱量作為B反應所需的熱量，不僅可以節省投資與操作成本，還可大幅降低能量消費；然而，實際上僅有少數成功的案例，如Lummus與UOP合作開發的SMART製程，能將吸熱的脫氫反應與氫氣燃燒反應整合在徑向流動反應器中（**圖8-6**）。

圖8-28顯示一個整合吸熱的水蒸氣重組與甲烷燃燒反應器的構造與反應管的溫度變化。由於很難同時控制兩個反應的速率，因此難以控制反應器內的溫度變化，導致反應進行不理想，產量與產品品質未能達到生產

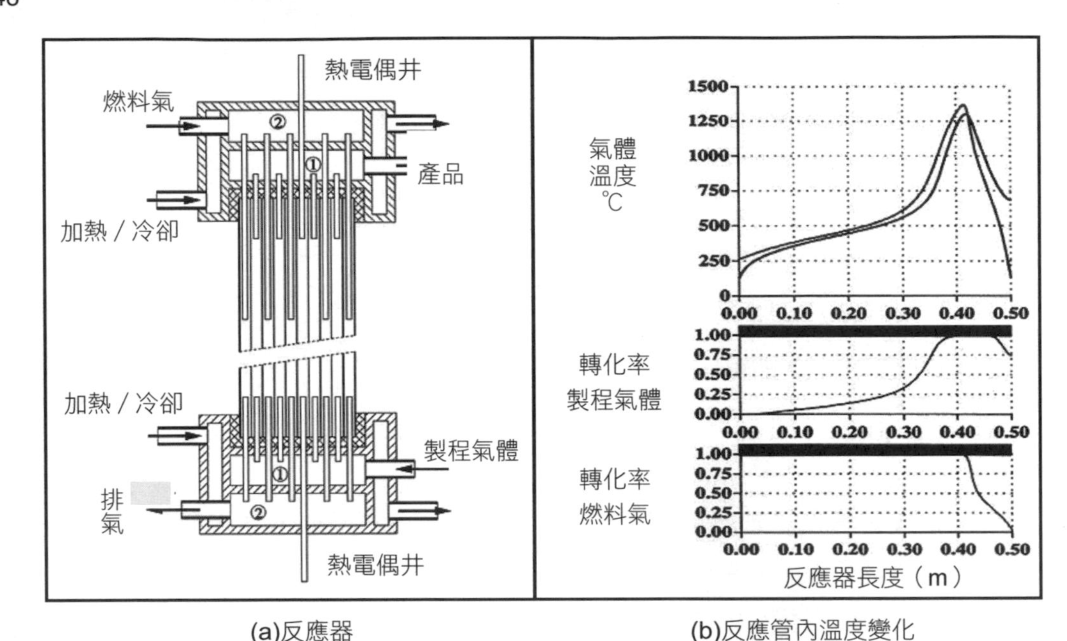

(a)反應器　(b)反應管內溫度變化

圖8-28　整合吸熱水蒸氣重組與放熱的甲烷燃燒反應的反應器[20]

需求[21]。由於此反應器是以塗布觸媒的蜂巢式的陶瓷單層作為對流熱交換器的材質，操作溫度限於材質的張力，低於攝氏800度[20]。

五、反應、復原與再生式熱回收反應器的比較

氰化氫（HCN）的合成是一個很好的作為比較反應、再生與復原方式熱回收的案例。氰化氫合成是放熱反應，必須由外界提供熱量，反應才能進行。

$$CH_4+NH_3 \rightarrow HCN+3\,H_2 \qquad \Delta H=+256\ kJ/mol$$

由於反應所產生的氫氣可以燃燒，以產生熱量，

$$3H_2+1.5O_2 \rightarrow 3H_2O \qquad \Delta H = -726\ kJ/mol$$

因此，德國化學家安德盧梭（Leonid Andrussow）就將前兩個反應合在一起，成功的將甲烷、氨氣與空氣在攝氏1,200度下、經鉑觸媒催化後產生氰化氫。此方法普遍為工業界所採用。

$$CH_4+2NH_3+3O_2 \rightarrow 2HCN+6H_2O$$

此類反應式熱交換非常有效，所有反應物皆可直接混和，而且沒有溫差問題。缺點是氧氣可能造成氨氣的分解與二氧化碳的產生，而且空氣中的氮氣會增加反應器的體積與排氣流量。

德國德固賽（Degussa）化學公司所開發的BMA法，也是應用所產生的氫氣燃燒後，以提供氰化氫反應所需的能量，只不過熱交換的方式為復原式而已（**圖8-29**）。由於BMA法未應用惰性氮氣，因此不僅產率較

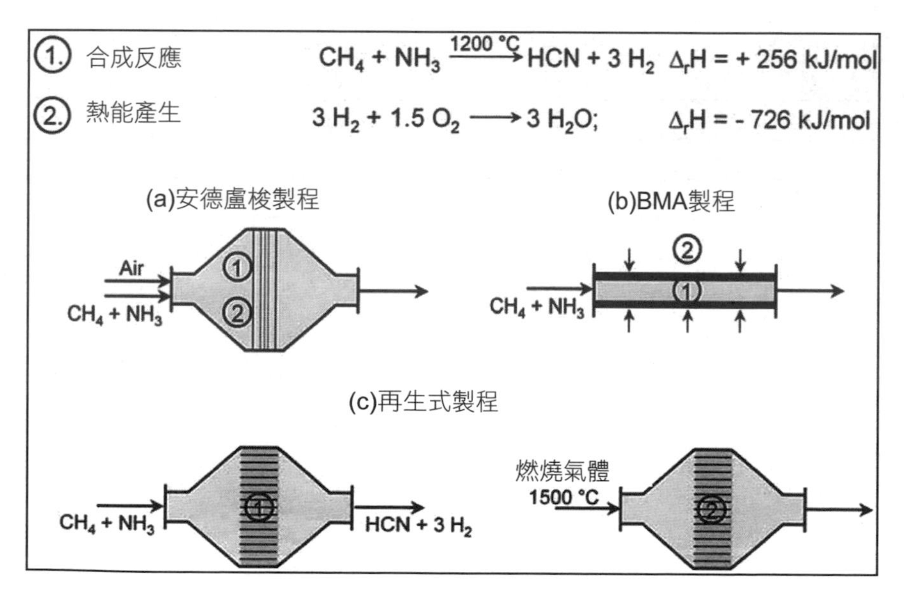

圖8-29　合成氰化氫的三種製程[15]

高，排氣中氰化氫濃度亦高。缺點為在這種高溫下，以復原方式傳遞熱能時，必須應用外表塗布觸媒的陶瓷管式反應器。由於此類反應器不僅價格昂貴，而且不夠堅固耐用。另外一個缺點是氫氣燃燒所產生的熱能中，僅有一半可直接應用於反應中。

由**表8-6**可知再生式熱交換製程不但具備了前兩個方式的優點，而且還可超越它們的缺點[22]。然而，經過詳細的分析後，才發現由於下列幾個缺點，此構想無法取代既有的製程：

1.必須應用粗糙的單層觸媒結構，才能達到合理的再熱時間。

2.週期僅4分鐘，實際操作難以配合。

3.反應管中會產生熱點（**圖8-30**）。

表8-6　應用於氰化氫製程的三種熱交換方式比較[15]

製程	Andrussow 氨氧化製程	Degussa BMA	再生
熱交換方式	反應	復原	再生
觸媒	鉑／銠（金屬網）	鉑（管壁上）	鉑固定床載體
溫度（℃）	1,100	1,250	1,200
C-產率（%）	60	91	92
N-產率（%）	65	82	82
HCN濃度	6	23	23
能量需求	60	60	<50
MJ/kgHCN			
熱效能（%）	>90	>50	>90
反應器製造	簡單堅固	陶瓷、易碎	簡單堅固

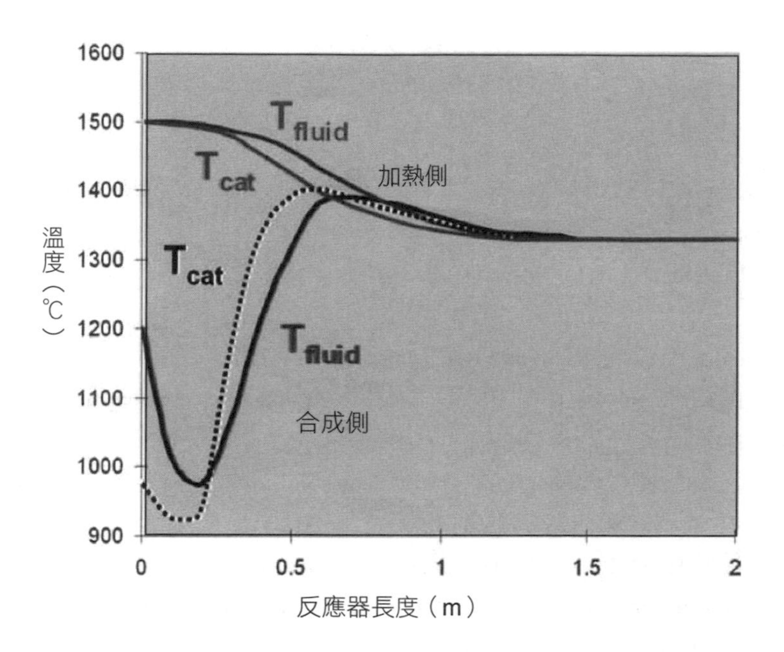

圖8-30　以再生熱交換方式合成氰化氫的反應管溫度變化[15]

參考文獻

1.Dautzenberg, F. M., Mukherjee, M. (2001). Process intensification using multifunctional reactors. *Chem. Eng. Sci., 56*, 252-267.

2.Roby, K., Kingsley, J. P. (1996). Oxidize safety with oxygen. *Chemtech., Vol. 26*, No. 2, 39.

3.Kingsley, J. P., Roby, K. (1996). US Patent 5 523 47, June 7.

4.Mills, P. L., Chaudhari, R. V. (1999). Reaction engineering of emerging oxidation process. *Catalysis Today, 48*, 17-29.

5.Moeller, K. P., & O'Connor, C. T. (1996). Gas-solid mass transfer in a jet-loop reactor. *A.I.Ch.E. Journal, 42*, 1187, 1190.

6.Cramers, P. H. M. R., van Dierendonck, L. L., Beenackers, A. A. C. M. (1992). Influence of the gas density on the gas entrainment rate and gas holdup in loop-venturi reactor. *Chem. Eng. Sci., 47*, 9-11, 2551-2256.

7.遠東人月刊編輯室（2012）。〈東聯化學——綠色石化先驅〉。《遠東人月刊》，9月號。

8.Stefanidis, G. (2014). Process intensification, course notes, chapter 7, Synergy I, Delft University of Technology, Delft The Netherlands.

9.De Bruijn, E. W., De Jong, W. A., and van der Spiegel, C. J. (1978). Methanation in a parallel passage reactor. ACS Symposium, *Chemical Reaction Engineering-Houston*, Chapter 6, pp. 63-71.

10.Calis, H. P. A., Nijenhuis, J., Paikert, B. C., Bautzenberg, F. M., van den Blee, C. M. (2001). CFD modelling and experimental validation of pressure drop and low profile in a novel structured catalytic reactor packing. *Chemical Engineering Science, 56*, 1713-1720.

11.Kapteijn, F., Heiszwolf, J. J., Nijhuis, T. A., Moulijn, J. A. (1999). Monoliths in multiphase catalytic processes-Aspects and prospects. *Cattech, 3*, 24-41.

12.Edvinsson Albers, R. K., Houterman, M. J. J., Vergunst, T., Grolman, E., Moulijn, J. A. (1998). Novel monolithic stirred reactor. *A.I.Ch.E. Journal, 44*(11), 2459-2464.

13.de Lathouder, K. M., Marques Fló, T., Kapteijn, F., Moulijn, J. A. (2005). A novel structured bioreactor: Development of a monolithic stirrer reactor with immobilized lipase. *Catalysis Today*, 105, 443-447.

14.Hoek, I., Nijhuis, T. A., Stankiewicz, A. I., Moulijn, J. A. (2004). Performance of the monolithic stirrer reactor: applicability in multi-phase processes. *Chem. Engng. Sci., 59*, 4975-4981.

15.Agar, D. W. (2004). Multifunctional reactors: Integration of reaction and heat transfer., In *Re-Engineering the Chemical Processing Plant*. Marcel Dekker.

16.Krishna, R., Sie, S. T. (1994). Strategies for multiphase reactor selection. *Chem. Eng. Sci., 49*, 4029-4065.

17.Linde (2014). Linde isothermal reactor, Linde Engineering, Pullach, Germany. http://www.linde-engineering.com/en/process_plants/hydrogen_and_synthesis_gas_plants/gas_generation/isothermal_reactor/index.html.

18.Anxionnaz, Z., Cabassud, M., Gourdon, C., Tochon, P. (2008). Heat exchanger/reactors (HEX reactors): Concepts, technologies: State-of-the-art. *Chemical Engineering and Processing, Volume 470*, Issue 12, 2029-2050.

19.Roberge, D. M., Gottsponer, M., Eyholzer, M., Kockmann, N. (2009). Industrial design, scale-up, and use of microreactors. *Chemistry Today, 27*(4)/July-August, 8-11.

20.Frauhammer, J., Eigenberger, G., Hippel, L. V., Arntz, D. (1999). A new reactor concept for endothermic high-temperature reactions. *Chem. Eng. Sci., 54*, 2661-3670.

21.Kolios, G., Frauhammer, J., Eigenberger, G. (2000). Autothermal fixed bed reactor concepts. *Chem. Eng. Sci., 55*, 5945-5967.

22.Glasser, D., Hildebrandt, D., Crowe, C. M. (1987). A geometric approach to steady-flow reactors:the attainable region and optimization in the concentration space. *Ind. Eng. Chem. Res., 26*, 1803.

23.Wikipedia (2014). Microreactor, http://en.wikipedia.org/wiki/Microreactor.

24.BHS (2013). Modular Microreactor Technology, Ehrfeld Mikrotechnik BTS

25.Lipski, R. (2013). Smaller Scale GTL, Oxford Catalysts/Velocys, UK.

26.Velocys (2014). Velocys announces commercial-scale GTL plant gets go-ahead. *Biomass Magazine*, August 1.

功能強化三：反應與分離整合

9.1 前言

反應分離係將化學反應與分離兩個製程單元結合為一個製程單元的技術，包括：

1.反應蒸餾（Reactive Distillation）。
2.反應吸附（Reactive Adsorption）。
3.反應吸收（Reactive Absorption）。
4.反應萃取（Reactive Extraction）。
5.反應結晶（Reactive Crystallization）。
6.反應色譜儀（Reactive Chromatography）。
7.薄膜反應器（Membrane Reactors）。

圖9-1顯示不同反應分離程序所牽涉的相態介面。

整合的優點為：

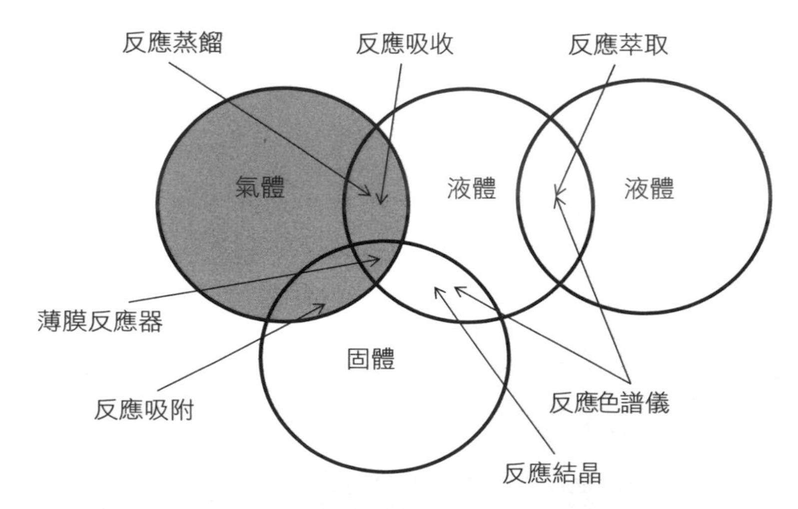

圖9-1　反應分離所牽涉的相態介面

1.可迅速將生成物與反應物分離，可避免因平衡而造成速率的降低。

2.改善產率與選擇性。

3.整合後，設備數量縮減，大幅減少投資成本。

4.危害物質的容量降低。

5.製程簡化。

6.熱能管理改善與能源效率提升。

7.易於分離，免除共沸問題。

8.觸媒壽命延長。

9.2 反應蒸餾

9.2.1 發展歷史

反應蒸餾是將化學反應及蒸餾合併為一個製程單元中，因此兼具反應器與蒸餾塔功能。由於產品不斷地從反應物中分餾出來，轉化率遠高於傳統製程，最適於受限於化學平衡的酯化與酯類水解反應。此系統如**圖9-2**所顯示，由上而下可分為精餾、反應與氣提等三個區域。反應物先在反應區中進行反應，再經由精餾與氣提區，將反應物與產品分離。

此構想早在1921年Beckhaus在開發醋酸甲酯製程時即已提出，但是當時並未受到重視，一直到1983年才由美國伊斯曼化學公司（Eastman Chemical Company）工程師Agreda和Partun所實現[1]。伊斯曼公司所開發的醋酸甲酯製程目前已被化工界公認為製程強化的典型範例，可以使用3個設備數目取代傳統製程所需的28個設備。蒸餾塔的直徑約4米，高達80米，每年可生產200,000公噸醋酸甲酯。由於這個蒸餾塔具有化學反應、氣提、萃取、精餾、共沸分餾等五種功能，其建造成本與能源消費僅約傳統製程的五分之一（**圖9-3**）。由於它的壓差低，效率很高，可將蒸餾塔

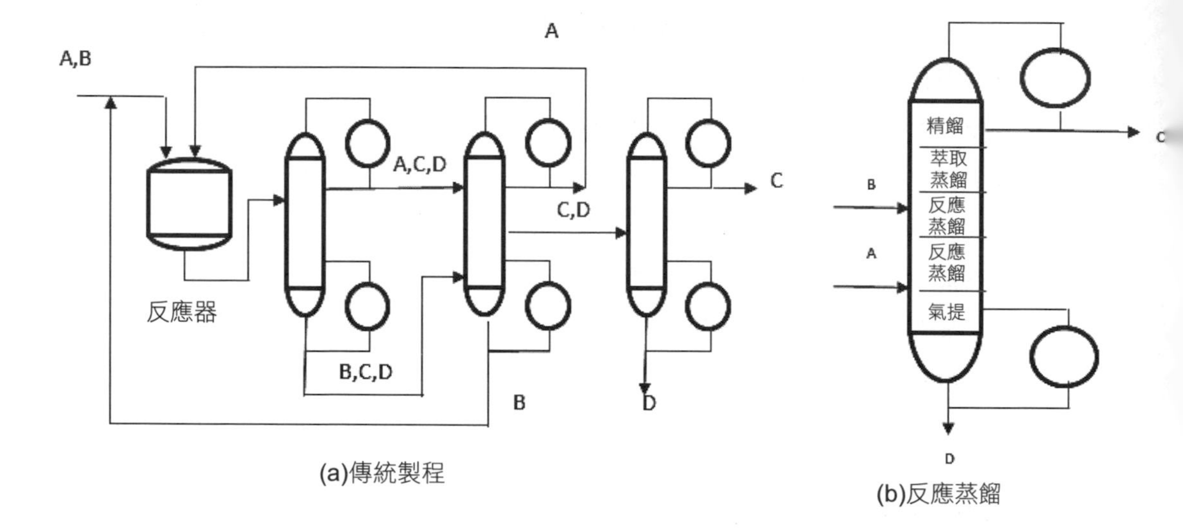

圖9-2　流程圖A+B→C+D

的容量縮至五分之一，頗具商業應用潛力。**圖9-4**顯示反應蒸餾塔中功能的整合與排列。

反應蒸餾應可應用於分離兩個沸點相近的物質。由於兩者沸點相近，難以用蒸餾方法分離；然而，如果應用一個只會與其中之一反應的物質作為載體，以產生一個沸點相差極大的中間物質後，即可順利將惰性物質分離出來（**圖9-5**）。以正丁烯與異丁烯為例，兩者的沸點分別為攝氏3.7與-6.9度，相差僅10.6度。以甲醇為反應載體與兩者反應，異丁烯會與甲醇相作用而產生沸點為55.2度的甲基叔丁基醚（MTBE）與沸點為102度的二異丁烯，而正丁烯不參與反應，可先被分餾出來，然後再分離甲基叔丁醚與二異丁烯，最後將甲基叔丁基醚分解、分餾。

圖9-6顯示一個由反應塔、分離塔與分解塔組合的三塔設計流程與各塔中盤板數與液體摩爾分率的關係。如果將反應塔的填料床下方的甲基叔丁醚抽出後，再直接注入分解塔中，則可將三塔設計中的第二塔（甲基叔丁醚與二異丁烯分離塔）與反應塔合併（**圖9-7**）。

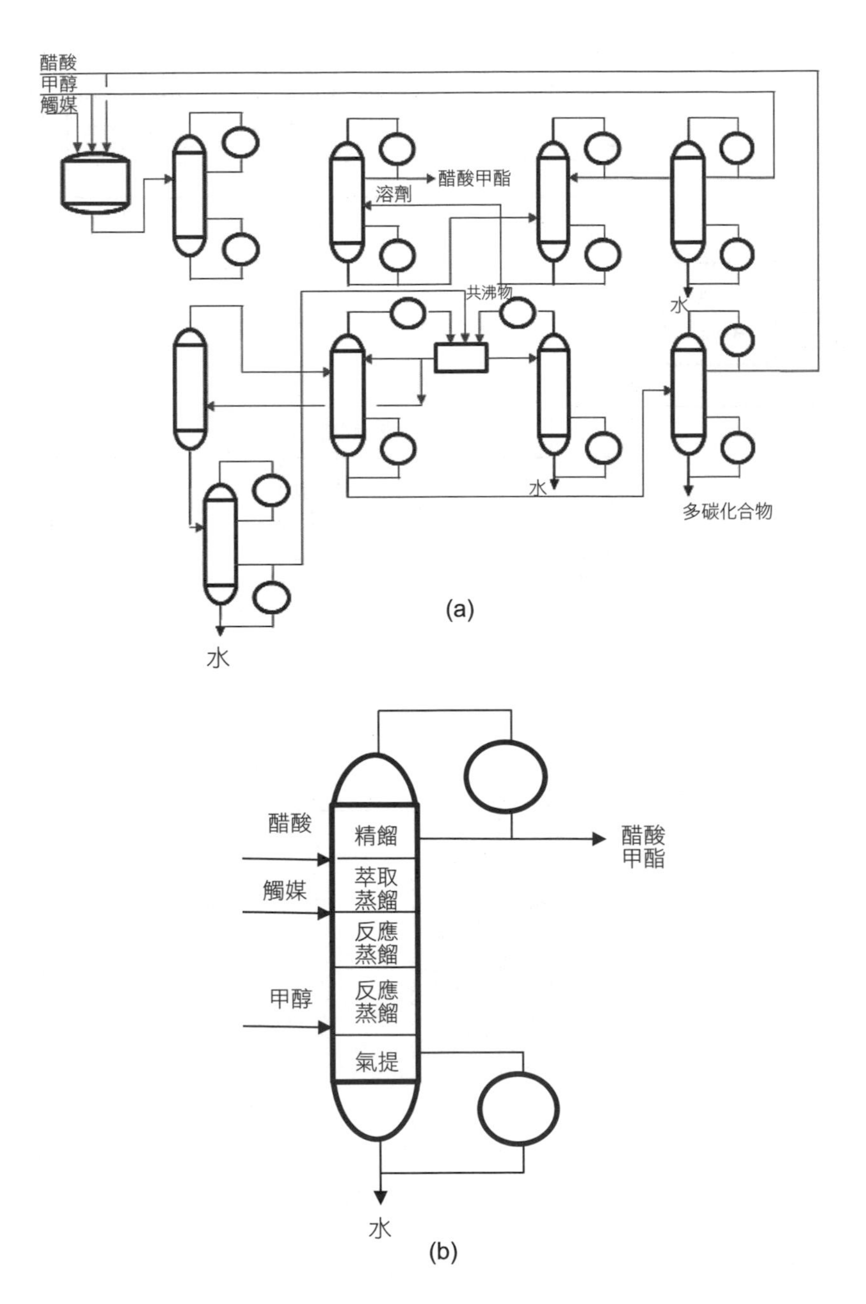

圖9-3　(a)傳統醋酸甲酯製程；(b)反應蒸餾塔

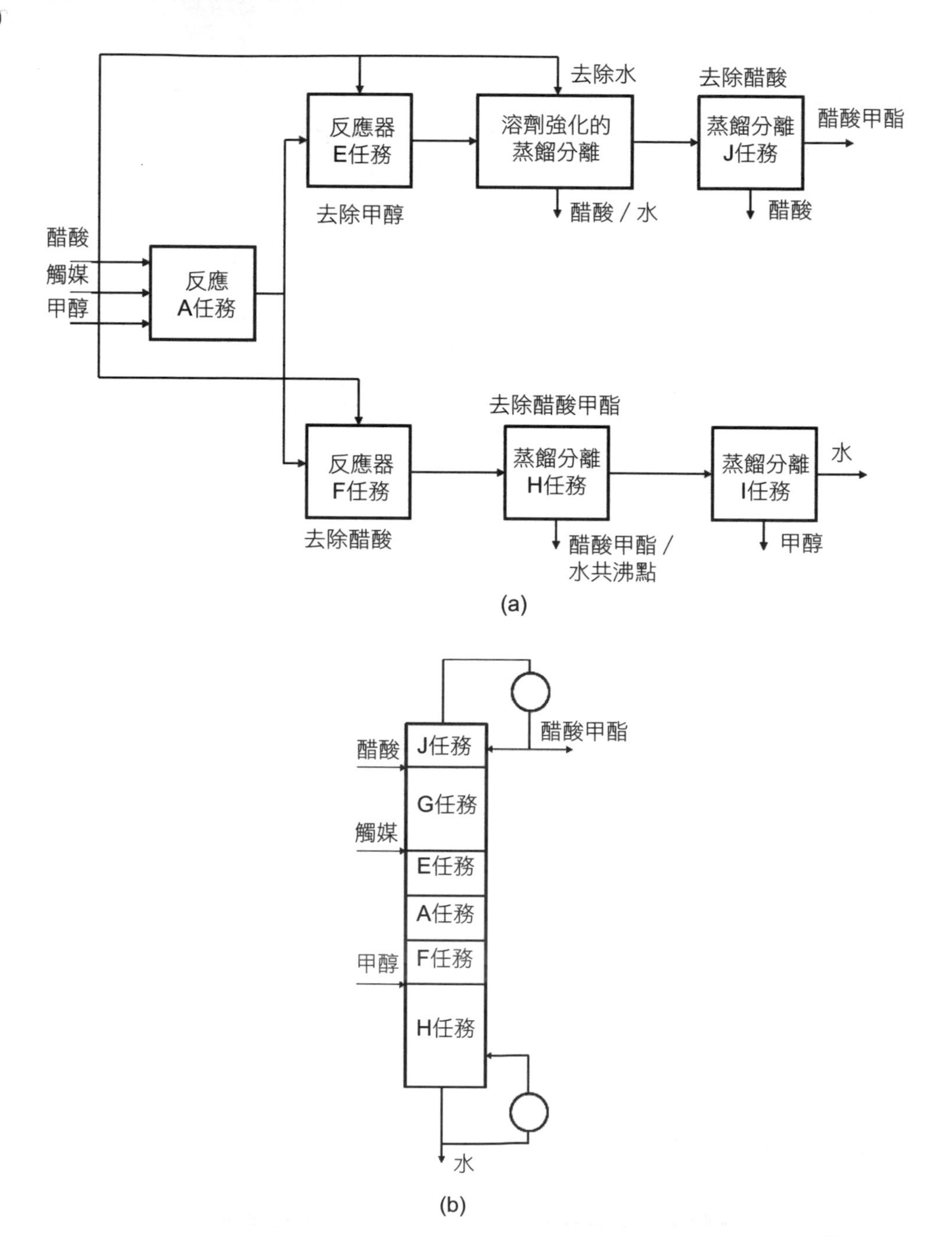

圖9-4　(a)醋酸甲酯製程的任務分析；(b)反應蒸餾塔內任務排列[1]

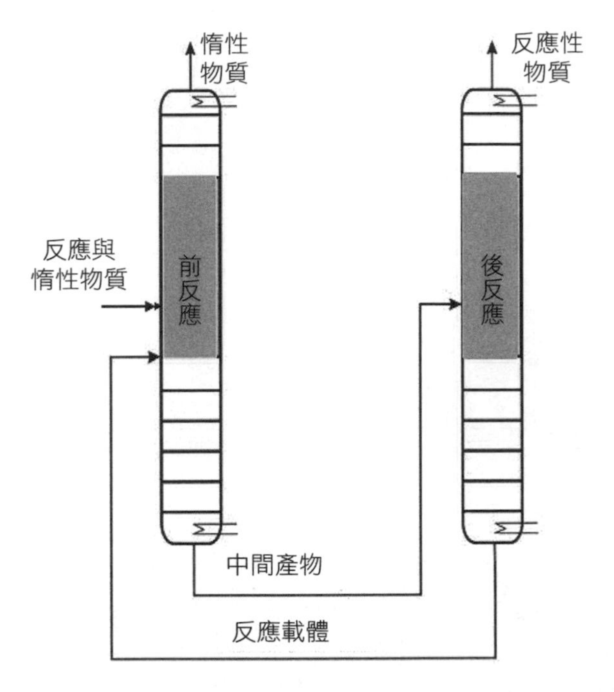

圖9-5　以反應蒸餾方式分離兩個沸點相近的物質[6]

9.2.2 應用範圍

目前已應用反應蒸餾技術所生產的產品包括：

1.醚類，如甲基叔丁基醚、乙基叔丁基醚（ETBE）、甲基叔戊基醚（TAME）。

2.醋酸甲酯（Methyl Acetate)。

3.丁、戊、己二烯類的選擇性氫化。

4.苯的烴化以產生乙基苯。

5.異丙苯（Cumene）等（**圖9-8**）[6]。

具應用潛力與開發中的製程[2, 6, 7]為：

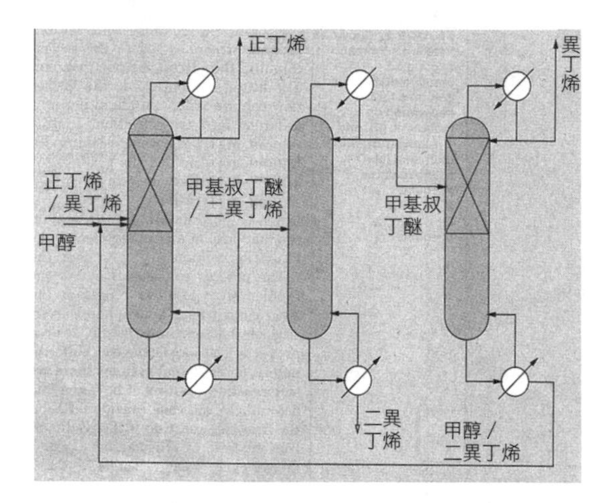

(a)三塔設計

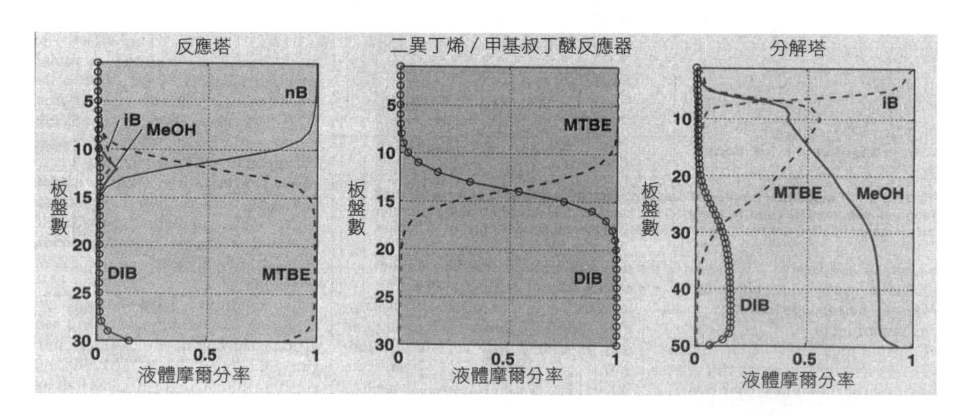

(b)塔中液體濃度變化

圖9-6　以反應蒸餾方式分離正丁烯與異丁烯的流程[6]

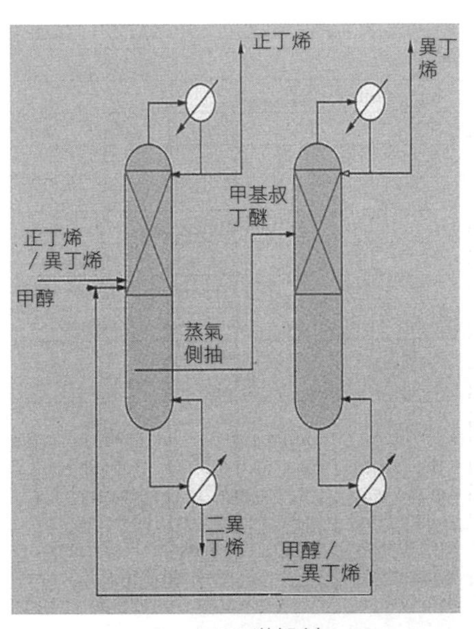

(a)二塔設計

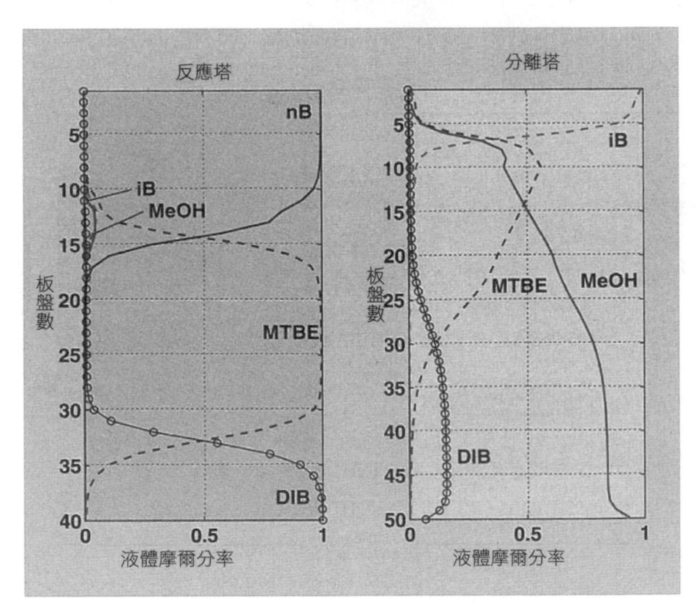

(b)反應塔與分離塔中液體物質濃度變化

圖9-7　以反應蒸餾方式分離正丁烯與異丁烯的改良設計[6]

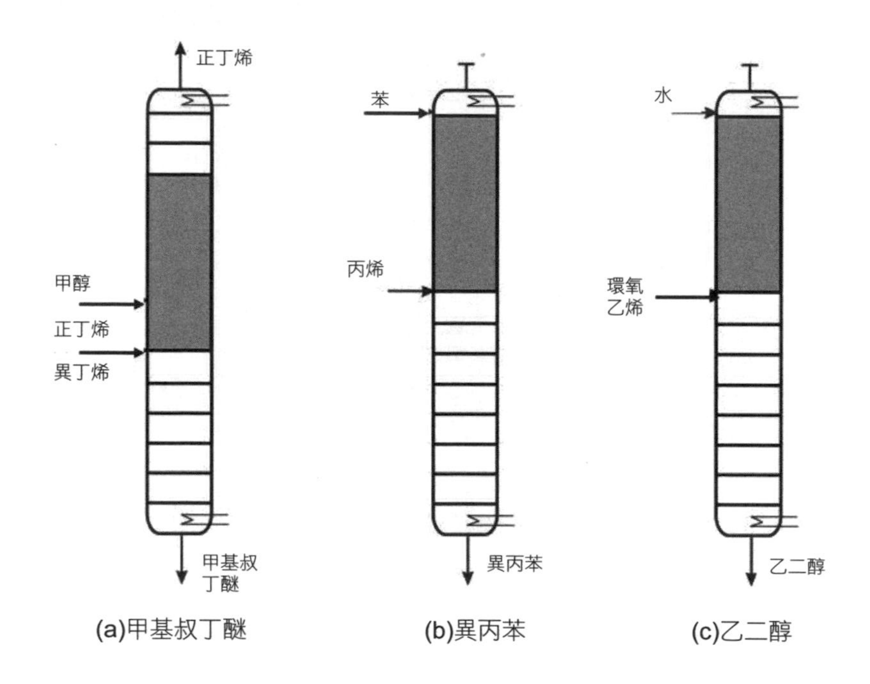

圖9-8　反應蒸餾的應用案例[6]

1.醚類裂解以產生高純度烯類。

2.選擇性的烯類二聚合反應。

3.以正丁烯烴化正丁烷（汽油混和）。

4.氫異構化反應。

5.水解（異丁烯至叔丁醇）。

6.醇類脫水以產生醚類。

7.脫氫氧化反應。

8.羰基化（丙烷與合成氣作用，以產生正丁醇）。

9.C1化學反應。

9.2.3 優缺點

反應蒸餾具有下列幾個優點[3,4]：

1.降低設備製造成本。
2.提升化學反應轉化率。
3.降低副反應的發生機率。
4.熱能整合，可充分利用反應所產生的熱，減少水蒸氣使用量。
5.消除共沸現象，簡化分離程序。

反應蒸餾普及化與商業化的阻礙為：

1.設計複雜。
2.控制設計不僅複雜，且自由度低。
3.製程開發成本高。
4.試車與操作難度高。

9.2.4 觸媒蒸餾

由於工業化學反應多使用觸媒，因此反應蒸餾又稱觸媒蒸餾（Catalytic Distillation）。觸媒不僅顆粒小、脆弱，而且密集，蒸餾塔中上升的蒸氣與下降的液體難以順利通過，無法直接裝置在填料中。美國魯瑪斯技術公司（Lummus Technology）與化學研究授權公司（Chemical Research Licensing）所投資的觸媒蒸餾夥伴（CDTECH Partnership）先將觸媒裝入布袋中，再將觸媒袋連結成纖維帶後，最後以不鏽鋼製成的網支撐，以確保氣／液的流動，才可放置在盤板或填料裝置之中（**圖9-9(a)、(b)**）。盛裝觸媒的纖維帶必須使用是不會與反應物或產品作用的惰性纖維，例如棉、多元酯、尼龍與玻璃纖維等，其中以玻璃纖維用途最廣[4]。觸媒包可以直接放置在蒸餾塔中的盤板上，易於更換。雖然觸媒包普遍應

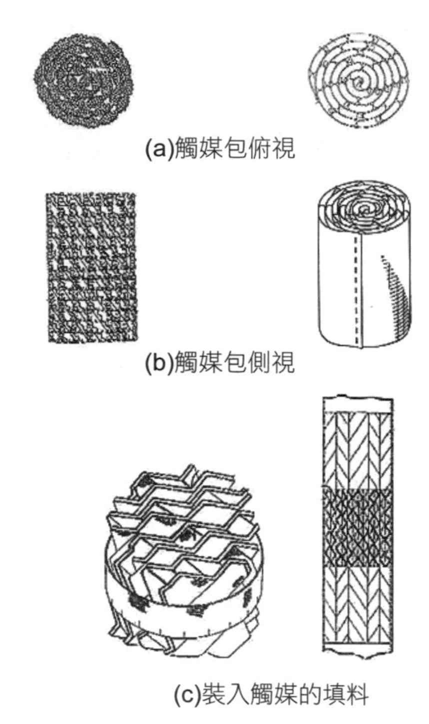

圖9-9　觸媒裝置

用於反應蒸餾中，但是在有些案例中，由於觸媒包的裝置，蒸餾塔中的填料或盤板無法達到預期的分餾績效。

另外一種是瑞士蘇爾壽化學技術公司（Sulzer Chemtech）與以生產質傳設備聞名的科氏一格利奇公司（Koch-Glitsch）所開發的觸媒結構填料。此技術是將觸媒顆粒夾置在波紋狀的金屬網之間（**圖9-9(c)**）。近年來，一些傳統蒸餾塔的填料裝置也重新設計，將觸媒塗布於表面或裝置在填料空隙中。例如日本長岡國際公司（Nagaoka International Corp.）所開發的由束狀細網所組成Super X-Pack（**圖3-22**）。

觸媒蒸餾夥伴（CDTECH Partnership）與瑞士蘇爾壽化學技術公司是最主要的技術供應廠商。至2006年止，CDTECH所轉移的製程高達200個，其中商業運轉約150座，每座年產量介於100～3,000公噸之間。

CDTECH擁有10座以上由1～5英寸直徑、30～50英寸高的實驗裝置，可以快速取得設計所需的參數。蘇爾壽化學技術公司也有原型單元，可供測試與製程放大的研究。可提供醋酸酯類、甲醛與脂肪酸酯的合成製程，但該公司從未公布任何營業數據[5]。

9.2.5 設計

反應蒸餾製程設計可應用製程設計中心（Process Design Center, PDC）所開發的電腦軟體程式SYNTHESISER。此程式應用啟發式的設計方法（Heuristic Approach），可依據有限的資訊和假說，以得到系統的結論，可在短時間內找到解決問題的方案。它具有下列功能[5]：

1.將質性資訊轉化為計量資訊。
2.由類比過程預測所缺失的參數。
3.在探討初期即可剔除不適當的程序。
4.產生可行的輸入數據，以縮短數值計算的時間。

美國殼牌石油公司的哈姆笙氏（G. J. Harmsen）曾經發展出15項導引，可協助工程師快速地評估反應蒸餾的可行性，其中以下列情況最為重要[5]：

1.反應所釋放的熱量大，必須冷卻。
2.會發生連串式反應，產生沸點較低的化合物。
3.反應物或產品會形成共沸混合物。

有關反應蒸餾的設計與最適化，請參閱下列文獻：

1.Sundmacher, K., Kienle, A. (2003). *Reactive Distillation: Status and Future Directions*. Wiley, New York.
2.Gerhard Schembecker, Stephen Tlatlik (2003). Process synthesis for reactive separations. *Chem. Eng. & Proc., 42*, 179-189.

9.3 以膜為基礎的反應分離

9.3.1 簡介

膜在反應器中的功能可分為下列十類：

1.產品分離：將產品由反應物中分離。
2.反應物分離：再進入反應器前，將混合物中的反應物分離出來。
3.將反應物以控制方式加入反應器中。
4.非分散式接觸：在相態介面或整體相態中。
5.觸媒隔離。
6.觸媒固定：將觸媒固定於膜上。
7.膜觸媒：膜具有觸媒作用。
8.膜反應器：反應在流體與膜接觸時發生。
9.固體電極膜：支撐電極、傳導離子與在膜表面完成反應。
10.固定液態反應介質。

圖9-10顯示這十種功能。

9.3.2 種類

依據膜在反應器中的功能與位置，膜可分為五大類（**圖9-11**）：

1.觸媒膜（Catalytic Membrane Reactor, CMR）：具觸媒活性位置與功能且能選擇性允許物質穿透的膜；可以選擇性移除產品，以提高轉化率，或選擇性供應反應物，以提高產品的選擇性。
2.填料床膜（Packed Bed Membrane Reactor, PBMR）：膜為惰性，不具備觸媒催化化學反應的功能，但由於膜僅可允許某些物質穿透，

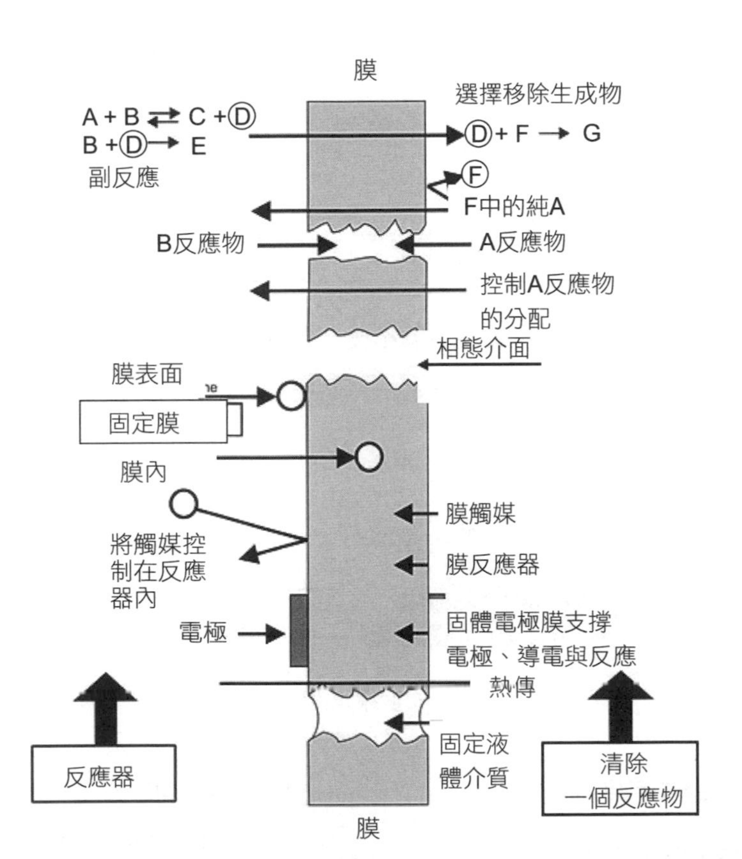

圖9-10　反應器中膜的功能[8]

可選擇性移除產品，以提高轉化率，或選擇性供應反應物，以提高產品的選擇性。

3.觸媒／非穿透選擇觸媒膜（Catalytic Nonpermselective Membrane Reactor, CNMR）：膜具觸媒活化功能，但無選擇穿透性能，膜表面為相態接觸點，接觸時間短；由於不使用溶劑，為環保友善的產品。

4.非穿透選擇惰性膜（Nonperselective Membrane Reactor, NMR）：無觸媒催化與穿透選擇功能，可作為反應物分配器；其優點為可改善

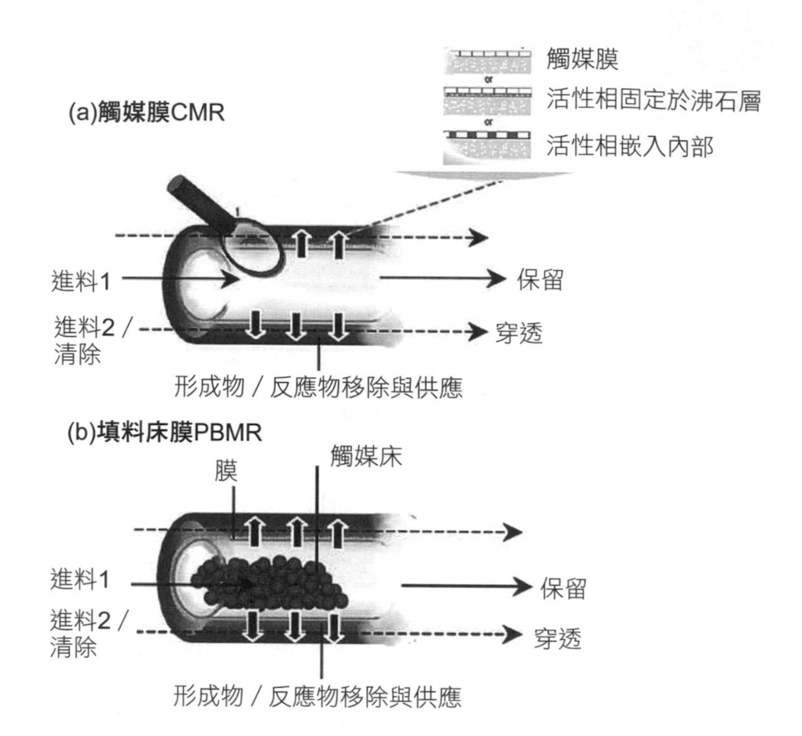

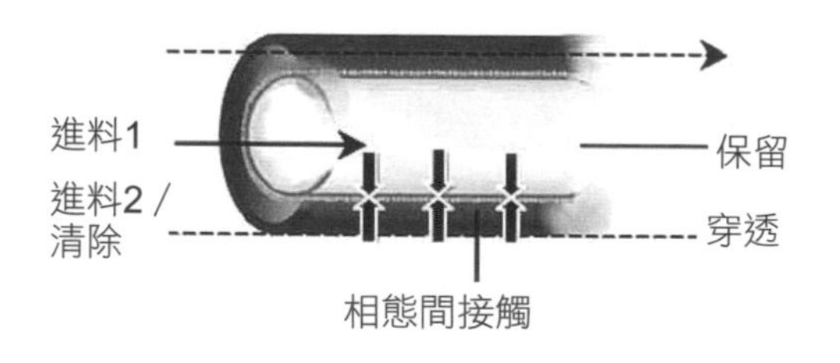

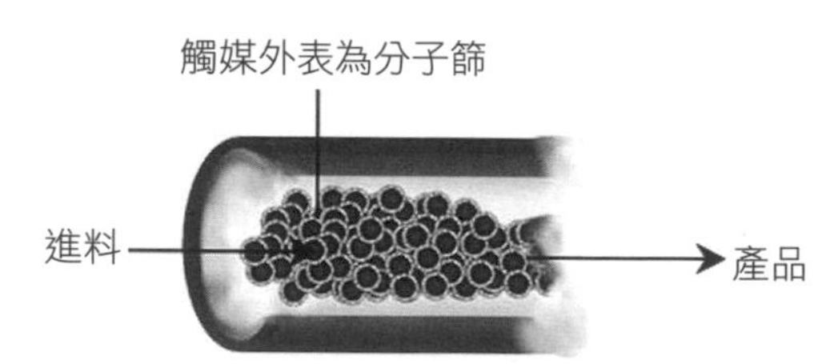

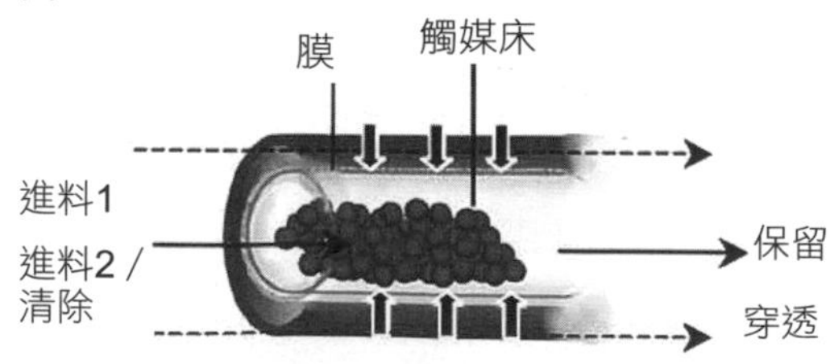

圖9-11　依據功能與位置所分類的膜類型[9]

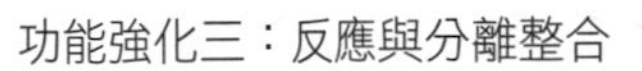

產品選擇性與易於控制反應濃度的變化。

5.顆粒級膜（Particle Level Membrane Reactor, PLMR）：內含由外表塗布分子篩的觸媒顆粒所組成的填料床；膜無穿透選擇功能；可經由反應物選擇或產品的移除改善選擇性；表面有分子篩過濾與保護，可防止觸媒被汙染或毒化。

膜反應器已應用於脫氫、氫化、氧化、有機合成與生物反應器上（**表9-1**）。

9.3.3 觸媒膜反應器

一、簡介

觸媒膜反應器（Catalytic Membrane Reactor）是內部具有一個由多孔隙材料所製成的圓柱膜的柱塞流式反應器，由於膜上塗布了觸媒，兼具催化化學反應與分離的功能。由於膜的表面上有一定大小的孔隙，只能允許特定體積的反應物進入或生成物擴散出去。觸媒膜具有催化下列化學反應的功能：

$$A = B + C$$

當A與B的混合物進入反應器，B與C產生後，由於膜僅能允B物質穿透，B可經由膜穿透出去，不僅可以有效分離B與C，而且依據勒沙特列定律，反應會不斷地向右方進行，導致C產率的提高[10]。

圖9-12顯示不同二氧化鈦濃度的二氧化鈦／聚碸（Polysulfone）膜的掃瞄電子顯微鏡下的影像，濃度愈大，表面顆粒數量愈多。

表9-1 膜反應器的應用[6]

反應種類	反應	型式	操作條件	膜	優點
脫氫	甲醇氧化脫氫以產生甲醛	PBMR	200-250C Fe-Mo Oxide	非穿透選擇性 316L不鏽鋼	反應物分配與控制造成強化選擇性與轉化率
	丁烷氧化脫氫以產生丁二烯	CMR	550C	V/MgO Alumina 嵌入MgO	氧氣分壓降低改善選擇性
氫化	二氧化碳氫化產生甲醇	CMR	210-230C	Pd MOR/ZSM-5/ chabazite	高二氧化碳轉化率 高甲醇選擇性
氧化	烴類氧化	PBMR	150-450C	MFI/$A_{l2}O_3$, S_iO_2/ $A_{l2}O_3$ and $AlPO_4$/ $A_{l2}O_3$	磷酸鋁可有效分配氧氣
	乙烷部分氧化產生合成氣	CMR	800-900C LiLaNiO/c-$A_{l2}O_3$	高密度陶瓷膜	乙烷全部轉化 一氧化碳選擇性高達91%
	甲烷部分氧化產生合成氣	PBMR	875 C LiLaNiO/c-$A_{l2}O_3$ catalyst	高密度陶瓷膜	94%甲烷轉化 94%一氧化碳選擇性
	甲醇部分氧化	NMR	Fe-Mo Oxide catalyst bed	316L不鏽鋼膜	操作改善
	乙烷選擇性氧化產生乙烯	CMR	825-875C	高密度陶瓷膜	56%乙烯產率 80%乙烯選擇性
	一氧化碳選擇性氧化	CMR	200-259C PtY	Y-type沸石 多孔隙a-$A_{l2}O_3$	穿透側一氧化碳濃度低於偵測極限
	苯氧化產生酚	CMR	＜250C	Pd/$A_{l2}O_3$	80-97%酚選擇性 2-16%苯轉化率
有機合成	異丁烯的液態偶聚合	PBMR	20C 酸性觸媒床	MFI/SS	選擇性高 幾乎全部轉化為異辛烯
	乙醇與醋酸酯化	CMR	60C	聚醚酰亞胺／c-$A_{l2}O_3$	
	丙烯的烯烴換位反應產生乙烯與2-丁烯	PBMR	Re2O7/c-$A_{l2}O_3$ catalyst, 23C	矽質岩-1	轉化率高達38.4% 反式-2-丁烯 選擇性42%

(a)0%TiO_2

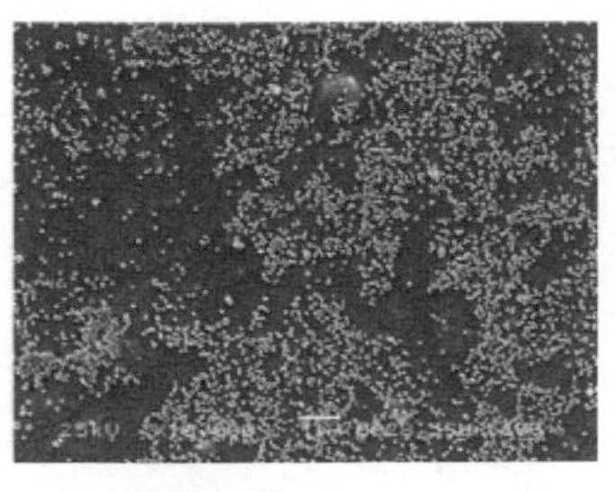
(b)5.3%TiO_2

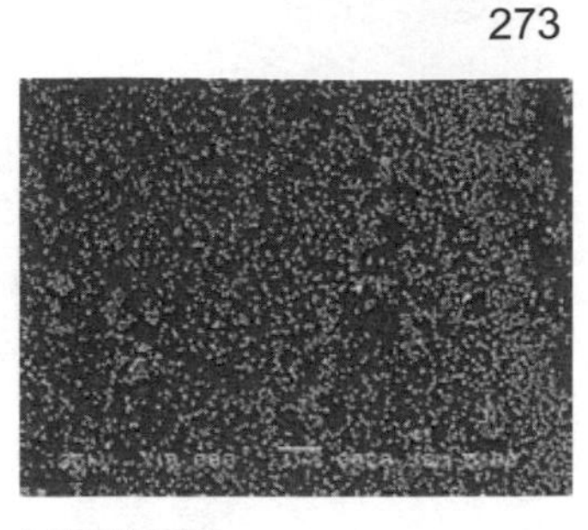
(c)7.3%TiO_2

圖9-12　掃描式電子顯微鏡下，TiO_2/Polysulfone光觸媒膜的影像[13]

二、應用案例

目前，膜反應器已成功地應用於甲醇的脫氫、丁烷的氧化脫氫、二氧化碳氫化、烷類氧化、甲烷／乙烷部分氧化以產生合成氣、甲醇的部分氧化、一氧化碳的選擇性氧化、苯與酚的氧化、液態異丁烯的寡聚合、醋酸與乙醇的酯化與丙烯的複分解以產生乙烯與2-丁烯等[9]。

廢水中的4-硝基酚（4-nitrophenol）汙染物在太陽光下，可被由二氧化鈦／聚碸膜所組成的光觸媒反應器轉化為二氧化碳、硝酸等無機物質[12]。以溶膠凝膠（Sol-gel）與相態反轉程序將二氧化鈦奈米顆粒與聚碸所製成的超濾膜[14]，在太陽光下，可以有效地將廢水中六價鉻還原成三價鉻[12]。

$$2C_6H_5NO_2+15O_2 \rightarrow 12CO_2+2HNO_3+4H_2O$$

沸石膜反應器（ZMR）可以改善異丁烯寡聚合反應的產品選擇性，提升異辛烯的產率。如**圖9-13**所顯示，異丁烯在傳統的固定床反應器（FBR）中的轉化率較在沸石膜的轉化率高，但異辛烯的產率卻相對較低[15]。

由於膜可及時將產生的氫氣移除，因此應用MFI-型（ZSM5）沸石膜

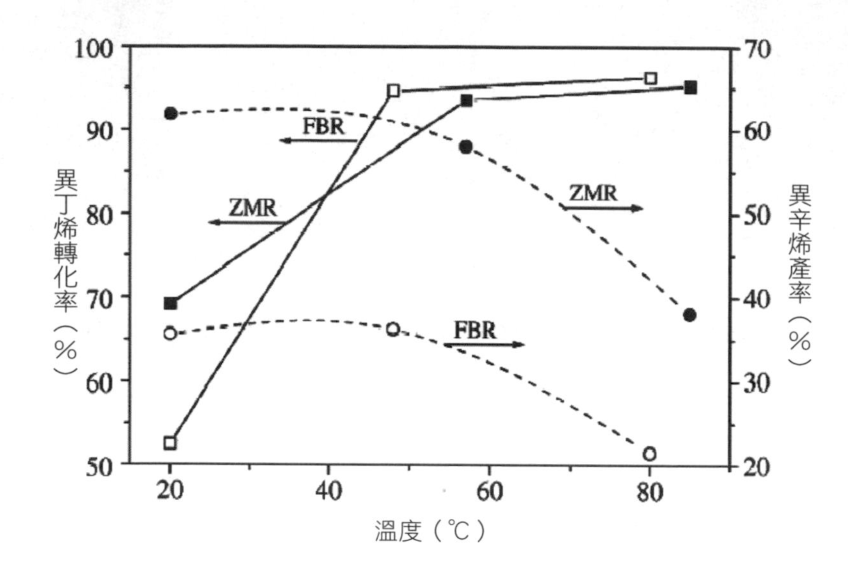

圖9-13　沸石膜反應器可以改善異丁烯寡聚合反應的產品選擇性[15]

可以增加丁烷脫氫的轉化率[15]。

塞通接觸式薄膜（Plug-through Contactor Membrane, PCM）已成功的應用於以合成氣（一氧化碳和氫氣的混合氣體）為原料在催化劑和適當條件下合成液態碳氫化合物的費托合成（Fischer-Tropsch Synthesis）。PCM是由在氫氣中還原與燒結的由觸媒、孔隙產生劑與增強劑所組成的混合物，如**圖9-14**所顯示，它具有三種孔隙結構，最大孔徑約2～3毫米，可允許合成氣通過，較小孔徑則充滿了液體產品，最小孔徑在觸媒內部，氣體分子以擴散方式通過。由於它的穿透度高（>20mDarcy）、導熱佳（>4W(mK)$^{-1}$）與機械強度高，不僅溫度分布均勻、壓差低，而且還可承受20kg/cm^{2}的壓力；因此產率較傳統的填料床高。在100kpa壓力與210℃溫度下，每小時每立方公尺可產生60～70公斤的碳氫化合物，當壓力增至600kpa時，產量高達100公斤。它對價值較高的重質油（C5+）與烯類選擇性高，五碳以上的重質油含量高達90%，丙烯對丙烷比例高達6～10；

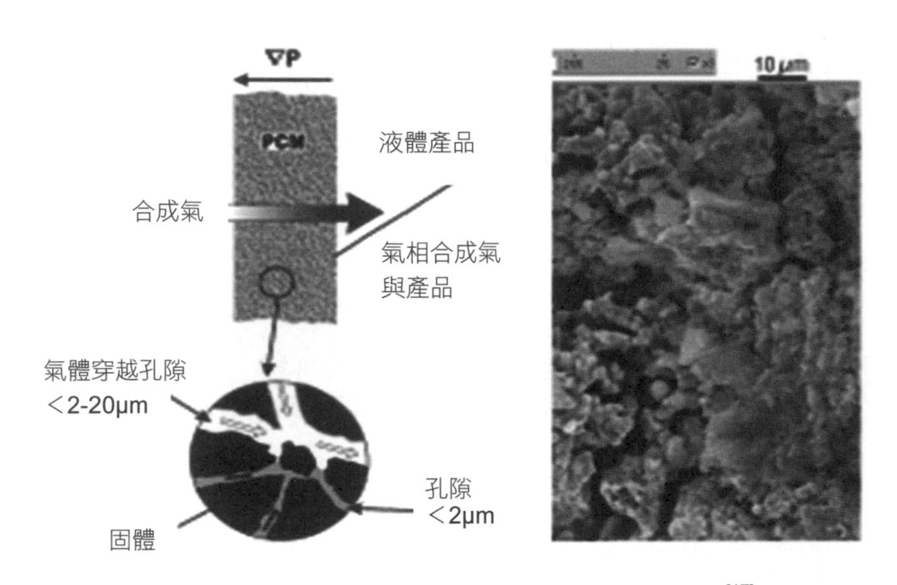

圖9-14　塞通接觸式薄膜（PCM）電子顯微鏡圖[17]

因此，產品經濟價值高[16]。然而；目前仍在實驗室階段，尚未達到工業生產規模。已商業化的觸媒膜反應器的案例如**表9-2**所顯示。

三、優缺點

觸媒膜反應器的優點為：

1.觸媒的保留與回收。

表9-2　觸媒膜反應器的商業應用案例[9]

公司	分離技術	應用	材料
德固薩Degussa	超過濾 Ultra-filtration	L-胺基酸	醯基化酶acylase
空氣產品公司Air Products	離子傳導 Ion-conduction	合成氣離子傳導膜	與鈣鈦礦相關的高密度陶瓷材料
阿克蘇諾貝爾AkzoNobel	微過濾 Micro-filtration	聚縮合作用	在二氧化鋁擔體上的微孔非晶體二氧化矽、聚乙烯醇、納菲（Nafin）

2.選擇性去除部分生成物。

3.選擇性供應反應物的功能。

4.可提供兩個不相溶的相態中的反應物的接觸介面，以利於化學反應的發生。

5.整合製程，降低投資成本。

6.較反應蒸餾相比，可在較低的溫度下操作，適於熱敏感的物質或揮發性物質反應與合成。

7.在特殊情況下，放熱反應所產生的熱能可應用於膜的另一側面的吸熱反應所需的熱能，例如，氫化與脫氫反應。

8.當形成物由膜分離出來後，可直接進入下游製程單元。

缺點為：

1.價格昂貴。

2.膜使用壽命短。

3.製程複雜度高，難以預測製程放大後的績效。

四、大型研發計畫

自2011年起，由西班牙研究與創新基金會（Fundacion Tecnalia Research & Innovation）主導、十餘個歐洲的研究機構、大學與化學公司共同執行一個簡稱為DEMCAMER、10,878,944歐元計畫經費、4年執行時間的設計與製造觸媒膜反應器（DEsign and Manufacturing of CAtalitic MEmbranes Reactors）的計畫，試圖開發創新的、奈米結構、兼具觸媒與選擇性膜材料與製程，以改善現有的自發性水蒸氣重組、費托合成、水煤氣變換（Water Gas Shift）與甲烷的氧化偶合（Oxidative Coupling of Methane）等四個，以生產氫氣、液態碳氫化合物與乙烯。以自發性甲烷水蒸氣重組反應為例：

$$4CH_4+O_2+2H_2O \rightarrow 10H_2+4CO$$

一個標準的傳統製程需要前處理、二次重組、一氧化碳轉化、二氧化碳吸附與烴器純化等五個步驟。DEMCAMER計畫擬應用觸媒膜反應器將傳統製程的後四個步驟集中於一個反應器中（**圖9-15**），不僅大幅簡化製程步驟，還可提升能源使用效率與安全程度。

DEMCAMER擬執行下列任務：

1.膜、擔體、觸媒等材料與元件開發。

2.實驗室型、原型與四個半工業化規模的實驗工廠示範。

3.理論模式與電腦模擬。

4.環境、安全與衛生影響評估。

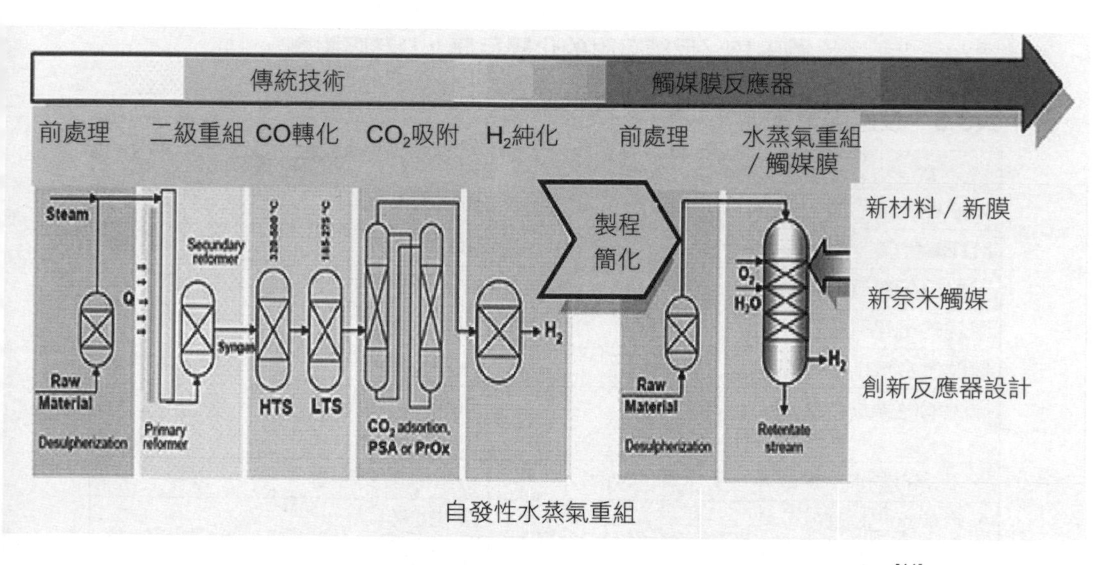

圖9-15　自發性水蒸氣重組的傳統與開發中觸媒膜的比較圖[11]

9.4 反應吸附

反應吸附原理與反應蒸餾類似，是將化學反應與吸附合併為一個製程單元中，因此兼具反應器與吸附塔的功能，最主要的目的在於將產品吸附以迫使反應平衡向生成物方向繼續進行。化學反應如**圖9-16**所顯示，圖中D為吸附劑。目前僅限於實驗室研究與模擬，例如色譜反應器（Chromatographic Reactor）[18]、變壓吸附器與填料床反應器的組合等[19]。

表9-3列出在實驗室與小型原型裝置上探討過的案例，但尚無大型商

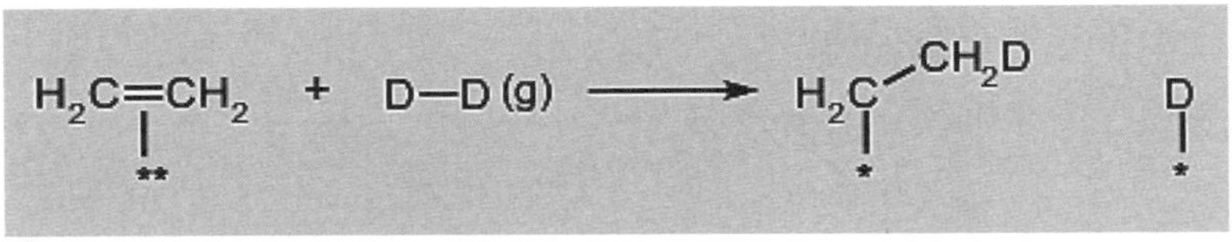

$$H_2C{=}CH_2 \ (\text{with } {-}{**}) + D{-}D\,(g) \longrightarrow H_2C({-}{*}){-}CH_2D \qquad D{-}{*}$$

圖9-16　反應吸附的化學反應，D為吸附劑

表9-3　反應吸附案例[6]

製程	反應器類型
甘油與醋酸的酯化反應	SCMBR
MTBE合成	SCMBR
甲酸甲酯的氫化反應	非連續式色譜反應器
甲烷的氧化偶合反應	色譜反應器
以酵素合成L-胺基酸	色譜反應器
蔗糖的酵素反轉反應	SMBCR RCACR
正丁烷的脫水反應以產生異丁烯	色譜脈衝反應器
三甲苯氫化反應	SMBCR
由蔗糖以生化方式合成糊精	SMBCR
環戊二烯的裂解	色譜脈衝反應器
環己烷脫氫反應	色譜脈衝反應器
維生素C的合成	SMBCR
應用酵素以特定選擇方式	SMBCR
將二醇酯化	批式與固定床吸附反應器

業化的應用案例。最主要的挑戰在於難以找到適當觸媒及吸附劑的開發與製程操作條件的配合等。

圖9-17(a)所顯示的模擬對流式移動床反應器（Simulated Countercurrent Moving Bed Reactor, SCMBR）就是一個將連續對流式色譜分離（**圖**9-17(b)）與化學反應整合在一個反應吸附塔中的案例。

圖9-18顯示一個四段模擬對流式移動床色譜反應器內的反應物（A）與產品（B、C）的濃度變化。理論上，由於這種組合可以分離產品與離析物，導致高轉化率與高產率。以觸媒氫化方式將1,3,5-三甲基苯（1,3,5-trimethylbenzene）轉化為1,3,5-三甲基環己烷（1,3,5-trimethylcyclohexane）的反應為例，在一般反應器中，由於化學平衡的限制，轉化率僅40%。然而，此反應在實驗型的模擬對流式移動床色譜反應器中，產品反應物的轉化率與純度分別高達83%與96%[22]。

圖9-19(a)顯示一個轉動圓柱狀色譜反應器（Rotating Cylindrical

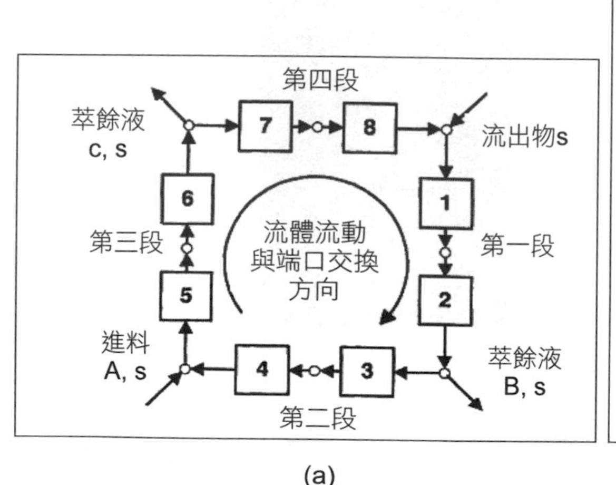

(a)

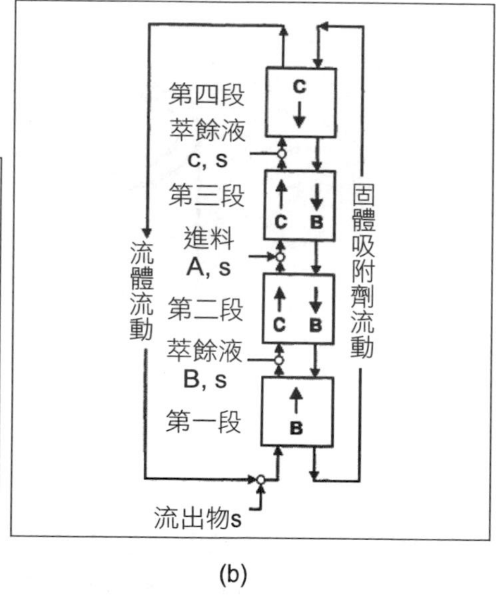

(b)

圖9-17　(a)模擬移動床反應器；(b)實際移動床色譜儀[21]

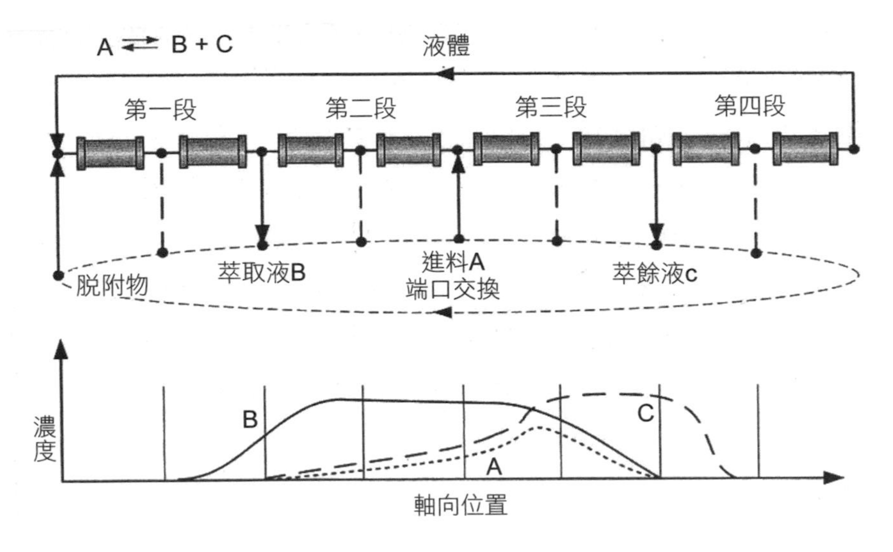

圖9-18 四段模擬對流式移動床色譜反應器內的反應物（A）與產品（B、C）的濃度變化[22]

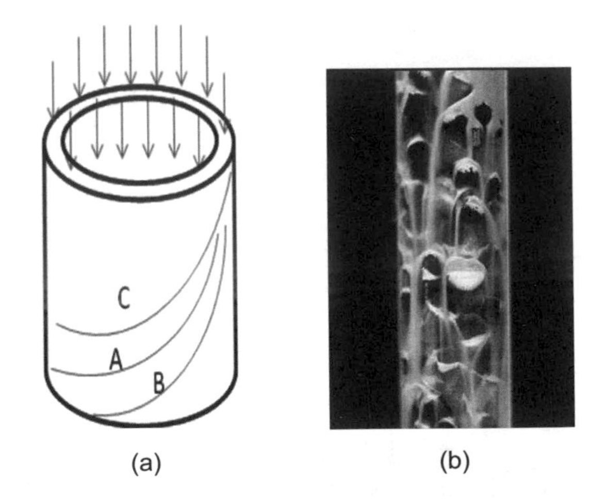

圖9-19 (a)旋轉圓柱狀色譜反應器[6]；(b)氣—固—固體滴濾流體反應器中，矽鋁氧化吸附物流過觸媒的相片[25]

Annulus Chromatographic Reactor, RCACR）。反應物A由圓柱反應器的周邊進入，由於反應器不斷地轉動，選擇性吸附的物質不僅會以螺旋狀的路徑移動，並且會在定點被收集。甲酸甲酯水解與環氧己烷脫氫以產生苯等反應曾在此類實驗型裝置中被探討過[23]。

另外一個有趣的吸附反應器是氣－固－固體滴濾流體反應器（Gas-Solid-Solid Trickle Flow Reactor, GSSTFR）。在此反應器中，直徑約90微米的矽鋁氧化物由填料觸媒床（**圖9-19(b)**）中滴濾，將所選擇的產物由反應區中吸附出來（**圖9-20**）。反應區是由5×5毫米觸媒粒與7×7毫米玻璃拉西環所組成，觸媒粒與拉西環數量比為2：1，反應管直徑為25毫米。

若以甲醇合成反應上，由於甲醇不斷地被吸附出來，因此產率遠較在固定操作條件下操作的製程高。如與低壓盧爾吉製程（Lurgi Process）相比，此製程可節省50%冷卻水、70%循環能、12%原料與70%觸媒[20]。

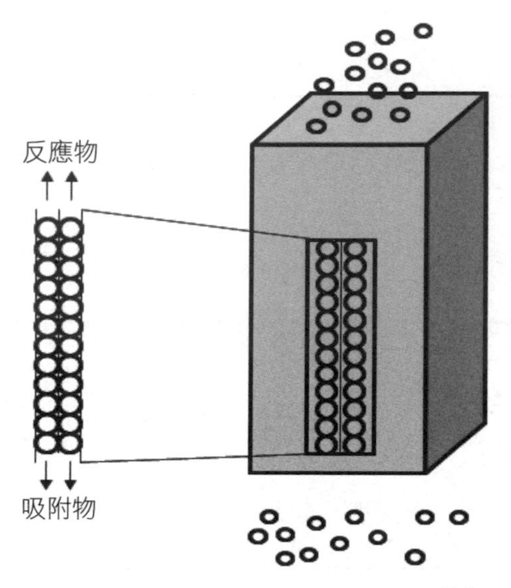

圖9-20　移動床式吸附反應系統[24]

9.5 反應萃取

反應萃取（Reactive Extraction）與反應吸附類似，也是將化學反應與物理（萃取）程序整合在一個設備中，以改善產率及特殊產品的選擇性，或是將不想要的廢棄物質或雜質與需要的產品分離出來。如**圖9-21**所顯示，最簡單的反應萃取系統包括一個靜止相態與一個移動的相態。移動相態中的反應物與靜止相態中的反應物經觸媒催化後，所產生的產物可被移動相態中的溶劑所溶出。

反應萃取案例[6]為：

1.盤尼西林G回收。
2.1,3-丙二醇下游分離。
3.乳酸分離。
4.由石蠟類部分氧化產物中，分離有機酸。
5.水楊酸分離。

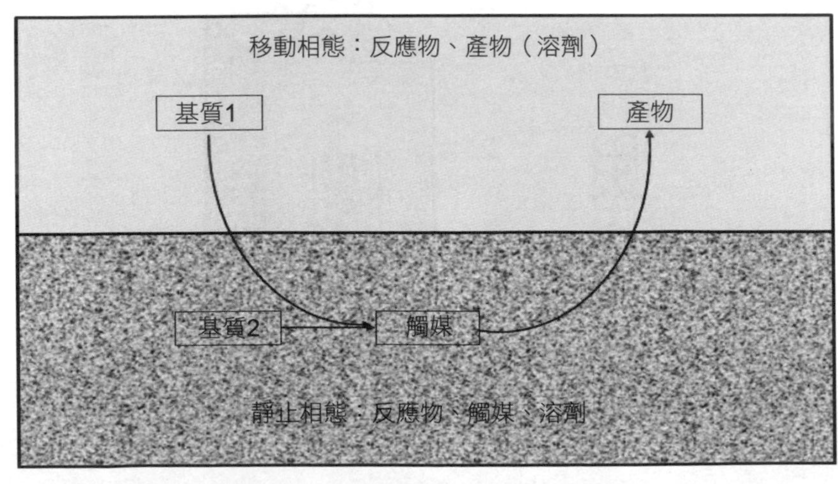

圖9-21　反應萃取系統的標準設計

6.D,L-苯丙胺酸分離。
7.天門冬胺酸回收。
8.頭孢菌素C（Cephalosporin C）回收。
9.鋅的回收。
10.酚類廢水處理。
11.二羧酸（草酸、丙二酸、丁二酸、己二酸等）回收。
12.由煤灰中回收鎵。
13.由浸出液中回收鈀、鉑、銠。
14.胺基酸的分餾。
15.紅黴素回收。
16.由廢水中去除有毒重金屬。
17.由醛類生產二氧戊環。
18.由碳氫化合物回收醛類與酮類。
19.由線性聚酯生產偶聚環酯。

9.6 反應結晶／沉澱

反應結晶普遍應用於下列化學製程[26]中：

1.對二甲苯的液態氧化以產生對苯二甲酸。
2.水楊酸納的酸性水解以產生水楊酸。
3.以硫酸吸收氨氣以產生硫酸銨。

在製藥工業中，反應結晶則被應用於鏡像異構物（Enantiomers）的分離。其步驟為先將消旋物（Racemate）與一個具特殊光活性的拆分劑（Resolving Agent）反應，以產生兩個非對映異構複合物（Diastereomers），然後再將它們以結晶方式分離：

(DL)-A＋(L)B→(D)-A・(L)B＋(L)-A・(L-B)
消旋物　拆分劑　正鹽（*n*-salt）對鹽（*p*-salt）

非對映異構複合物結晶普遍應用於安比西林（Ampicillin）、乙胺丁醇（Ethambutol）、氯黴素（Chloramphenicol）、硫氮卓酮（Diltiazem）、磷黴素（Fosfomycin）、萘普生（Naproxen）等藥物的生產。其他案例列於**表9-4**中。

反應結晶亦可與超重力技術結合，以生產奈米級碳酸鈣與氫氧化鋁奈米纖維，請參閱第六章超重力技術（6.4.6結晶）。

表9-4　反應結晶／沉澱案例[6]

產品	說明
碳酸鈣	液─液與氣─液反應系統
甲肟基乙酰 （Methyl-methoximino Acetoacetate）	
氫氧化鎂	
磷酸鈣	
硫酸鉛	
磷酸胺鎂	
氫氧化鎳	去除廢水中的氨與磷酸離子
鹽酸齊拉西酮 （Ziprasidone HCl）	由噴射流體系統注入
碳酸鋇	去除廢氣中的二氧化碳
硼酸	以草酸固體與硼酸溶液作用
普魯卡因青黴素 （Procaine Benyl Penicillin）	
磺胺酸	由尿素與發煙硫酸

9.7 反應吸收／氣提

反應吸收是以液體將氣體混合物中的某些特殊物質吸收後，同時產生化學反應的操作單元，早在化學工業萌芽期，即以應用此方法生產硫酸、硝酸與羥胺。例如硫酸以硫磺為原料，先經燃燒成二氧化硫：

$$S + O_2 \rightarrow SO_2$$

再以五氧化二釩為觸媒、與氧反應變成三氧化硫：

$$2SO_2 + O_2 \rightarrow 2SO_3$$

然後經水吸收化合後成硫酸：

$$SO_3 + H_2O \rightarrow H_2SO_4$$

拉西製程（Raschig Process）是一個典型的多階段反應吸收以生產羥胺（Hydroxylamine）的製程。由於它是1887年德國化學家拉西（Friedrich Raschig）所開發，因此而命名。此製程首先以氨、二氧化碳為原料，先在吸收塔內經水吸收反應後合成碳酸銨，然後與一氧化二氮反應以產生亞硝酸銨，最後再與二氧化硫作用，產生羥胺。

反應吸收亦廣泛地應用於廢氣處理上，例如：

1.以胺、苛性鹼或氧化鈣溶液吸收廢氣中的二氧化碳。
2.以氧化鈣脫硫。
3.脫硝（DeNOx）等。

吸收反應的工業應用為：

1.氣體處理：水、二氧化碳與硫化氫去除、選擇性吸收硫化氫。
2.石油煉製：由貧油中吸收碳氫化合物、硫化氫吸收、酸水氣提、氣提。
3.石油化學：合成氣處理、氣體飽和、環乙烯吸收、丙烯腈吸收。
4.無機化學：二氧化碳去除、氯氣乾燥脫水、氯化氫與氨氣吸收、氮氧化物吸收。
5.纖維素：硫氧化物吸收、二氯化氧吸收、排氣洗滌與硫回收。
6.食品加工：有氣味的物質去除、脂肪酸加工、己烷吸收與氣提。
7.金屬加工與包裝：三乙烯胺吸收、潤滑與冷卻油吸收、溶劑蒸氣吸收與回收。
8.排氣處理：硫氧與氮氧化物等酸氣去除、鹼性物質去除、有機溶劑吸收與回收。
9.廢水／廢棄物與汙染防制：氯化有機物氣提、氨氣的脫除與回收、廢液中和、海水脫氣。

9.8 分離技術整合

將兩種或兩種以上的分離技術整合在一起，也可以得到協同效應的後果。共業製程中最重要的分離技術的整合包括下列六類（**圖9-22**）：

1.萃取蒸餾（Extraction Distillation）。
2.吸附蒸餾（Adsorptive Distillation）。
3.膜蒸餾（Membrane Distilliation）。
4.膜吸收與氣提（Membrane Absorption/Stripping）。
5.吸附膜（Adsorptive Membrane）。

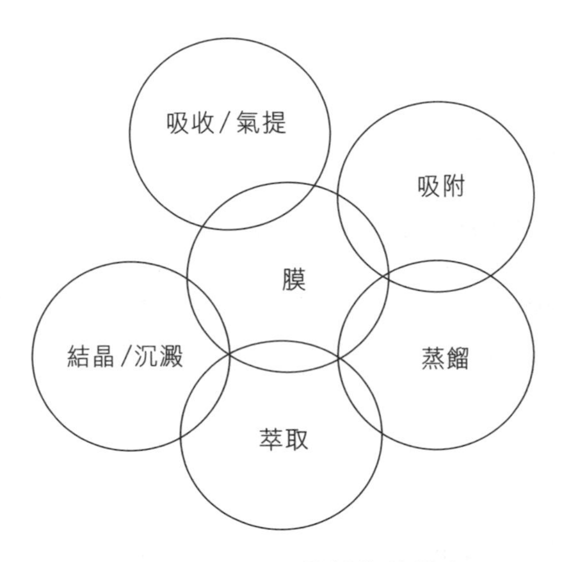

圖9-22　分離技術的整合

6.膜萃取（Membrane Extraction）。

9.8.1 萃取蒸餾

萃取蒸餾是最早應用於化學製程的分離整合的技術，普遍應用於沸點相近的或會形成共沸點混合物的分離。

一、沸點相近系統

1.由油品中純化環己烷。

2.由非芳香族碳氫化合物分離苯與甲苯。

3.間二甲苯與鄰二甲苯的分離。

4.由雜質中分離甲基叔丁基醚（MTBE）。

5.低沸點醇類二元混合物。

6.酚類二元混合物。

7.環己烷、環己烯、苯。

8.甲苯中與甲基環己烷。

9.丙烯與丙烷。

10.1-丁烯與1,3-丁二烯。

二、共沸點混合物的分離

1.異丙醚與丙酮。

2.醋酸乙酯、乙醇、水。

3.叔烷基醋酸酯、醇、水。

4.丙酮與水。

5.醇類（乙、丙、丁等）脫水。

6.甲基叔丁基醚與醇類。

7.由廢水中回收脫水乙醇。

此技術是在系統中加入一個與原先混合物不會形成共沸點、但會改變混合物成分中的相對揮發性的溶劑，因此可先將其中之一的物質分餾出來，然後再將底液在第二個蒸餾塔中分離。由第二個蒸餾塔分離的溶劑再回流至第一個塔中。

溶劑的選擇是此技術中最主要的部分，溶劑必須能顯著地改變相對揮發度，而且不具腐蝕性；例如苯胺就是以萃取蒸餾方式分離苯和環己烷的最佳溶劑之一。

圖9-23顯示一個由GTC技術公司所開發、應用於苯／甲苯／二甲苯（BTX）製程中的萃取蒸餾系統。它可節省25%投資與15%能源費用、分離出來的苯與甲苯純度高，還可降低油品中芳香族化合物的含量。

9.8.2 吸附蒸餾

吸附蒸餾是應用矽膠、沸石、活性碳等吸附物質將混合物中某些物質吸附，以便於分餾其餘的物質。它是由一個促進分離的吸附蒸餾塔與

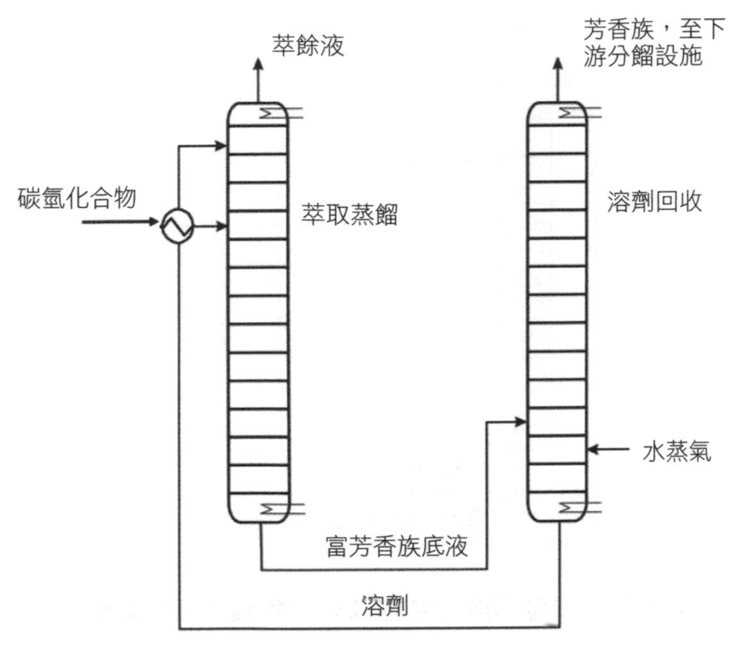

圖9-23　萃取蒸餾[6]

一個再生吸附物質的脫附蒸餾塔所組成。吸附物則由惰性介質流體所帶動，在兩塔中循環流動（**圖9-24**）。固體吸附物是由直徑約10微米左右的細粉所組成，它的特性直接影響分離的績效。此構想早在1950年代就已經被探討過。1954年，美國標準石油發展公司（美國Exxon Mobil研究與發展公司前身）即以一項以矽膠為吸附物、分離石油腦重組油等與其他沸點相近的碳氫化合物的技術獲得美國專利[27]。可惜數十年來，它仍僅限於實驗室內的探討與理論模式研究，尚未應用於商業化製程中。

此技術屬於三相態質量傳輸，可應用於沸點相近的或會形成共沸點混合物的分離，或是去除精密化學品中所含的微量雜質[6]：

1.甲苯、甲基環己烷與其他沸點相近的碳氫化合物的分離：吸附物為矽膠、活性碳、椰子碳煙、礬土、活性鋁。

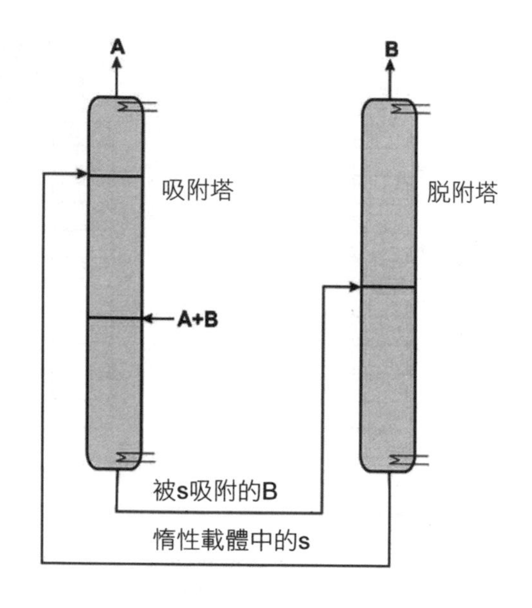

圖9-24　分離形成共沸物的A、B物質的吸附蒸餾系統

2.石油腦重組油等與其他沸點相近的碳氫化合物的分離：吸附物為矽膠。

3.間二甲苯與鄰二甲苯混合物：理論模式探討。

4.對二甲苯與間二甲苯：沸石（NaY分子篩）：吸附物為矽膠，載體為正癸烷。

9.8.3 膜蒸餾

一、簡介

顧名思義，膜蒸餾是應用以特殊方法所製造的具有微細孔隙與疏水性膜，在不同的溫度與濃度下，將分離水溶液中的物質分離出來（**圖9-25**）。它的特性與功能為：

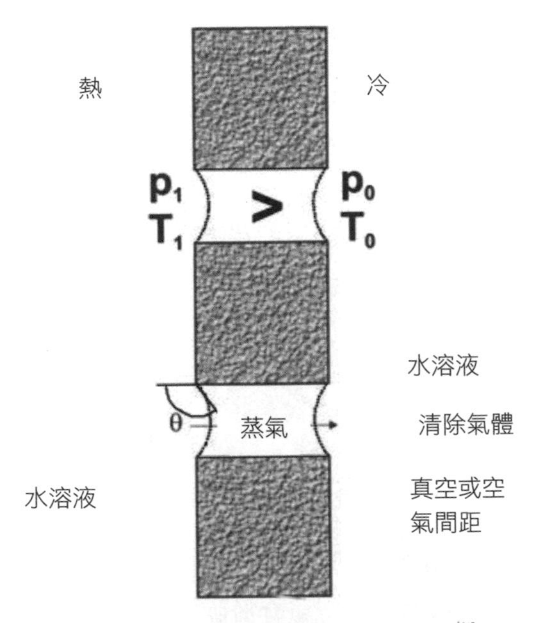

圖9-25　膜蒸餾製程的示意圖[6]

1.膜的孔隙上沒有毛細冷凝現象發生。

2.只有蒸氣可以由高蒸氣壓側穿透膜向低壓側流動。

3.膜至少有一個側面與液體接觸。

4.驅動力為兩側溫差所產生的蒸氣態的壓力差。

二、優缺點

優點為：

1.理論上可以完全（100%）抗拒離子、大分子、膠體、細胞與其他非揮發物質的穿透。

2.較傳統蒸餾塔的操作溫度低。

3.壓力較傳統壓力驅動的分離膜低。

4.膜與製程溶液的化學交互作用少。

5.較傳統蒸餾塔所需的蒸氣空間少。
6.擴散限制低。

缺點為：

1.穿透流量較逆滲透膜低，能量消費高。
2.有些膜材料在鹽分環境下的化學阻抗力低，導致效率的降低。
3.價格昂貴。

三、種類

膜蒸餾系統可分為下列四種不同的類型：

1.直接接觸式（DCMD）：膜的兩側與液相接觸。
2.空氣間隔式（AGMD）：空氣介於膜與凝結表面之間。
3.真空式（VMD）：蒸氣由液體經膜而抽出，在另一個設備中冷凝。
4.清除氣體式（SGMD）：應用清除氣體作為載體。

影響膜的績效的參數為材料、膜厚度、膜孔體積、膜孔大小與水的液體進入壓力（潤濕壓）。膜多由無法被水分子潤濕的高分子聚合物所製造，導熱度直接影響膜蒸餾的穿透流量。

應用於膜蒸餾的商業平面膜的基本資訊列於**表9-5**中。

四、應用

目前，膜蒸餾的最主要的用途為鹽水淡化。**圖9-26**顯示日本水再利用推廣中心（Water Re-use Promotion Center）、竹下公司（Takenaka Corporation）與奧加諾公司（Organo Corporation）共同開發海水淡化廠流程。由於它由太陽能驅動，可設置於沒有電力供應的沿海或偏遠地區。其他應用列於**表9-6**中。

表9-5　應用於膜蒸餾的商業平面膜[29]

名稱	製造廠商	材料	孔隙直徑（微米）	LEP_w（kPa）（註一）
TF200	Gelman	PTFE/PP（註二）	0.20	282
TF450	Gelman	PTFE/PP	0.45	138
TF1000	Gelman	PTFE/PP	1.00	48
GVHP	Millipore	PVDF（註三）	0.22	204
HVHP	Millipore	PVDF	0.45	105（註四）
FGLP	Millipore	PTFE/PE（註二）	0.20	280
FHLP	Millipore	PTFE/PE	0.50	124
Gore	Millipore	PTFE	0.20	368（註四）
Gore	Millipore	PTFE	0.45	288（註四）
Gore	Millipore	PRFE/PP（註二）	0.20	463（註四）

註一：LEP_W：薄膜液體貫穿壓力。

註二：聚丙烯或聚乙烯支持的聚四氟乙烯。

註三：聚偏二氟乙烯。

註四：量測值。

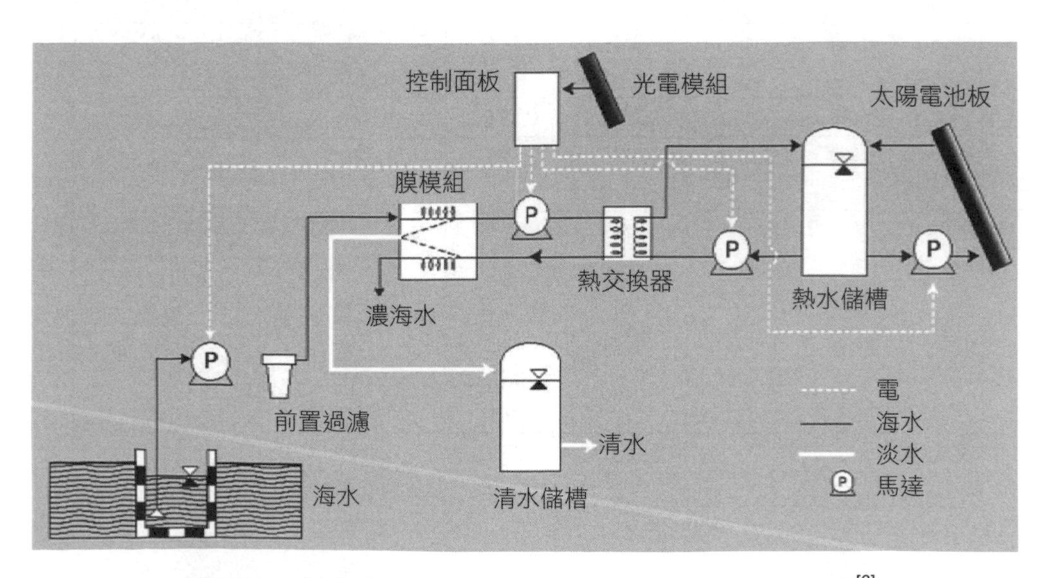

圖9-26　日本水再利用推廣中心開發的海水淡化廠流程[6]

表9-6　膜蒸餾的用途[29]

系統	類別	材料	厚度（微米）	孔徑（微米）
純水與腐植酸	DCMD	TF200 PVDF	178 125	0.2 0.22
腐植酸與氯化鈉	DCMD	PVDF	125	-
純水、氯化鈉、海水	DCMD	PVDF	126	0.22
蘋果汁	DCMD	PVDF	-	0.45
海水與氯化鈉	DCMD AGMD	PTFE	175	0.2 0.5
純水	DCMD	PTFE PTFE PVDE	60 60 100	0.1 0.3 0.2
純水、氯化鈉、糖	DCMD	PVDF		0.4
橄欖工廠廢水	DCMD	PTFE	55	0.198
橙汁	DCMD	PVDF	140	0.11
純水、氯化鈉	DCMD	PVDF	120 125	0.22 0.2
純水、腐植酸	DCMD	PVDF	125	0.22
重金屬廢水	DCMD		120	0.25
純水、氯化鈉、牛血漿	DCMD	PTFE	55 90	0.8
溴化鋰、硫酸	AGMD	PTFE		0.2
氯化鈉、硫酸、氫氧化納、鹽酸	AGMD	PTFE	80	0.2
丙酮、乙醇、異丙醇、MTBE	VMD	PTFE		0.2
純水、乙醇、去氣水	VMD	PTFE	60	0.2
純水、乙醇	VMD	3MC 3MB 3MA	76 81 91	0.51 0.4 0.29
氯化鈉	SGMD	PTFE PTFE	178 178	0.2 0.45

荷蘭應用科學研究院（TNO）以膜蒸餾概念為基礎的鹽水淡化製程，大幅改善既有淡化技術的經濟與生態可行性。這個以膜蒸餾（Memstill）為名的技術（**圖9-27**）將多階段閃蒸與多效應蒸餾整合在一個模組中，可以有效應用與回收蒸發熱能。預計此技術發展成功後，可以將鹽水淡化成本降至目前的一半以上。

滲透汽化膜（Pervaporation Membrane）亦可與傳統的蒸餾塔整合成一個複合型膜蒸餾系統，應用案例如**表9-7**所顯示。

圖9-28顯示美國能源部所推廣的丙烷／丙烯分離與芳香族與直鏈烴碳氫化合物分離案例。滲透汽化與蒸餾的前後順序的安排則視所欲分離的物質而異，並沒有一定的限制。有關滲透汽化與蒸餾系統的設計請參閱文獻[32]。

滲透汽化可與反應蒸餾的整合，如**圖9-29**所顯示的脂肪酸酯化系統。

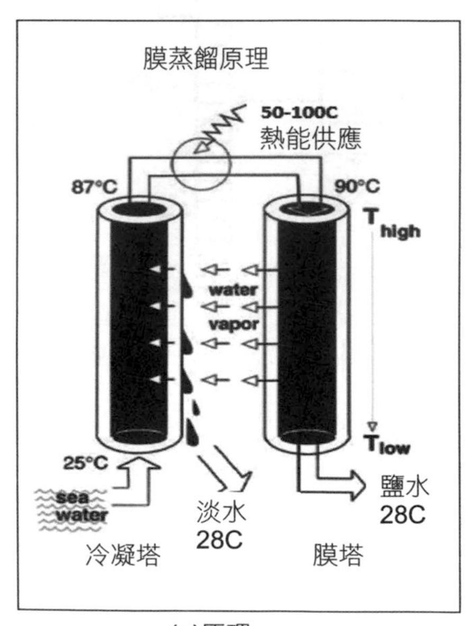

(a)原理

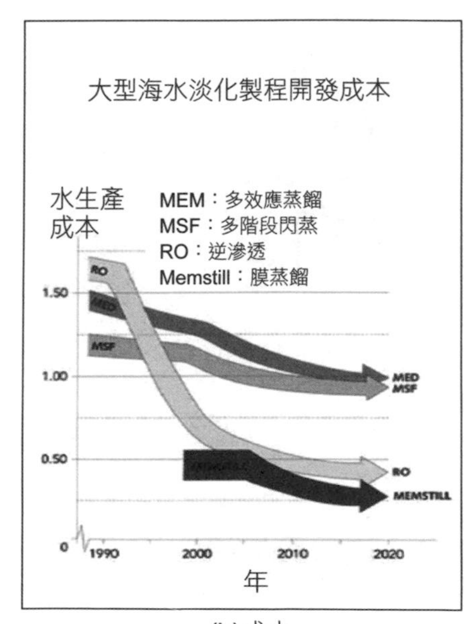

(b)成本

圖9-27　TNO所開發的以膜蒸餾為概念的鹽水淡化製程[6]

表9-7　滲透汽化與蒸餾整合的應用案例[6]

系統	說明
苯／環己烷分離	萃取蒸餾與一階段滲透汽化 99.2～99.5%產品純度 節省20%的成本
乙醇脫水	理論模擬探討 比傳統共沸蒸餾節省50%成本
丙烯／丙烷分離	原型工廠探討 節省20～50%操作成本
丙烯／丙烷分離	節省26～30%的投資

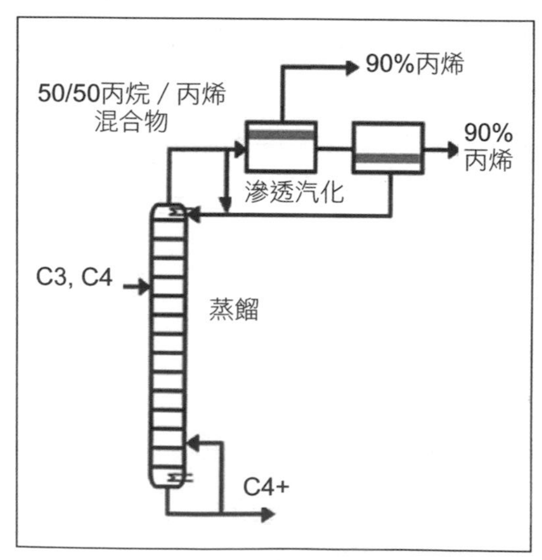

(a)丙烷／丙烯分離

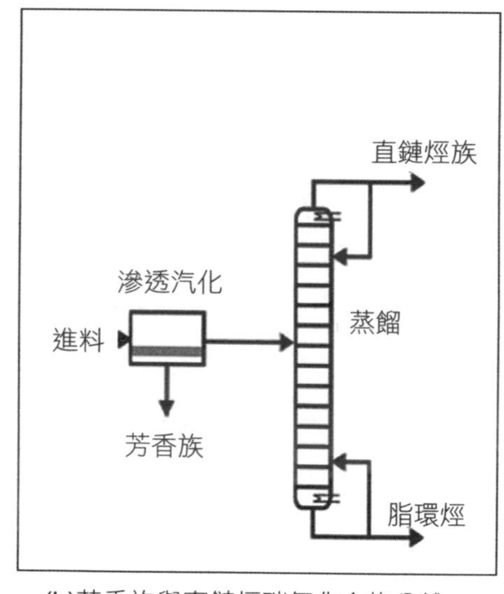

(b)芳香族與直鏈烴碳氫化合物分離

圖9-28　蒸餾與滲透汽化複合系統[30,31]

9.8.4 吸收與氣提

膜吸收如**圖9-30(a)**所顯示，為氣體混合物中某些特殊氣體分子可穿透過膜與另一側的液體接觸，然後被液體吸收的過程。它在自然界中屢見

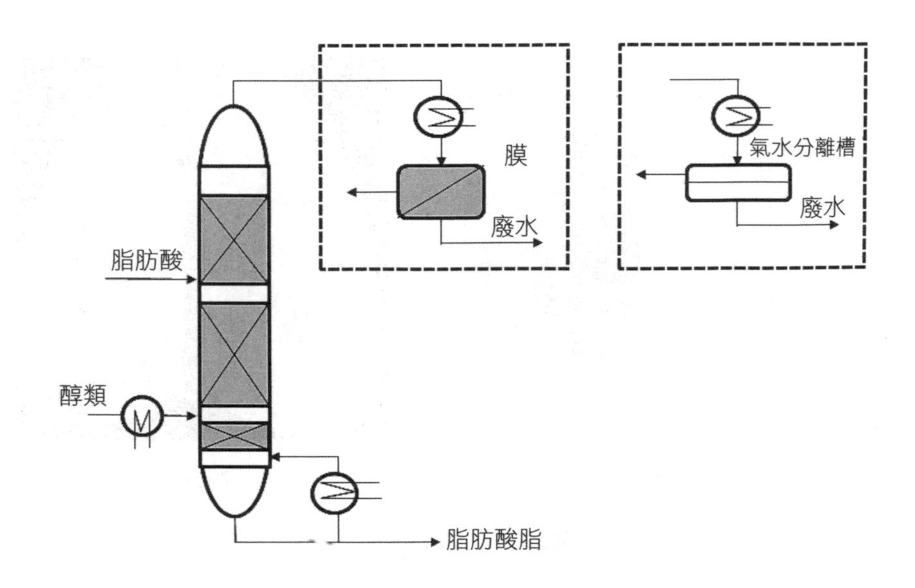

圖9-29　滲透汽化與反應蒸餾的整合

不鮮，例如人的肺（**圖**9-30(b)）與腸子就是很好的例子。膜亦可與氣提結合，應用氣體將液體中可穿透膜的氣體帶走。當膜兩側通過液體時，膜可同時執行吸收與氣提的功能。由於膜吸收過程沒有氣泡的存在，因此極適於對剪力敏感的生物系統中氣液間的質傳。

膜吸收最主要的用途為空氣汙染防制，例如：

1.二氧化碳與硫氧化物的去除：應用疏水性微孔空心纖維膜與氫氧化鈉、碳酸鉀、胺等吸收劑。
2.氨水中氨氣的吸收與脫除：在聚丙烯空心纖維膜中，以稀硫酸吸收氨氣。
3.回收廢水中的氰化物：將一個充滿氣體的膜裝置在廢水與氣提溶液之間，以回收廢水中的氰化物。
4.硫化氫去除：以濃鹼溶液為吸收劑與非對稱纖維膜的組合。
5.在溫室中產生二氧化碳：節省30%能源。

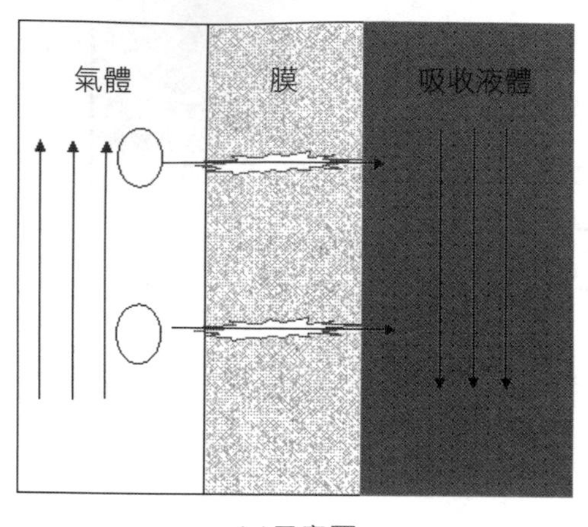

(a)示意圖

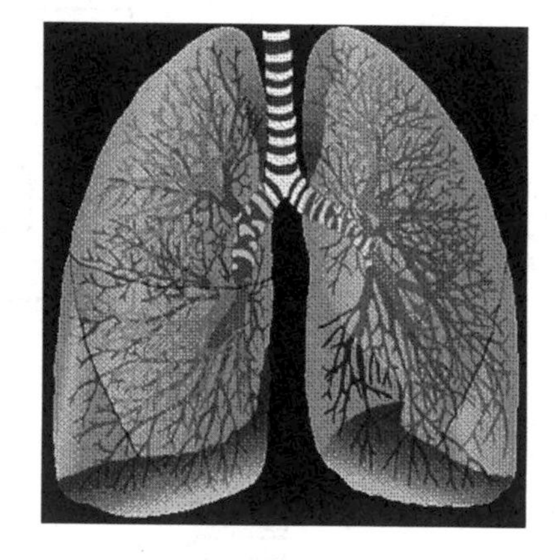
(b)肺

圖9-30　膜吸收

6.硫化氫與硫氧化物去除：聚偏二氟乙烯（PVDF）空心纖維膜與濃氫氧化鈉。

7.去除麻醉劑中的二氧化碳。

8.去除廢水中揮發性有機物：應用聚丙烯空心纖維膜，再以空氣氣提。

日本永柳公司（Nagayanagi Company）自1980年起，即致力於矽酮橡膠（Silicone Rubber）空心膜的開發，當時僅能做出厚度80微米的膜。到了2000年，已開發出外徑190微米，膜厚20 μm的超細中空纖維膜。永柳分離膜（Nagsep）模組如**圖9-31**所顯示，厚度由20～80微米不等，適用溫度由零下60度至200度，張力為91公斤／平方釐米，每分鐘每平方公尺的氧氣穿透速度介於260～900毫升／大氣壓之間。

它具有下列的優點：

1.揮發性有機物的滲透速率快速。

2.阻熱性佳，可耐攝氏200度高溫。

3.使用壽命長。

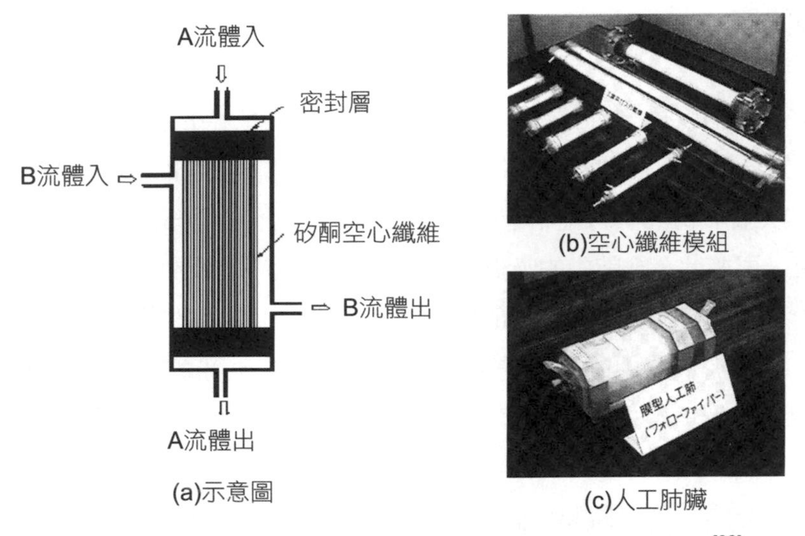

(a)示意圖

(b)空心纖維模組

(c)人工肺臟

圖9-31　日本永柳公司所開發的膜吸收模組[33]

4.化學性質穩定。

5.無生理干擾。

6.可依顧客需求製造與調整。

適於下列用途：

1.去除空氣中的揮發性有機物。

2.滲透汽化。

3.廢水處理。

4.二氧化碳吸收、分離與冷凝。

5.細胞培養時氣體分離，如氧合（Oxygenation）、去氧化、去除氣體等。

6.微生物培養。

7.醫學分析中氣體的去除。

8.人工肺臟。

9.8.5 吸附膜

吸附膜又稱膜色譜是結合液態色譜儀與膜過濾的整合技術，普遍應用於蛋白質下游加工處理的分離技術。傳統的蛋白質下游加工處理是在色譜儀的珠狀吸附物的填料柱中進行。液體中的分子必須先透過吸附物質外的薄膜，再擴散至孔隙內的吸附點上，質傳阻力大，導致速率緩慢。吸附膜是由孔隙直接與具吸附功能的配體（Ligand）相連接的微孔或大孔膜所組成。溶解於液體中的分子受到對流作用的影響，可直接被送至吸附點上，沒有傳統填料柱內孔隙擴散的限制，質傳速率得以大幅提升（**圖9-32**）。

美國CUNO公司已將膜色譜儀商品化，其產品從最小的實驗室規模（處理量度150毫升／時）、中試規模（處理量10公升／時）到生產規模（處理量10,000公升／天）。

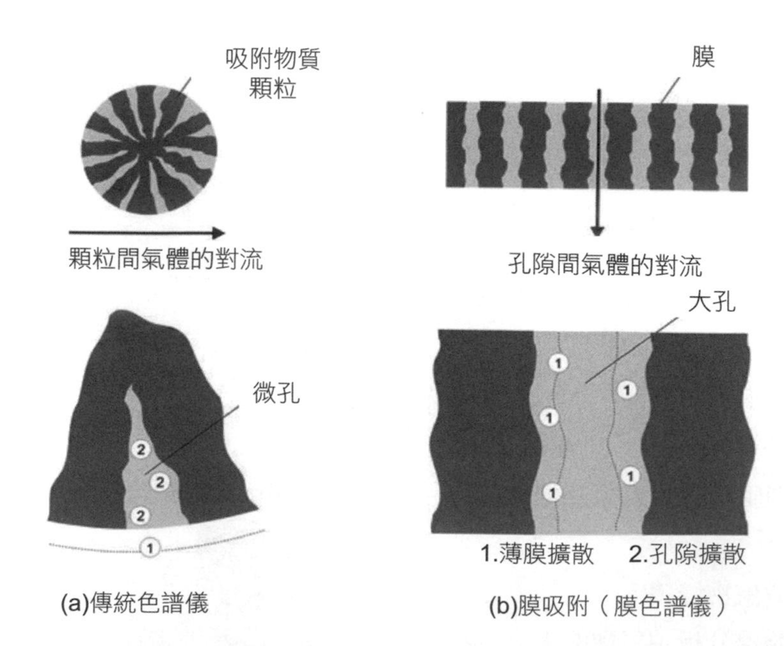

圖9-32　傳統色譜儀與膜吸附（膜色譜儀）中的質量傳輸的比較[33]

膜的類型主要是離子交換型，如QAE、DEAE、SP型等，並已在韓國、中國大陸、臺灣等地用於實際生產中。美國的Millipore公司、Nygene公司與德國莎多利斯公司（Sartorius AG）（**圖9-33**）皆推出商業化膜色譜模組[34]。

吸附膜的應用實例如下[6,34]：

1.多核苷酸分離。
2.寡核苷酸與縮胺酸分離。
3.疏水碳氫化合物分離：苯、甲苯、4-羥基苯甲酸甲酯分離。
4.對映異構體分離：以微流體為基質的膜探討色胺酸（Tryptophan）與苯硫酚分離。
5.微量金屬分離：鑭、鍶、鐠、釹、釤等。
6.血漿製品的分離：蛋白質的總回收率達90%以上。
7.單克隆抗體的純化。
8.DNA黏合酶（Ligase）的分離純化：是具有治療口腔疾病功能的一種酶。
9.人尿激肽釋放酶的分離純化。

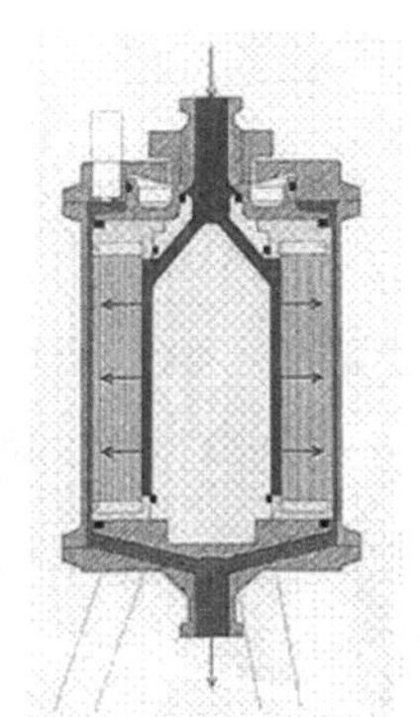

圖9-33　德國莎多利斯公司所開發的膜吸附模組[33]

9.8.6 膜萃取

膜萃取主要應用於下列三個領域：

1.廢水處理：汙染物的去除或微量物質的回收。
2.生物技術：將產品由發酵液中分離出來或對映異構物分離。
3.化學分析：廢水中汙染物濃度的線上監測。

圖9-34顯示荷蘭應用科學研究院（TNO）所開發的滲透膜萃取系統。由**圖9-34(a)**可知，在膜萃取的模組中，溶劑與被萃取的廢水是被固體或液體膜所分離。廢水中的汙染物被膜阻擋而與水分離，然後被萃取液所帶走。

膜萃取的應用案例如下[33]：

1.醋酸分離：微孔聚丙烯膜、甲基異丁酮溶劑。
2.由外消旋的萘普生硫醚（Racemic Naproxen Thioesters）中分離萘普生：反應萃取與中空纖維膜。
3.D,L-丙胺酸的分離：中空沸石膜。
4.由廢水中去除磺胺酸（Sulfanilic Acid）：中空膜。
5.乳酸純化與增濃：乳膠液體膜。
6.雙酚A增濃：液體膜。
7.由水溶液中回收酚：液體與固體膜。
8.由鹽酸溶液中回收二價鋅：中空纖維膜。
9.由水蒸氣／甲烷重組反應產物中分離氫氣：鈀合金膜。
10.液態烯類與蠟混合物分離：無孔隙高分子聚合物膜。
11.2-氯酚去除：液體膜。
12.由水溶液中分離乙醇：微孔聚丙烯膜。
13.由發酵液中分離頭孢菌素C：乳膠液體膜。
14.由水溶液中分離盤尼西林G：液體膜。

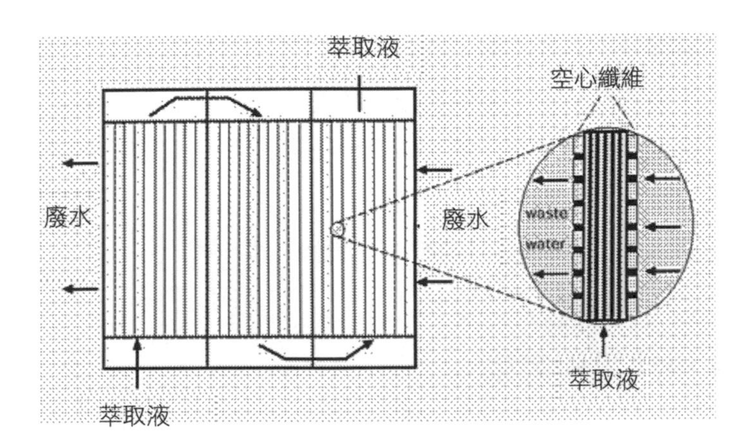

(a)膜萃取模組

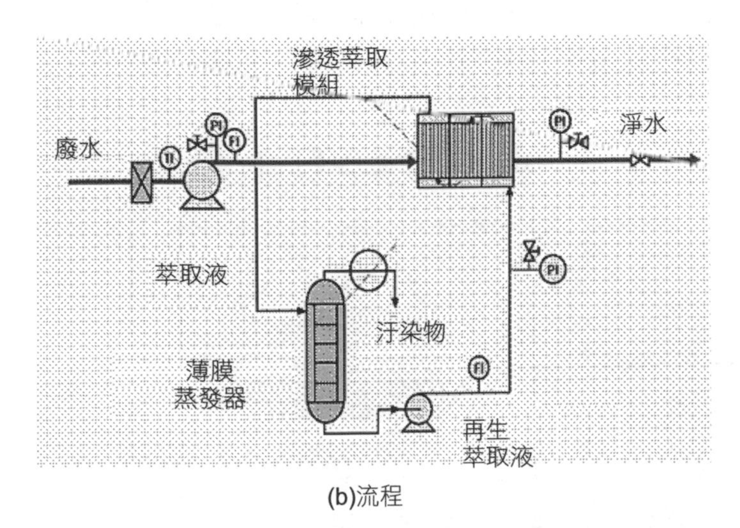

(b)流程

圖9-34　荷蘭TNO應用於廢水處理的滲透膜萃取

15.胺基酸增濃：Aliquat 36液體膜。

16.由7-ADCA中分離頭孢氨苄（Cefalexin）：Aliquat 36液體膜。

17.由發酵液中分離丁酸：液體膜。

18.由發酵液中分離丙酸與醋酸：高分子聚合物膜。

19.由發酵液中分離檸檬酸：液體膜。

20.由發酵液中分離乳酸：乳膠液體膜。

21.由馬鈴薯廢棄物中生產丙酮、丁醇與乙醇：聚丙烯膜。

22.長鏈不飽和脂肪酸分離：微孔膜、氰酸甲基酯與正庚烷溶劑。

23.由廢水中回收重金屬：各種膜。

24.由廢水中去除有機汙染物：各種膜。

9.9 優缺點與障礙

反應與分離程序的整合不僅提高製程生產力、降低能源與操作成本。整合最大的缺點為操作自由度的降低。以**圖9-35**所顯示的反應流程

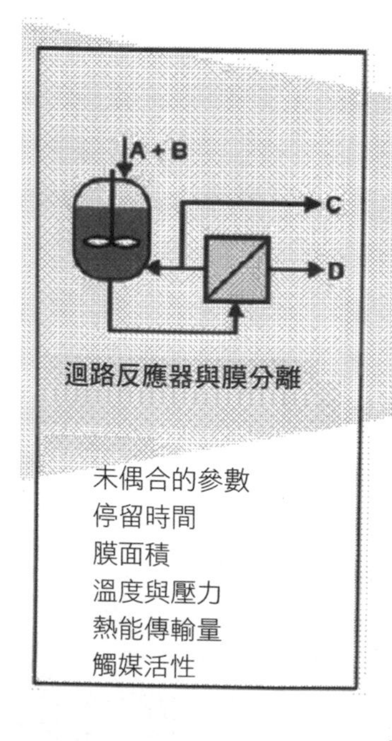

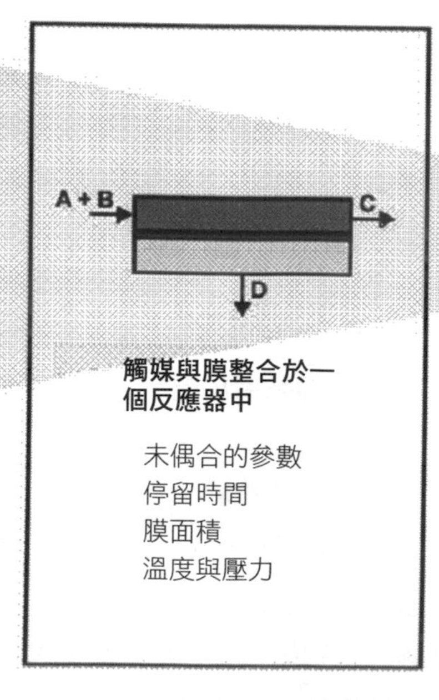

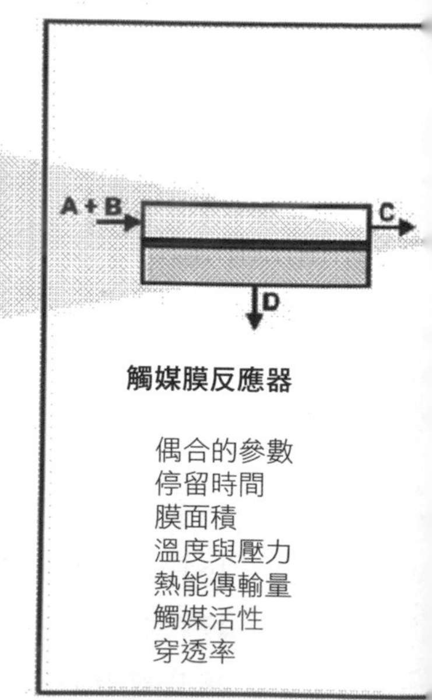

圖9-35　整合與自由度的關係[36]

為例，反應與分離分別在兩個設備中進行時，操作者可以視情況需要，調整所需的觸媒、分離膜、操作條件（溫度、壓力、停留時間）與熱能供應或移除方式，自由度很高；當觸媒與分離膜裝置在一個反應器內時，觸媒、膜與熱能傳輸方式已固定，僅能調整操作條件、停留時間與分離膜的面積；如果將觸媒功能整合於分離膜上時，完全無法調整任何參數，自由度降至零。整合與自由度成反比，整合程度愈高，自由度愈低。

許多技術已經成功地應用於商業化的生產中；然而，工業界仍然存在著難以克服的技術上與心理上的障礙。這些障礙可分為下列三種類型[35]：

1.技術差距：例如熱力與動力學數據不足、缺乏理論模擬與製程放大的能力、觸媒、吸附劑與膜的材料調配與整合問題、缺乏高階製程整合方法與經驗等。
2.技術移轉障礙：缺乏具製程整合經驗的跨領域人才與團隊、缺乏共通性問題、缺乏中試或半商業化規模示範經驗或業績等。
3.一般性障礙：缺乏經濟與技術可行性評估、不願冒應用新技術的風險、缺乏公認的設計與設備規範等。

參考文獻

1.Siirola, J. J. (1995). An industrial perspective on process synthesis. *AIChE. Symp. Ser. 91, 304*, 222-233.

2.Stankiewicz, A. (2003). Reactive separations for process intensification: An industrial perspective. *Chemical Engineering and Processing, 42*, 137-144.

3.洪士博（2006）。《一階段與二階段反應蒸餾系統設計與控制》。國立台灣科技大學化工系博士論文。

4.洪士博（2007）。〈綠色製程趨勢——功能與熱能整合之蒸餾技術〉。

5.Harmsen, G. J. (2007). Reactive distillation: The front-runner of industrial process intensification. *Chem. Eng. Proc., 46*,774-780.

6.Stankiewicz, A. (2004). Reactive and hybrid separations: Incentives, applications, barriers. In *Re-Engineering the Chemical Process Plant*, Chapter 8, Marcel Dekker.

7.Althaus, K., Schoenmakers, H. G. (2002). Experience in reactive distillation. International Conference on Distillation and Absorption, Baden-Baden, Germany, ISBN 3-931384-37-3.

8.Sirkar, K. K., Shanbhag, P. V., Kovvali, A. S. (1999). Membrane in a reactor: A functional perspective. *Ind Eng. Chem. Res., 38*, 3715-3737.

9.Mclear, E. E., Jansen, J. C., Kapteijn, F. (2006). Zeolite based films, membranes and membranes reactors：progress and Prospects. *Microporous and Mesoporous Materials, 90*, 198-220.

10.Fogler, H. Scott (2005). *Elements of Chemical Reaction Engineering*, 4rd Ed. Prentice-Hall, Upper Saddle River, NJ.

11.DEMCAMER (2014). The DEMCAMER autothermal steam reforming process concept. http://demcamer.org/summary/summary.php

12.Molinari, et al. (2002). *Journal of Membrane Science, 206*, 399-415.

13.Jyothi, M. S., Padaki, M., Balakrishna, R. G., Pai, R. K. (2014). Synthesis and design of PSf/TiO_2 composite membranes for reduction of chromium (VI): Stability and reuse of the product and the process. *J. Mater. Res., Vol. 29*, No. 14, Jul 28.

14.Yang, Y., Wang, P. (2006). Preparation and characterizations of a new PS/TiO_2 hybrid membranes by sol-gel process. *Polymer, 47*, 2683-2688.

15.Piera, E., Téllez, C., Coronas, J., Menéndez, M., Santamaría, J. (2001). Use of zeolite membrane reactors for selectivity enhancement: Application to the liquid-phase oligomerization of i-butene. *Catal. Today, 67*(1-3), 127-138.

16.van Dyk, L., Miachon, S., Lorenzen, L., Torres, M., Fiaty, K. (2003). Comparison of microporous MFI and dense Pd Membrane performances in an extractor-type CMR. *Catal. Today, 82*, 167-177.

17.Khassin, A. A. (2005). Catalytic membrane reactor for conversion of syngas to liquid hydrocarbons. *Energeia, Vol. 16*, No. 6.

18.Dunnebier, G., Fricke, J., Klatt, K.-U. (2000). Optimal design and operation of simulated moving bed chromatographic reactors. *Ind. Eng. Chem. Res., 39,* 2290-2304.

19.Vaporciyan, G. G., Kadlec, R. H. (1989). Periodic separating reactors: Experiments and theory. *AIChE J., 35*, 831-844.

20.Westerterp, K. R., Bodewes, T N., Vrijland, M. S., Kuczynski, M. (1988). Two new methanol converters. *Hydrocarbon Processing, 67*, 69-73.

21.Lode, F., Mazzotti, M., Morbidelli, M. (2003). Comparing true countercurrent and simulated moving-bed chromatographic reactors. *AIChE J., 49*(4), 977-990.

22.Ray, A. K., Carr, R. W. (1995). Experimental study of a laboratory scale simulated countercurrent moving bed chromatographic reactor. *Chem. Eng. Sci., 50*(14), 2195-2202.

23.Carr, R. W. (1993). Continuous reaction chromatography. In G. Ganetsos, P. E. Barker (Eds.), *Preparative and Production Scale Chromatography*, Marcel Dekker, Inc, New York, 421-447.

24.Kapteijn, F., Heiszwolf, J. J., Nijhuis, T. A., Moulijn, J. A. (1999). Monoliths in catalytic processes: Aspects and prospects. *Cattech, 3*(5), 24-41.

25.Westerterp, K. R. and Kuczynski, M. (1987). Gas-solid trickle flow hydrodynamics in a packed column. *Chemical Engineering Science, 42*(7), 1539-1551.

26.Kelkar, V. V., Ng, K. M. (1999). *AIChE J., 45*, 69-81.

27.Herbst, W. A. (1954). Adsorption distillation, US Patent 2,665,315, Standard Oil Development Company.

28.Drioli, E., Criscuoli, A., Molero, L. P. (1991). Membrane distillation. In Encyclopedia of Life Support Systems (EOLSS), Vol. III. Water and wastewater treatment

technologies.

29.Alkhudhiri, A., Darwish, N., Hilal, N. (2012). Membrane distillation: A comprehensive review. *Desalination, 28*, 2-18.

30.Office of Industrial Technologies, US DOE (2000). Olefin recovery from chemical industry waste streams, Chemicals Project Fact Sheet.

31.Office of Industrial Technologies, US DOE (2000). Energy-saving separation technology for the petroleum industry, Chemicals Project Fact Sheet.

32.Bausa, J., Marquardt, W. (2000). *Ind. Eng. Che,. Res., 39*, 1659-1672.

33.Stefanidis, G. (2014). Process intensification, course notes, chapter 7, Synergy II, Delft University of Technology, Delft The Netherlands.

34.楊利、賈凌雲、鄒漢法、周冬酶、汪海林、李彤、張玉奎（1990）。〈膜色譜技術及其在生化快速分離分析中的應用〉。《生物工程進展》，19(1)，48-53。

35.Adler, S., Beaver, E., Bryan, P., Rogers, J. E. L., Robinson, S., Russomanno, C. (1998). *Vision 2020: 1998 Separations Roadmap*. AIChE, Center for Waste Reduction Technologies.

36.Tlatlik, S., Schembecker, G. (2000). Process synthesis for reactive separations. In Proceedings of ARS-1, Advances in Reactive Separations 1, University of Dortmund, Germany, October 12, 1-10.

Chapter 10

工業應用：方法與案例

10.1 前言

製程強化的概念早在1960年代即開始萌芽，但是一直到1970年代末期，英國卜內門化學公司研究團隊將超重力技術應用到蒸餾與吸收程序後，才開始受到化學工業界的重視。目前，製程強化的研究與應用已經成為化學工程的顯學，研究範圍涵蓋單層觸媒、多功能反應器、袖珍型熱交換器與反應器、製程整合等。製程強化所強調的「逐步改善」的基本理念也已普遍應用於各種學術與應用研究領域中。

10.2 製程強化必要性

化學工業是一個技術與資金密集的傳統工業。由於任何創新的技術都可能存有潛在的風險，因此業者對於創新的態度不僅保守，而且非常敏感。然而，自從二十世紀末期以來，全球化與環保意識抬頭迫使化工業不得不改變保守的心態。

由於全球化的影響，許多新興國家如中國、阿拉伯石油輸出國家、巴西、印度等也加入了競爭的行列。為了維持產品的競爭力，業者必須不斷地降低生產成本。民眾的環保意識直接影響到環保法規。環保意識抬頭後，法規對新工廠設置與操作許可的頒發會逐年嚴格，甚至會要求增加與環境友善或永續經營相關的技術的比例。由於製程的強化是以逐步、順序漸進的方式進行改善，而且無論由商業、法規或環境衝擊的角度而言，製程強化對於能源、空間、成本、廢棄物、操作彈性等項目皆有正面的功效（**表10-1**），因此製程強化的相關技術已經普遍為化工業所接受。

製程強化的需求視產業的性質而異，例如年產數萬至數十萬噸的中上游化學原料工廠的需求與年產幾噸至幾百噸的客製化精密化學品的需求

表10-1　製程強化的功效[1]

項目	商業利益	法規 環保與工安	環境	案例
能源	X	X	X	提升能源效率（反應蒸餾） 高熱傳效率
空間	X	X	X	減少設備體積與面積 減少管線數目 降低維修需求 加速新產品上市時間 易於拆解與運輸
處理步驟	X	X	X	減少設備單元 降低風險 降低產率損失的可能性
成本	X			降低成本 廢棄物產量低、生產效率高
排放		X	X	產率損失的可能性降低 單元生產設備減少導致排放量降低
廢棄物		X	X	產率損失可能性降低導致廢棄物產量低 理論目標：除動力學外，不受任何限制
物質容量低		X	X	本質較安全設計：限制體積大或中間儲槽
製程停頓	X			生產單元少，發生意外的機率低
停車	X	X	X	維修需求低導致停工時間短
進料彈性	X	X	X	設備體積小與數量低，易於調整操作條件 易於拆解與運輸 易於轉換至新製程

完全不同；前者著重於原料、能源與成本的降低，後者強調生產力與效率的提升（**表10-2**）。

製程強化的工作是以順序漸進的方式進行，執行製程強化與改善工作時，應該將產品的週期、產品的成熟度與利潤考量在內。如以三十年產品週期估算，在前十年內只應探討與進行大幅度的改善。當產品上市二十年後，則只注重在效率的提升上，避免大規模的設備更換或製程的創新。

表10-2　不同產業的製程強化重點[1]

特性	精密化學品工廠			
	大型中上游原料工廠	特用化學品	客製化學品	藥廠
年產量	年產幾萬噸以上	年產幾十至幾百噸	幾十噸	幾十噸
生產方式	連續式	批式；少數連續式	批式；少數連續式	批式
利潤	5～30%	20～40%	30～50%	30～70%
原料與能源成本	70～90%	70～90%	50～80%	10～30%
勞工費用	10～30%	10～30%	20～50%	70～90%
誘因	•降低原料與能源費用 •提高效率與生產力 •降低場地需求與廢棄物	•提高效率、降低勞工費用 •提高生產容量 •節省能源與價格最佳化	•提高效率、降低勞工費用 •提高生產容量 •價格與交貨時間最佳化	•提高效率、降低勞工費用 •提高生產容量 •價格與交貨時間最佳化
重點	原料與能源	勞工與效率	勞工與效率	勞工與效率

10.3 製程強化的特徵

製程強化的特徵有下列三個：

1.縮小化：袖珍型熱交換器、微反應器等。
2.整合：反應與分離程序的整合。
3.強化驅動力量：超重力技術、微波、超音波等。

影響化學製程的因素很多，例如化學動力學、水動力學（流體混合）、熱傳、質傳等。除了化學動力學外，其他的因素皆可以改善。強化技術的目的是儘量將影響化學製程的因素朝向最佳化的步驟進行。換句話說，就是移除影響製程速率的障礙，使化學反應得以順利完成（**圖10-1**）。

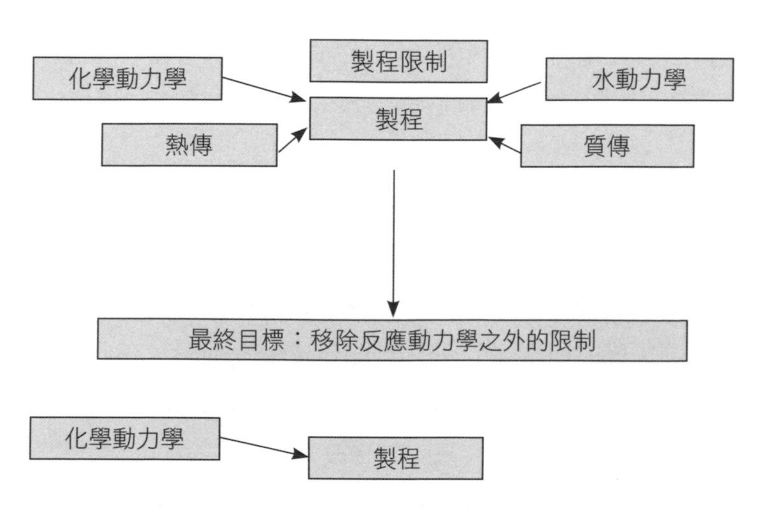

圖10-1　製程強化的最終目標為移除所有影響製程的限制（除化學動力學外）[1]

10.4 製程開發程序

任何一個創新的構想皆經過下列的階段：(1)初步構想；(2)實驗室內初步測試；(3)決定製程化學；(4)實驗工廠驗證；(5)工程設計與興建；(6)試車；(7)去瓶頸化或製程最適化。

首先，檢視一下每個步驟的任務與製程強化的可能性。

1.初步構想：此階段不僅決定製程的核心部分與路徑，而且還必須探討對於設備與操作成本的影響。初步構想形成後，必須經過一個由不同領域的專業人員所組成的團隊評估其優缺點。許多構想在後來的發展階段觸礁的原因皆為評估不夠嚴謹。

2.實驗室內初步測試：在實驗室中確認構想之可行性，並初步決定操作條件。

3.決定製程化學：應用實驗室內的數據，決定影響製程化學與反應的參數，如操作溫度、壓力、參與反應的物質濃度等。此階段最適於

進行製程強化的考量，因為增設強化措施所引起的製程改變與成本投資不大，所產生的效益遠大於設備成本或修改製程所增加的成本。

4.實驗工廠驗證：將製程由實驗室規模放大至實驗工廠的規模，以探討規模放大對於操作參數的影響。除了產率與動力學外，還必須探討規模放大後所產生的廢氣、廢水與廢棄物的數量、所需增加的汙染防制設備、對環境的衝擊與安全防護設施等。在此階段，應該盡可能進行製程強化的工作，因為在下一個工程設計階段，任何有關強化的改善都牽涉到大幅度的修改。

5.工程設計與興建：工程設計是應用前幾個階段中所蒐集的數據與經驗為基礎，進行實際商業化工場的設計。由於絕大多數的製程單元、路徑與操作參數多以固定，較難以做大幅度地改變。此階段僅能在單元設備的選擇或現有製程單元的整合上進行強化。

6.試車：無製程強化的可能。

7.去瓶頸化或製程最適化：此階段最主要的任務除了解決操作上所發生的問題與解除部分製程單元的障礙或限制外，還可以進行降低操作成本的改善，以提高能源效率、減少廢棄物的產生。在此階段，製程強化的機會很低。

無論在任何一個階段進行製程強化時，皆必須由一個具多領域專長的團隊負責。這個團隊內至少需要一、兩位具研發經驗的化學師與化學工程師、設備專家、具環安衛專長的工程師、成本工程師等。

10.5 製程強化步驟

荷蘭帝斯曼化學公司（DSM）旗下的高分子與工業化學品、生命科學產品與高性能材料等三個部門曾經應用下列的製程強化步驟於十三個製程之中，值得業界學習：(1)界定目標；(2)構思達成目標的方案；(3)選擇最可行的方案：進行可行性研究、比較各方案的優缺點與選擇最適方案；(4)實驗工廠驗證，或工程設計。

1.界定目標：首先必須先決定任務的目標與所需執行的時間長短。如果任務是一個策略性的探討，所需完成的時間可能長達一、兩年。如果是一個改善計畫時，可能在幾個月內就必須完成；因此，界定目標與執行時間是最重要的工作。目標與執行時間決定後，就必須列出所有的限制與可應用的人力、財物的資源。

2.構思達成目標的方案：應蒐集足夠的製程資訊，例如：

(1)物質的特性與化學反應動力學。

(2)質能平衡。

(3)既有製程的處理步驟與限制。

(4)最適化的製程。

(5)影響成本的主要因素。

資訊蒐集與複檢後，強化團隊可應用腦力激盪方式，群策群力，以尋找可行的方案。**表10-3**列出進行腦力激盪時的關鍵字與探討的焦點。腦力激盪過程完成後，團隊應將所搜尋的構想整合成一個可以執行的具體流程，除了研擬流程圖外，最好可將初步設計容量、質能平衡、主要設備需求、技術來源等列出。

3.選擇最可行的方案：依據前兩個步驟所得到的結果，進行經濟與技術可行性評估。根據可行性評估的結果，選擇最適當的方案。

4.實驗工廠驗證，或工程設計：最後則回歸至先前所提的傳統製程開發階段，一步一步地完成任務。

表10-3 關鍵字與引導腦力激盪的啟始問題[1]

關鍵字	問題
強化	縮小製程
分段	區分成不同的獨立單元
應用不同的助劑	溶劑、暫時遮蔽物
改變操作條件	改變溫度與壓力
在初期進行改變	防範問題根源的發生
組合	組合不同的製程單元
固定	固定一個相態，以避免分離問題
加入或移除	快速加入或移除一個生成物或反應物
週期性行動	將連續式系統改變為週期性動作
相態移轉	應用相態移轉

10.6 應用案例

10.6.1 克韋爾納膜接觸器

挪威的克韋爾納公司（Kvaerner ASA）自1992年起，即與挪威石油公司合作，致力於降低北海油田排氣中的二氧化碳。它所開發的膜接觸、吸收與氣提系統（Membrane Contactor, Absorber/Stripper）包括三個主要部分（**圖10-2**）：

1.膜接觸器（Membrane Contactor）：應用戈爾公司（W. L. Gore and Associates）所製造的聚四氟乙烯（PTFE）膜。

2.超重力氣提器：應用高速轉輪產生超重力加速度，以增加質量傳輸。

3.廢熱回收鍋爐。

此系統應用胺作為吸收劑，分為吸收、氣提結合在一個系統中。

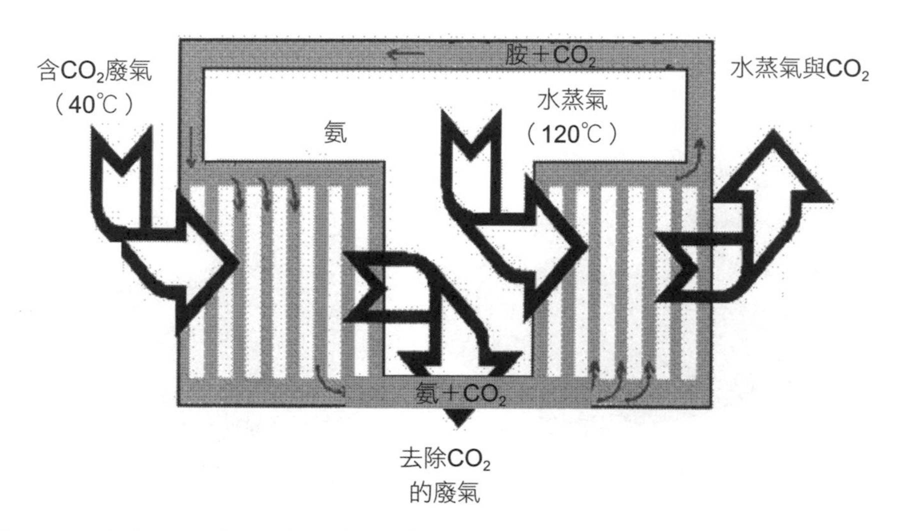

圖10-2　克韋爾納公司所開發的應用膜吸附技術去除渦輪排氣中的二氧化碳示意圖[1]

首先，氨與排氣接觸，將排氣中的二氧化碳吸收，氨再經過超重力氣提器，與攝氏120度的水蒸氣接觸，將二氧化碳移除出來，最後再將氣提後的氨送回至系統中。

經過不同規模的實驗工廠與現場測試及不斷改善後，此系統已成功地應用於外海原油生產平台的排氣處理。與傳統地吸收與氣提塔的組合系統相比，它具有下列優點：

1.重量與容積分別縮減70～75%與65%（**圖10-3**）。
2.減少氣提塔再沸器的放熱量。
3.減少溶劑損失。
4.對基座移動的敏感度低。

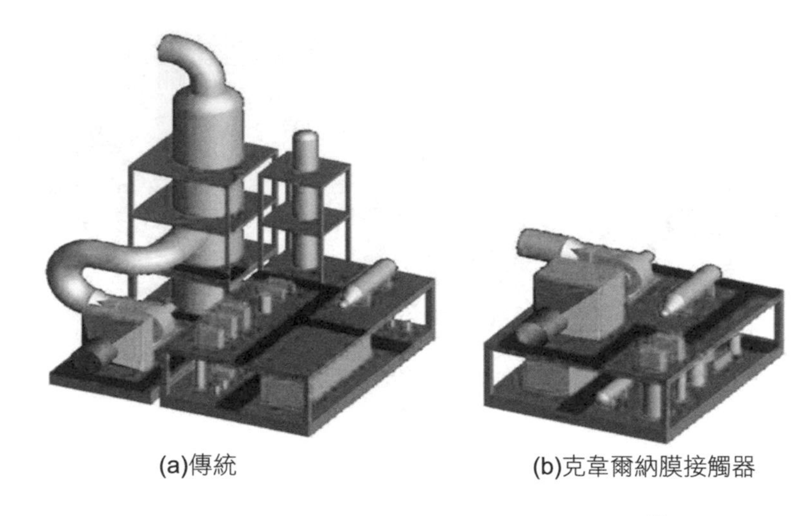

圖10-3 二氧化碳去除設備大小比較[1]

10.6.2 布洛芬

一、化學式

布洛芬（Ibuprofen, INN）俗稱普羅芬、異丁洛芬等，是一種非類固醇消炎藥（NSAID）與鎮痛藥，是世界衛生組織指定的必備藥品之一。它的學名為異丁苯丙酸（$C_{13}H_{18}O_2$），化學結構式如**圖10-4**所示。它常被用來緩解關節炎、經痛、發熱等症狀，或應用於癌症引發的疼痛。它有抑制血小板的效用，但持續時間比阿斯匹靈短[3]。

二、生產方法

布洛芬可應用羰基酯酶，將異丁苯丙酸甲基酯經消旋作用（Racemization）而產生。傳統製程包括反應、萃取、結晶、過濾、再溶解、過濾、萃取、氣提、結晶、過濾、乾燥等十一個步驟。由於異丁苯丙酸的產生會降低羰基酯酶的活性，轉化率僅21%。

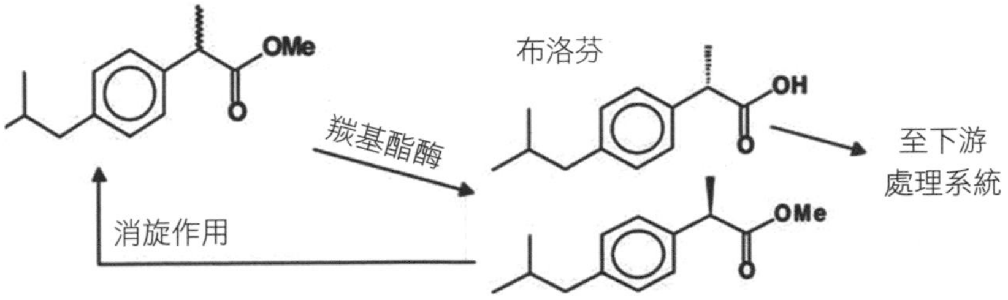

OMe
布洛芬
OH
羰基酯酶
至下游處理系統
消旋作用
OMe

圖10-4　應用羰基酯酶可將異丁苯丙酸甲基酯經消旋作用產生布洛芬

三、強化改善

為了避免羰基酯酶受異丁苯丙酸的影響，應該盡可能將反應產生的異丁苯丙酸迅速的分離出來。最簡單的強化方法為應用超過濾膜，可將傳統的製程單元由11個減至5個，轉化率可提高100%以上，由21%增至48%（圖10-5），每公斤所增加的生產成本低於1美元。

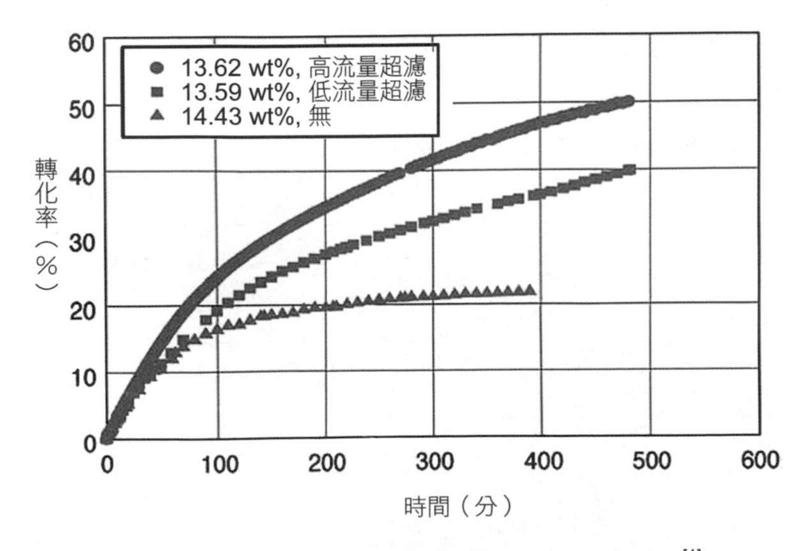

圖10-5　超濾對異丁苯丙酸甲基酯轉化率的影響[1]

另外一個構想是應用膜反應器可迅速將酶與反應生成物分離，不僅可減少羰基酯酶與產物接觸的時間，還可降低酶的流失。然而，至目前為止，此構想尚未經過測試，效果不得而知。

10.6.3 尿素

一、簡介

荷蘭帝斯曼集團公司旗下的斯塔密卡邦公司（Stamicarbon BV）自1945年起，即開始進行尿素的研究發展，所開發的尿素技術聞名全球。帝斯曼公司分別於1956年、1974年與1998年分別完成第一代日產75噸的商業化、日產1,750噸的世界級規模工廠與最先進的尿素2000+工廠（**表10-4**），前後長達半個世紀之久。尿素（Urea）又稱脲，化學式為CN_2H_4O，是最主要的化學肥料。

二、生產方式

它的合成可分為兩個步驟；首先由氨氣與二氧化碳作用，產生氨基

表10-4　荷蘭帝斯曼公司的尿素製程開發的沿革[1]

年	任務
1945	研發工作開始
1956	第一座商業化工廠（75噸／天）
1966	二氧化碳氣提製程
1974	世界級，產量高達1,750噸／天
1994	第一個池式冷凝器
1995	完成第兩百個工廠
1996	尿素2000+技術
1997	安裝第一個池式反應器
1998	第一個尿素2000+的池式反應器試車

甲酸酯（Carbamate, NH_2COOH）：

$$NH_3 + CO_2 \rightarrow NH_2COOH$$

然後再將氨基甲酸酯分解，產生尿素與水：

$$NH_2COOH \rightarrow (NH_2)_2CO + H_2O$$

第一個反應為放熱反應，第二個則為吸熱反應。由於兩者皆為平衡反應，平衡時的尿素轉化率僅為60%，因此必須不斷的回流。

反應階段的主要製程單元為氣提塔、洗滌塔、冷凝塔與反應器：

1.氣提塔：以生成物中的二氧化碳與未反應的二氧化碳與氨氣接觸（氣提）。
2.洗滌塔：清洗反應器排氣中的反應物。
3.冷凝器：氨氣與二氧化碳被冷凝成氨基甲酸酯。
4.反應器：氨基甲酸酯分解為尿素與水。

在傳統的氣提製程中，冷凝器是直立的殼管式熱交換器。由於它無法提供足夠的容積以接受反應器中最後階段所產生的尿素，因此反應器必須設計得大些。這四個單元是一個疊一個的直立起來，高達76米，只適於中小產量的工廠（**圖10-6**）。

三、改善方法

1994年，斯塔密卡邦公司將高壓氨基甲酸酯冷凝器與反應器結合為一個池式反應器（Pool Reactor），不僅降低了設備與管線的製造成本與洩漏風險，而且還增加了可靠度。如**圖10-7**所顯示，池式反應器為橫臥式，只有18米高，只有原來的直立式冷凝器與反應器的總高度的三分之一。1996

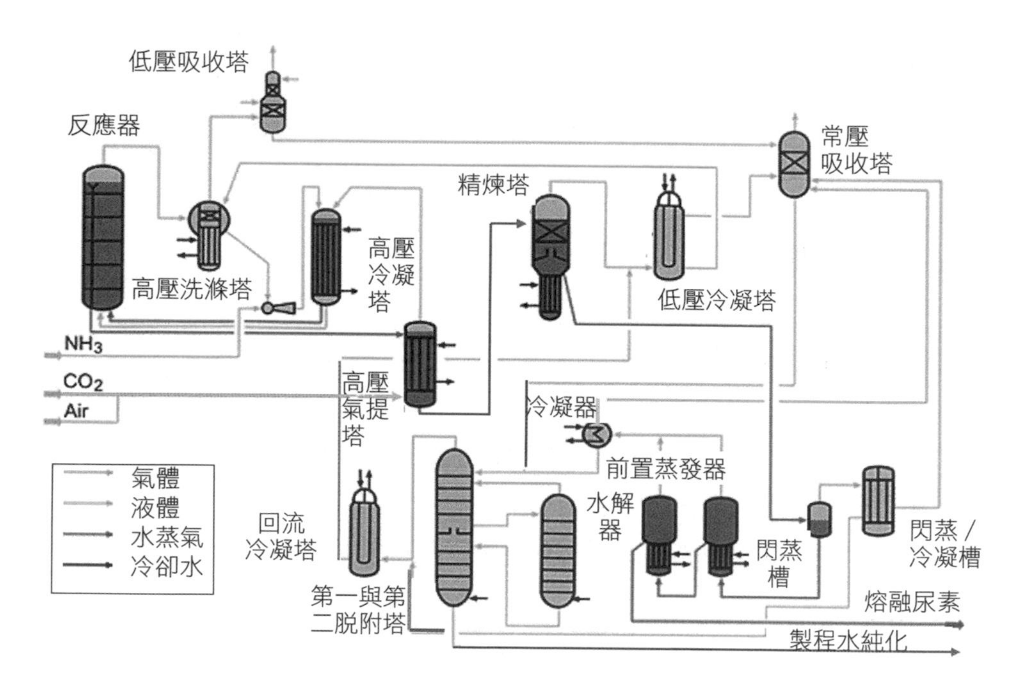

圖10-6　傳統尿素生產製程[4]

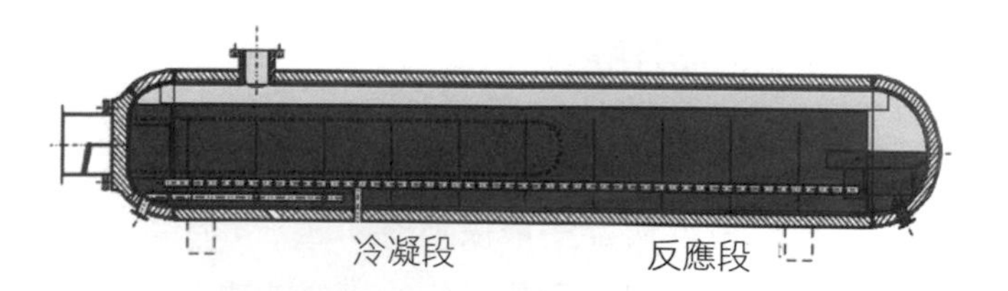

圖10-7　尿素池式反應器[1]

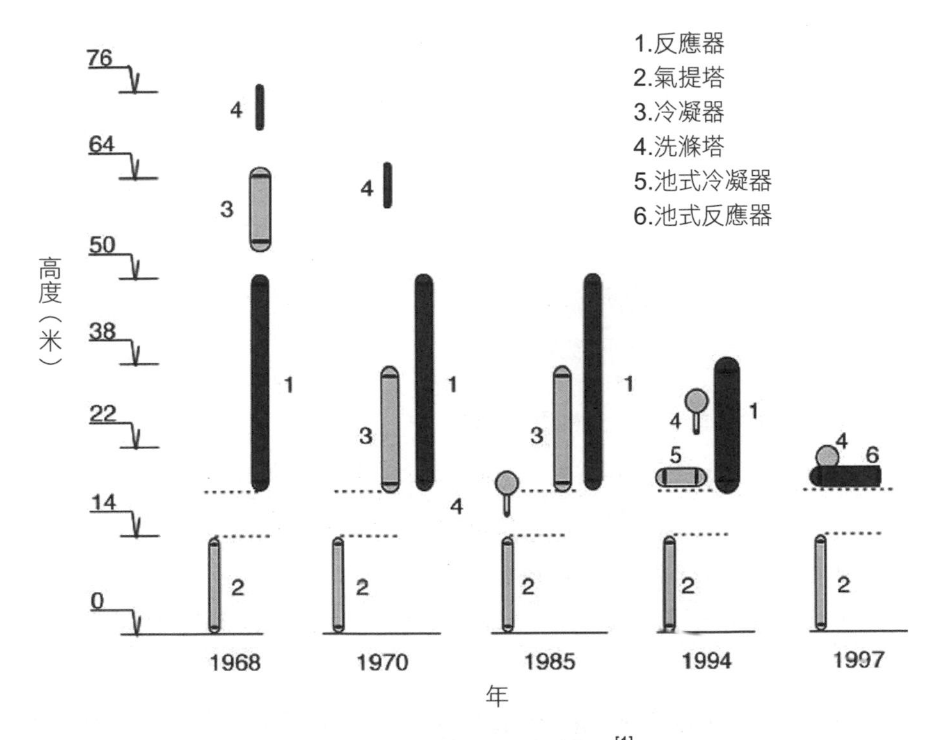

圖10-8　尿素製程發展過程[1]

年，當第一座池式反應器商業化工廠興建時，又將高壓洗滌塔整合在一起，更降低了設備製造與維修成本。由**圖10-8**可知，即使是傳統的尿素製程，也可以經過強化的手段，減少設備的體積與數量，並提高生產力。

1998年，斯塔密卡邦公司接受科威特石油工業公司的委託，進行傳統尿素工廠的第二階段改善，將產量由每天1,065噸增加至1,750噸。由於此工廠的尿素反應器設置在地面上，將池式冷凝器裝置在反應器之上，即可維持合成迴路中的流體的重力流動。

2004年，斯塔密卡邦公司執行印度的蒙嘉洛爾化學與肥料公司（Mangalore Chemicals and Fertilizers）尿素工廠改善工程時，又將高壓洗滌塔以中壓吸收器所取代，不僅可降低設備與操作成本，而且還提高可靠度。

這些改善工程所累積的經驗演化成目前的Avancore®製程，池式反應器的生產量可達2,300噸／天，而池式冷凝器與一個直立式反應器的組合可達到更高的生產量。

四、總結

經過半個世紀不斷地改善，斯塔密卡邦的尿素製程完全改頭換面，最新的Avancore®具有下列優點[5]：

1.每天生產量可達2,300噸以上。
2.尿素的合成製程非常簡單，僅需少量的管線與程序控制。
3.冷凝器與反應器整合為一個橫臥式的池式反應器。
4.合成部分的回流為重力流動。
5.每天產量低於2,300噸時，僅需氣提塔與池式反應器等兩個高壓設備。
6.每天產量高於2,300噸時，僅需再加一個裝置在地面上的反應器。
7.由高壓氣提塔排放的尿素溶液直接進入一個低壓回流部分。
8.高壓洗滌塔由中壓吸收塔所取代。

10.6.4 三聚氰胺（美耐皿）

一、簡介

三聚氰胺（Melamine），化學式為$C_3N_3(NH_2)_3$，俗稱美耐皿、密胺、蛋白精，IUPAC命名為1,3,5-三嗪-2,4,6-三胺，是一種含氮雜環合成樹脂。化學結構式為：

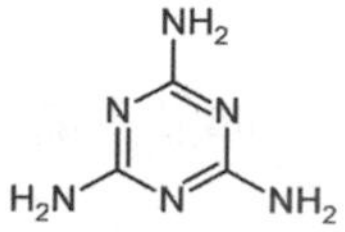

它是白色單斜晶體，幾乎無味，微溶於水，可溶於甲醇、甲醛、乙酸、熱乙二醇、甘油、吡啶等，不溶於丙酮、醚類。由於它對身體有害，不可用於食品加工或食品添加物。

二、生產方法

三聚氰胺多由尿素所合成，化學反應式為：

$$6(NH_2)_2CO \rightarrow C_3N_3(NH_2)_3 + 6NH_3 + 3CO_2$$

傳統製程如**圖10-9**所顯示，尿素以氨氣為載體，矽膠為催化劑，在溫度360～440°C與7～10巴的壓力下在流體化觸媒反應器中反應，先分解生成氰酸，並進一步縮合生成三聚氰胺。生成的三聚胺氣體經冷卻後，經溶解與再結晶。尿素法生產三聚氰胺每噸產品消耗尿素約3.8噸、液氨500公斤。每生產一噸三聚氰胺需要8～13億焦耳天然氣、6～8噸水蒸氣、400～600度電與700噸冷卻水。

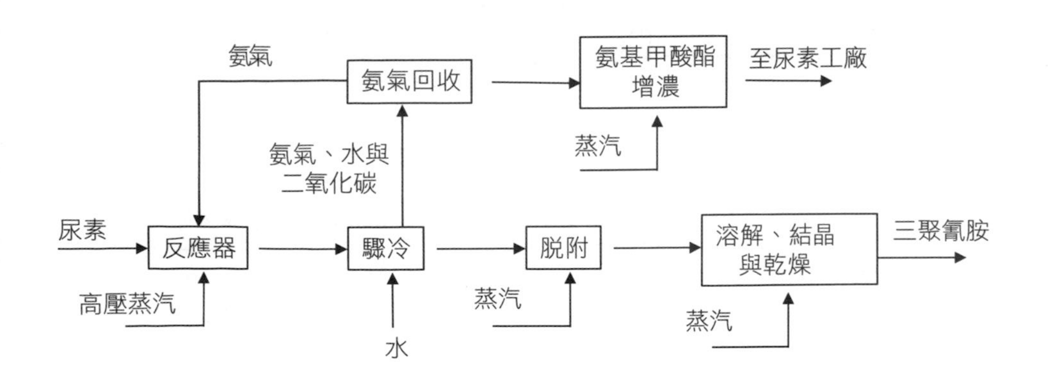

圖10-9　傳統氣態三聚氰胺製程[6]

三、改善

將三聚氰胺與尿素製程整合後，可以降低能源與設備投資。新製程如**圖10-10**所顯示，為了產生熔融的三聚氰胺，將反應壓力提高至150～250巴。由尿素工廠生產的尿素在接觸器中與360～440℃的高溫氨氣與二氧化碳接觸而預熱，氣體除被冷卻至250℃外，還可產生水蒸氣。預熱後的尿素在以熱傳鹽為載體的流體化床反應器中反應，所產生熔融的三聚氰胺、氨與二氧化碳再經分離器分離、驟冷器冷卻。

主要的改善項目為：

1.氨氣與二氧化碳副產品的熱能回收。
2.不須增濃即將脫水後的氣態副產品送至尿素工廠。
3.直接合成熔融的三聚氰胺，以取代氣態三聚氰胺。
4.整合熔融三聚氰胺的純化過程，並去除再結晶單元。

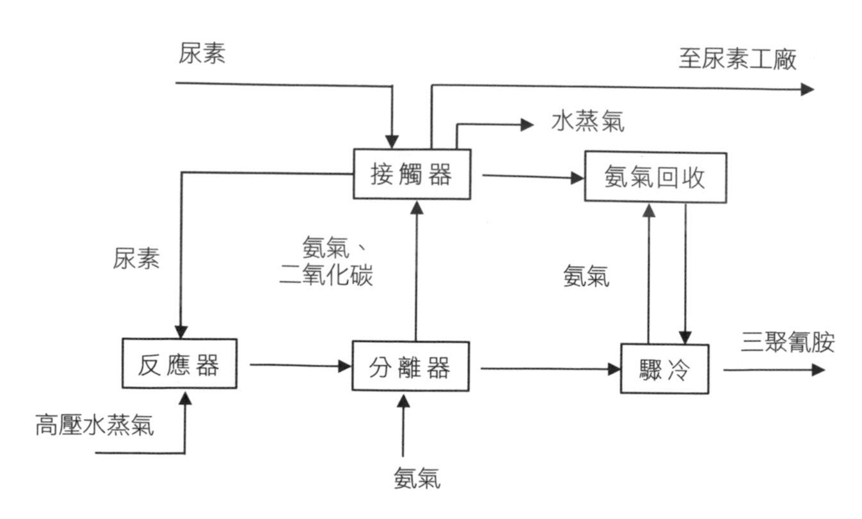

圖10-10　整合後的三聚氰胺製程[6]

5.在驟冷製程不使用冷卻水，直接生產乾燥的粉狀產品。

6.在驟冷單元前將副產品回收，以降低氨氣回收的費用。

雖然整合的製程必須應用高壓，但建廠成本仍低於傳統的製程，能源消費僅為傳統製程的40%。每生產1噸三聚氰胺僅需要7億焦耳天然氣、1噸的水蒸氣、400度電與400噸冷卻水。

10.6.5 製程強化應用案例

製程強化在各種不同工業的應用案例的摘要如下[7]：

一、大宗化學品

1.天然氣的水蒸氣重組：觸媒板框式反應器。

2.原油前處理：電場—靜電相態分離。

3.石油腦重組以產生汽油：觸媒板框式反應器。

4.烴類與苯乙烷的脫氫：觸媒板框式反應器。

5.烯類醛化：熱交換式反應器。

6.對苯二甲酸生產：旋轉（拖把式風扇）。

7.硫酸氣提：旋轉（旋轉式填料床）。

8.以甲醇為原料生產甲醛：微反應器。

9.乙烯聚合：雷射誘導反應。

10.醋酸甲酯生產：反應蒸餾。

11.乙醇／丙醇分餾：旋轉填料床（ICI超重力技術）。

12.聚縮合反應：旋轉碟反應器（SDR, Newcastle大學）。

13.過氧化氫蒸餾：噴射器與熱幫浦（Sulzer）。

14.甲烷化：熱管反應器。

15.苯乙烯聚合：旋轉碟反應器（SDR, Newcastle 大學）。

16.水蒸氣重組：熱交換反應器（多絕熱床）。

17.醋酸甲酯生產：反應蒸餾。

18.苯硝化反應：微反應器（Newcastle大學）。

19.懸浮聚合：振盪擋板式反應器（OBR）。

20.轉酯化：超音波反應器。

21.生質酒精：微反應器。

22.聚乙烯生產：轉子／固定子反應器（Rotor/Stator Reactor）。

二、精細化學品與製藥工業

1.對比物質偵測：超音波。

2.二氧化鈦塗料：應用超音波增強乳化聚合作用。

3.溶劑萃取：以電場—靜電強化乳化相態的接觸。

4.電化學有機合成：選擇性脈衝式電熱。

5.乳化生產：橫流膜乳化（Exeter大學／Unilever公司）。

6.油脂氫化：超臨界二氧化碳處理（Degussa公司）。

7.噴墨印表機的墨水；強化的反應器系列。

8.有機合成：衝擊式噴射反應器。

9.二氧化鈦處理：在微反應器中的光觸媒作用。

10.藥物中間體；旋轉碟反應器。

11.對乙酰氨基酚（Paracetamol）結晶：OBR混合。

12.香料中間體：旋轉碟反應器。

13.芳香類生產：振盪式擋板反應器（OBR）。

三、外海油井生產

1.氣體氣提：離心力——由切線方向注入靜止的桶槽。

2.氣體氣提與脫除空氣：離心力場——旋轉。

3.液／液易分離器：離心力——水力旋風器。

4.吸收—二氧化碳捕捉：超重力技術。

5.天然氣處理：膜（殼牌石油公司）。

6.氣體處理：超音波水力旋風器。

7.原油處理：井下觸媒處理。

8.氣體處理：袖珍型熱交換器。

9.二次石油回收技術：袖珍反應器。

10.水中脫氧：離心式接觸器。

11.浮式生產儲油卸油設備與柴油生產：袖珍反應器。

12.分離：微蒸餾器。

四、核能工業

1.核子反應器：袖珍型熱交換器。

2.燃料處理：超高速離心式分離。

3.燃料處理：應用於液／液萃取的振盪式擋板反應器。

4.溶劑萃取：電場與膜（英國核能研究院與南安普頓大學）。

5.汙泥脫水：可移動式離心單元（英國核能研究院）。

五、其他能源相關工業

1.煤氣化：空氣分離膜。

2.生質柴油生產：混合—振盪式擋板反應器。

3.生質柴油生產：反應蒸餾。

4.頁岩油生產：電場與超臨界萃取。

六、食品與飲料工業

1.釀酒與麥芽汁蒸煮。

2.奶黃生產：旋轉碟反應器。

3.義式麵食生產：電場與微波。

4.植物油生產：微過濾中的浪板式膜（新堡大學）。

5.低聚糖生產：離心力（Aston大學）。

6.烘焙與煮：電場與微波。

7.液體食物：旋轉碟反應器——混合或脫水。

8.果汁：電場、超音波應用於冷凍中。

9.飲料包裝與氣提：超重力技術。

10.醬汁生產：PDX強化混合器。

11.食物保鮮與烹調：高壓（至800MPa）處理。

12.澱粉生產：旋轉式真空過濾器。

13.殺菌：電熱（伯明罕大學）。

14.酵母培養：振盪式擋板反應器。

七、紡織工業

1.纖維生產：內嵌混合器。

2.布料加工／排放：膜與超濾。

3.皮革鞣製：高壓二氧化碳處理。

4.清洗：電場—超音波。

八、金屬工業

1.管材拉撥：電場—超音波。

2.熔融金屬脫氣：超音波。

3.燒結：微波。

4.銅萃取：膜。

5.二氧化鈦塗布：脈衝UV雷射噴鍍。

6.金屬板退火：誘導加熱。

7.黃金萃取：氧氣注入所應用的噴嘴混合器。

九、聚合物處理

1.塑膠管製造時的樹脂硫化：超音波。

2.生物可分解塑膠生產：振盪式擋板反應器。

十、玻璃與陶瓷工業

1.玻璃精煉：電場—超音波。

2.陶瓷生產：電場—超音波混合爐。

3.石膏與陶瓷乾燥：超熱水蒸氣加熱爐（TNO）。

十一、航太工業

紅外線偵測器冷卻：袖珍型熱交換器。

十二、汙染防制

1.氣體分離與產品回收：電場—電化學分離。

2.水純化：電場—電聲過濾。

3.廢棄物處理：電漿反應器。

4.廢水純化：文式噴射迴路反應器（Venturi Jet Loop Reactor）。

5.廢水純化；OBR與光觸媒。

6.水處理——酚類化合物去除：電場與脈衝空穴效應。

7.汙泥脫水：電場（射頻）與壓擠。

8.水純化；旋轉與光觸媒——泰勒—庫埃特系統（Taylar-Couette System）。

十三、冷凍與熱泵

1.所有的循環：袖珍型熱交換器。

2.吸收冷卻器：旋轉。

3.吸附循環：熱管與泡沫材料。
4.吸附循環：微波再生。
5.蒸氣再壓縮循環：微熱交換器。
6.蒸氣再壓縮循環：旋轉。

十四、電力事業

1.燃料電池：金屬泡棉。
2.燃料電池：微反應器與微熱交換器。
3.氣體渦輪：微機電（MEMS）微燃燒器與元件。
4.電池的二氧化碳去除：旋轉——旋轉式填料床反應器（RPB）。

十五、微電子工業

1.晶片溫度控制：微熱管。
2.晶片溫度控制：微蒸氣室、等溫化。

十六、其他

1.海水淡化：薄膜熱交換器。
2.鍋爐：旋轉。
3.氣體洗滌：旋轉（拖把扇）。
4.標的冷卻：旋轉。
6.汙垢控制：混合—管線插入。
7.熱交換器：奈米微粒。
8.熱交換器：旋轉碟。
9.混合器：電流體動力學。

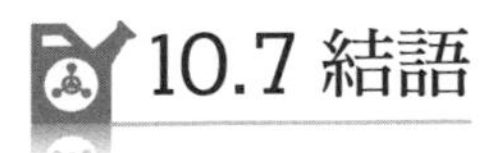

10.7 結語

本章首先介紹製程強化的發展、必要性、特徵與製程強化開發程序，然後討論幾個著名的案例，最後再總結應用於各種不同工業的技術，以供讀者參考。從過去的經驗可知，技術移轉是促進製程強化技術普及的主要因素。由於已經有許多成功的案例可以學習，工業界在汰舊更新、開發新製程或興建新工廠時，應該應用創新的強化技術，以提高生產力、利潤，同時降低風險。

參考文獻

1.Bakker, R. A. (2004). Process intensification in industrial practice: Methodology and application. In A. Stankiewicz and J. A. Moulijn (edited), *Re-Engineering the Chemical Process Plant: Process Intensification*. Marcel Dekker.

2.Herzog, H., Falk-Pedersen, O. (2001). The Kvaerner membrane contactor: Lessons from a case study in how to reduce captur costs. Proceedings of 5th International Conference on Greenhouse Gas Control Technologies (GHGT-5), Cairns, Australia, D. J. Williams, R. A. Durie, P. McMullan, C. A. J. Paulson and A. Y. Smith (eds.), *CSIRO*, pp. 121-132.

3.維基百科（2014）。布洛芬。http://zh.wikipedia.org/wiki/%E5%B8%83%E6%B4%9B%E8%8A%AC

4.Thyssenkrupp Uhde (2014). Ammonia and Urea process flow diagram. http://195.138.62.131/technologies/ammonia-urea/urea/process/conventional-co2-stripping-process.html.

5.Buitink, F. (2009). Recent highlights in Stamicarbon's urea technologies. presented at 22nd AFA International Fertilizers Technology Conference & Exhibition, June 30th-July 2nd, 2009, Marrakech, Morocco.

6.Tjioe, T. T., Tinge, J. T. (2011). Integrated urea-melamine process at DSM, Chapter 10, In J. Harmsen and J. B. Powell (edited), *Sustainable Development in the Process Industries*. John Wiley and sons, NY.

7.Reay, D., Ramshaw, C., Harvey, A. (2013). *Process Intensification Engineering for Efficiency, Sustainability and Flexibility*, 2nd edition, Butterworth-Heinemann.

化工製程強化

作　　者／張一岑
出 版 者／揚智文化事業股份有限公司
發 行 人／葉忠賢
總 編 輯／閻富萍
特約執編／鄭美珠
地　　址／新北市深坑區北深路三段 260 號 8 樓
電　　話／(02)8662-6826
傳　　真／(02)2664-7633
網　　址／http://www.ycrc.com.tw
E-mail／service@ycrc.com.tw
ISBN／978-986-298-235-8
初版一刷／2017 年 1 月
定　　價／新台幣 450 元

國家圖書館出版品預行編目（CIP）資料

化工製程強化 / 張一岑著. -- 初版. -- 新北市：揚智文化, 2017.01

面； 公分

ISBN 978-986-298-235-8(平裝)

1.化工程序

460.2 105015158